Regulation of Mammary Gland Development and Lactation in Dairy Cows

奶牛乳腺发育和泌乳调控

◎张 静 著

中国农业科学技术出版社

图书在版编目(CIP)数据

奶牛乳腺发育和泌乳调控 / 张静著 . --北京：中国农业科学技术出版社，2024. 5

ISBN 978-7-5116-6846-2

Ⅰ. ①奶…　Ⅱ. ①张…　Ⅲ. ①乳牛-乳腺-发育②乳牛-泌乳　Ⅳ. ①S823. 9

中国国家版本馆 CIP 数据核字(2024)第 108831 号

责任编辑　李冠桥
责任校对　王　彦
责任印制　姜义伟　王思文

出 版 者　中国农业科学技术出版社
北京市中关村南大街 12 号　　邮编:100081
电　　话　(010) 82106632(编辑室)　　(010) 82106624(发行部)
(010) 82109709(读者服务部)
网　　址　https://castp.caas.cn
经 销 者　各地新华书店
印 刷 者　北京建宏印刷有限公司
开　　本　170 mm×240 mm　1/16
印　　张　15. 75
字　　数　260 千字
版　　次　2024 年 5 月第 1 版　2024 年 5 月第 1 次印刷
定　　价　80. 00 元

内容简介

本书系统总结了作者主持和参加的多项课题的研究成果。全书分 10 章，包括奶牛乳腺发育及其影响因素、乙酸钠对奶牛乳腺发育和泌乳的影响、丙酸钠对奶牛乳腺发育和泌乳的影响、丁酸钠对奶牛乳腺发育和泌乳的影响、月桂酸对奶牛乳腺发育和泌乳的影响、油酸对奶牛乳腺发育和泌乳的影响、精氨酸对奶牛乳腺发育和泌乳的影响、叶酸对奶牛乳腺发育和泌乳的影响、钴胺素对奶牛乳腺发育和泌乳的影响、硒对奶牛乳腺发育和泌乳的影响。内容充实，语言精练，行文流畅。本书可供农业院校动物营养与饲料科学专业的本科生、研究生以及从事奶业科技与管理的人员参考。

前言

随着我国经济迅速发展和人民生活水平不断提高，人们对乳制品的消费需求进一步增长，奶业进入了快速发展阶段，乳制品产量增长迅速，集约化饲养程度越来越高，对营养和饲养技术提出了更高的要求。奶牛营养代谢调控的研究日益受到重视。作者在恩师江青艳教授的关怀、培养和启示下，经过多年来不懈的努力，在奶牛乳腺发育营养调控方面做了大量的研究工作。为了适应现代奶业发展的需要，实现科技成果成功转化为生产力，作者系统总结了多年来主持和参加的多项科研项目资料，撰写了本书。

本书是以作者曾主持和参加的“叶酸及其衍生物调控奶牛乳腺发育的作用机理”（中央引导地方科技发展资金项目）、“叶酸对奶牛 MAC-T 细胞增殖及乳蛋白合成的影响及其机制研究”（山西省青年科学基金项目，201901D211371）、“叶酸和月桂酸对 MAC-T 细胞增殖的影响及机制研究”（浙江大学动物分子营养学教育部重点实验室开放课题）、“脂肪酸对牛乳腺上皮细胞（MAC-T）增殖的影响及机制研究”（山西省“1331 工程”畜牧学重点学科建设青年专项）、“脂肪酸对 MAC-T 细胞乳蛋白分泌的影响及机理”（山西省优秀博士来晋工作奖励资金科研项目，SXYBKY2018036）、“硒对 MAC-T 细胞乳脂乳蛋白分泌的影响及机制”（山西农业大学科技创新基金项目，2018YJ36）、“纤维素酶对奶牛泌乳性能和血液代谢产物的影响”（广东省动物营养调控重点实验室开放课题，DWYYTK-18KF006）、“叶酸对围产期奶牛肝脏脂质代谢的调控作用及其机制”（国家自然科学基金项目，32272824）、“高产奶牛培育集成技术示范应用”（农业农村部农业重大技术协同推广计划项目）、“晋南牛新品种选育及营养调控关键技术研究与示范”（山西省重点研发计划项目，201903D221001）、“异位酸和叶酸互作调控奶牛肝脏脂质代谢分子机制的研究”（山西省应用基础研究计划面上基金项目，201801D121241）等项目的研究成果为基础而撰写的。在课题的组织申报和科研实施过程中，受到华南农业大学动物科学学院王松波教授、朱灿俊副教授，山西农业大学动物科学学院刘强教授、张元庆教授、裴彩霞教授、赵俊星教授、霍文婕副教授、陈雷副教授、夏呈强副教授、张亚伟副教授、张凯副研究员、杨致玲高级实验师、陈红梅高级实验师的关心和帮助，在此表示衷心的感谢！

本书撰写历时较长，又经反复修改和校对，但难免有疏漏和不当之处，恳切希望广大读者提出宝贵意见，共同商榷，以便再版时修正。本书在审校过程中，刘亚鹏、卜丽君、郎姣姣和郑嘉悦等同志做了大量的工作，在此一并表示衷心的感谢！

张　静

2024 年 5 月

目　录

第一章　奶牛乳腺发育及其影响因素

第一节　奶牛乳腺发育

一、奶牛乳腺的结构

乳腺也被称为乳房，是哺乳动物腹侧皮肤的衍生物。奶牛的乳腺由中间悬韧带分为两个相等的部分。每部分有两个腺体，每个腺体通向一个乳头（图 1-1 A）。奶牛的乳腺由实质和间质组成。乳腺实质是由多个呈放射状排列的乳腺叶组成，具有合成、分泌乳汁的功能。乳腺实质的基本结构单位是乳腺叶，每个乳腺叶周围均有一圈结缔组织鞘。结缔组织插入乳腺叶内将其分割成许多乳腺小叶。每个乳腺小叶周围均由大量的腺泡和发达的乳导管系统组成。腺泡是乳腺泌乳的基本单位（图 1-1 B），由两种主要的细胞组成的腺泡腔。每一个腺泡都排列着一层单层的立方体到柱状的腔内乳腺上皮细胞（MECs），主要参与乳汁的合成和分泌。具有平滑肌样特性的肌上皮细胞包围着 MECs。肌上皮细胞形成不连续层，使 MECs 与基底膜直接接触，这对其分化起着至关重要的作用。这些细胞位于乳腺上皮细胞的底部，与基底膜（BM）相邻，并将乳腺上皮细胞与间质分开。管腔细胞可进一步分为导管型（内衬管腔）和腺泡型（乳合成细胞）亚型。与实质不同，间质由各种细胞（成纤维细胞、间充质细胞、脂肪细胞、白细胞和血细胞）以及细胞外基质（ECM；层粘连蛋白、纤连蛋白、胶原蛋白、蛋白聚糖等）组成。

毛细血管网络包围着腺泡，MECs 从毛细血管中摄取牛奶成分前体，用以合成乳糖、乳蛋白和乳脂。哺乳会导致垂体前叶释放催产素，它与乳腺中的催产素受体结合，导致乳腺中的肌上皮细胞收缩。这种收缩有助于乳汁从管腔上皮细胞喷射到腺泡，随后进入乳导管和乳头管。

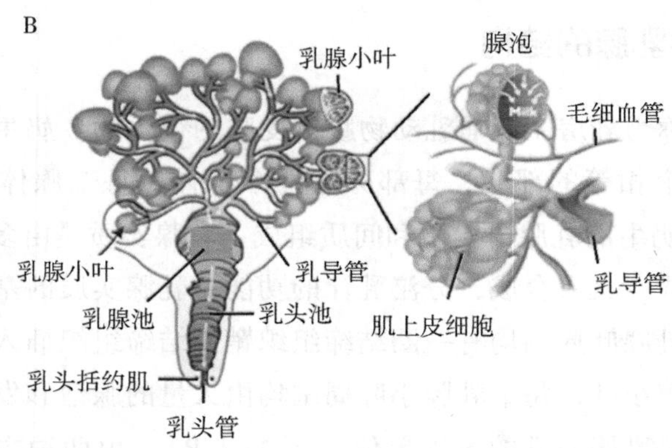

A. 牛乳房示意图；B. 牛乳腺包括腺泡、乳导管、乳腺池、乳头池和乳头管。乳腺的分泌单位，即含有泌乳乳腺上皮细胞（MECs）的腺泡，被与细胞外基质直接接触的肌上皮细胞所覆盖。

图 1-1　牛的乳腺

（引自 Jaswal 等，2022）

乳腺稳态和再生是通过控制干细胞活性来维持的。分化群抗原 CD24（热稳定抗原）和 CD49f（α6-整合蛋白）是区分乳腺干细胞（MaSCs）的细胞表面标志物。这些牛的 MaSCs（bMaSCs）是多能性的，并产生双能性的假定干细胞。假定干细胞分化为腔内祖细胞和基底祖细胞。这些祖细胞在其表达的细胞表面和谱系标记类型上存在差异（图 1-2）。腔内限制性祖细胞是单能性的，分化为分泌性上皮细胞，而基底（肌上皮）祖细胞是双能性的，可分化为导管上皮细胞和肌上皮细胞。NOTCH 信号通路，是一种在细胞间传递信息的生物通路，对于决定细胞命运、细胞增殖和细胞死亡等过程具有重要作用，在假定干细胞和基底祖细胞中有助于自我更新。

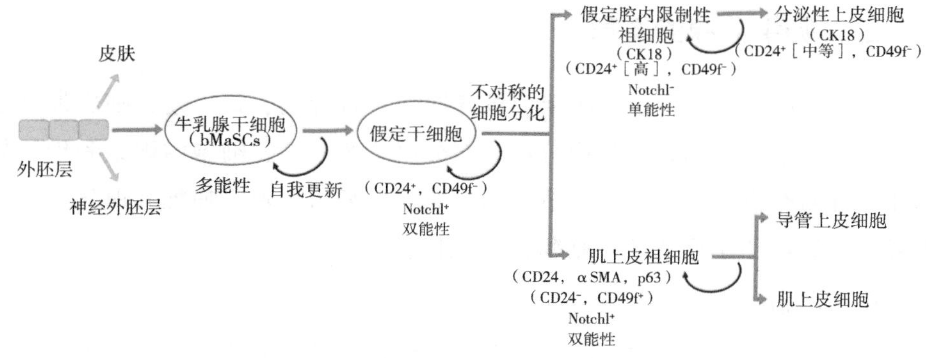

细胞表面标志物：CD24、CD49f；谱系标记：CK18、CK14、αSMA 和 p63；

CK：细胞角蛋白；αSMA：平滑肌 α-肌动蛋白；p63：肿瘤蛋白 p63。

图 1-2　牛乳腺上皮层次的假设模型

（引自 Jaswal 等，2022）

在乳腺中，30%～50% 的 MECs 表达雌激素受体（ER）和孕激素受体（PR）。不同染色体上的两个不同基因编码 ER 的两种不同亚型，即 ERα 和 ERβ。在牛上，ERα 主要表达于腔内 MECs、某些脂肪垫脂肪细胞和成纤维细胞。在其他动物中，包括人类、猴子和小鼠，其表达仅限于腔内上皮细胞。而 ERβ 主要表达于腔内上皮细胞、肌上皮细胞、基质细胞和成纤维细胞中，在牛乳腺中的表达量显著低于人类、猴子和小鼠。

17β-雌二醇（E2）是乳腺发育的重要调节因子，通过 ER 起作用。在 $ER\alpha^+$ 和 $ER\beta^+$ 细胞中，E2 分别促进增殖和凋亡。未妊娠的青年母牛 ERα 表达水平较高，在哺乳期和复原期间 ERα 表达水平下降。另外，ERβ 的表达在乳腺发育的各个阶段都是稳定的，除了哺乳期，它的表达相当高。ER^+ 细胞与 ER^- 细胞紧密共存。这些细胞在被 E2 激活后释放调节 ER^- 细胞增殖的旁分泌化学物质。

PR 主要在牛的上皮细胞、基质细胞、血管细胞和脂肪细胞中表达。它在其他动物的表达局限于腔内上皮细胞，如小鼠、猴子和人类。在乳腺中，A 和 B 亚型 PR 以特定的比例存在，不同物种不同，牛和小鼠的比例为 3：1。3 种不同的 PR 异构体，即 A、B 和 C，在未妊娠的小母牛的乳腺中表达；然而，只有 B 亚型在哺乳和复原期间表达。

二、奶牛乳腺的发育

奶牛乳腺发育经历了胚胎期、青春期前、青春期、妊娠期、哺乳期和退化期等阶段。许多因素，如内分泌、自分泌、旁分泌、细胞内因素和细胞外基质，在每个发育阶段起着调节作用。通过妊娠、分娩、哺乳和退化的多次循环，乳腺经历了反复的细胞凋亡和生长。

（一）胚胎期

当胚胎长到 1.4～1.7 cm 时，两条对称的乳线从覆盖的外胚层形成，开始了乳腺的发育。乳线在妊娠 30 d 出现在前肢和后肢之间。在受孕后 35～42 d，当胚胎长到 2.0～2.1 cm 时，乳线消失。随后，基板沿着乳线生长。基板由多层柱状细胞组成，是细胞在乳线内迁移的结果。此外，基板周围的间充质细胞凝结形成间充质。每个乳腺基板侵入间质并增大形成芽。当胎儿长 5～10 cm 时，即妊娠后 49～56 d，芽就形成了。此后，在妊娠 62 d 左右，表皮细胞快速增殖在芽的近端产生初级芽。此外，增殖导致原芽生长形成乳头。随后，它的管腔产生初级导管。初级萌芽的末端导致次级萌芽的形成，次级萌芽随后形成乳管。然而，包括牛在内的许多真兽类中，初级芽继续穿透发育中的真皮层而不产生次级芽。在生长中的脂肪垫中形成初级乳腺结构是芽的反复发芽和分枝的结果（图 1-3）。一个主要导管和埋藏在脂肪垫中 10～15 个导管树小分支组成了这个结构。基本的导管树等距生长，直到青春期，为乳腺的后续发育提供基础。

乳线部分是通过非典型的无翅相关整合位点（WNT）途径建立的，特别是间质和上皮细胞中的 WNT10b。成纤维细胞生长因子（FGF）调节 WNT10b 的活性。T 盒（Tbx）蛋白由 FGF 受体 1（FGFR1）诱导和维持。这些蛋白质调节基板的背腹侧位置，并在乳线以下的间质中表达。FGF10b

刺激基板 1、2、3 和 5 的形成，这些基板仅在乳线以下的体细胞中表达。此外，甲状旁腺激素样激素（PTHLH）和骨形态发生蛋白 4（BMP4）促进芽发芽、导管扩张和乳头发育。PTHLH 还促进肌肉段同源异构体 2（Msx-2）的产生，这是一种限制乳头上毛囊形成的转录因子。

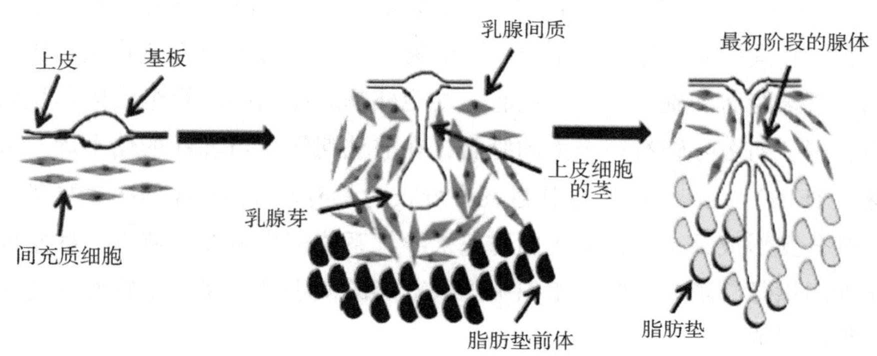

图 1-3　牛乳腺的胚胎发育示意图

（引自 Macias 和 Hinck，2012）

（二）青春期前

青年母牛青春期早期乳腺的生长分为两个阶段，这取决于它与身体其他部位相比的生长速度。当乳腺（非上皮组织）的生长速度与身体其他部位相同时，这种增长是等距的。等距生长导致乳腺脂肪垫和循环系统的发育。从 2~3 月龄开始，青年母牛的乳腺开始异速生长，持续到 9 月龄。此时乳腺生长速度比身体其他部位快 3~5 倍，导致乳腺大量增生，导管网络发育，脂肪垫增大。催乳素水平在 3 月龄显著增加，至 9 月龄时趋于平稳。在异速生长期间，与限制采食相比，高营养水平饲养对乳房发育有负面影响。对青春期前的青年母牛，高营养水平饲养导致脂肪含量过高，并减少乳腺中的泌乳组织，降低产奶量。异速生长后的小母牛乳腺重 2~3 kg，乳腺实质组织通常由 40%~50%的结缔组织、30%~40%的脂肪细胞和 10%~20%的上皮细胞组成。

青春期前乳腺的生长是由生长激素、雌激素和胰岛素样生长因子-1 共同作用控制的。雌激素诱导表达 ERα 的导管快速增殖。雌激素的增殖作用是由胰岛素样生长因子-1 蛋白介导的。卵巢切除术减少了 MECs 的增殖并损害了乳腺发育，进一步阐明了雌激素的意义。

（三）青春期

大多数乳腺发育发生在出生后，该阶段乳腺导管快速生长。导管生长需要脂肪垫，然而，青年母牛较小的脂肪垫限制了导管的生长。青年母牛在9~10月龄进入青春期，此时乳房生长恢复到等距阶段。随后，乳头导管快速生长，在周围富含脂肪的基质中形成树状网络。初级导管被腺泡上皮细胞包围，再被脂肪细胞、成纤维细胞、细胞外基质和毛细血管组成的厚层致密基质包围。初级导管有一个大的管腔，在哺乳期间充当乳汁的储存库。终端端芽（TEBs）在初生导管生长过程中分枝为具有独立 TEBs 的次生导管。次生导管分支形成并持续，直到脂肪垫被导管系统密集填充，留下一些空间在妊娠期间供导管填充。脂肪组织中形成双层的微小导管树，由管腔细胞和肌上皮细胞组成。

除了内分泌因素外，生长中的导管和周围基质之间的旁分泌相互作用也会影响青春期的生长。在雌激素的作用下，青春期乳腺开始生长。跨膜双调节蛋白（AREG）在与 ER 结合时被诱导表达，产生表皮生长因子，进而驱动细胞增殖和在导管尖端形成 TEBs。TEBs 有两种组织学上不同的特化上皮细胞：体细胞和帽细胞。在 TEBs 的远端，单层帽细胞围绕着多层 MECs。这些帽细胞是管腔细胞和基底上皮细胞的祖细胞（图 1-4）。通过旁分泌作用，激活的 ER^+细胞产生生长因子（GFs），有助于 ER^-细胞的增殖。NOTCH 信

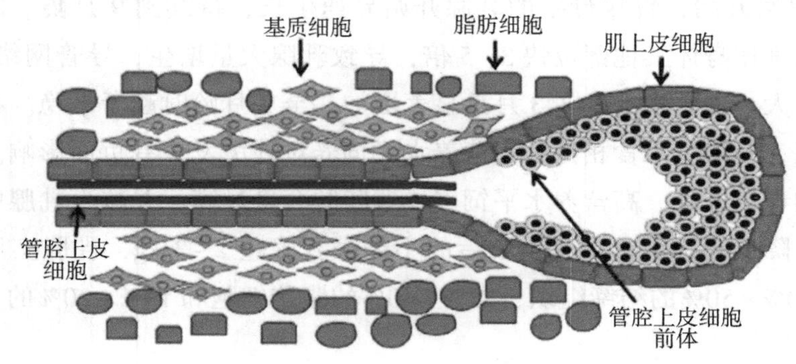

图 1-4　终端端芽（TEB）示意图

（引自 Jaswal 等，2022）

号通路通过 NOTCH 受体参与细胞间的相互作用、细胞增殖、分化和干细胞维持。

青年母牛的生长也受到血中生长激素（GH）含量的影响，生长激素水平高的青年母牛长得更快。GH 促进实质组织生长，但抑制脂肪组织生长。在间质成纤维细胞中，GH 与 GHR 结合并刺激胰岛素样生长因子（IGF-1）的合成。IGF-1 是一种内分泌和旁分泌激素，介导 GH 的活性。它通过 IGFR1 与上皮细胞交流。TEBs 中的 MEC 增殖受 GH、IGF-1 和雌激素调控，促进导管扩张和形态发生。

其他已被证明在青春期分枝形态发生中起作用的因素包括轴突导向因子（NTN1）、细胞外基质蛋白 2（SLIT2）、络丝蛋白（RELN）、乳脂球-EGF 因子 8 蛋白（MFGE8）和基质金属蛋白酶（MMPs）。在乳腺分枝形态发生中，典型的 WNT 信号通路起着关键作用。TEBs 中 WNT-5a 的缺失激活 β-连环蛋白（β-catenin），β-catenin 移动到细胞核内就会导致细胞周期进展标志物的产生，从而促进 MECs 增殖。青春期的生长包括在青春期乳腺中血管和淋巴网络的构建，以及导管的发育。肌上皮细胞产生的血管内皮生长因子（VEGFs）C 和 D 调节这个过程。当脂肪垫被乳腺导管系统填充后，内源性的转化生长因子-β（TGF-β）的产生抑制了脂肪垫的进一步扩大。

（四）妊娠期

乳腺发育分为妊娠早期、中期和晚期 3 个阶段。妊娠早期乳腺 MECs 迅速增殖，在导管末端形成腺泡结构。巨大导管系统的横向分支形成了腺泡和初级集乳管之间的连接。基质金属蛋白酶 3（MMP-3）负责 2 和 3 范围内的侧分支，被激活的 MMPs 触发 MECs 中的蛋白水解级联，通过降低 E-钙黏蛋白（E-cadherin）和 β-catenin 的表达和增加波形蛋白（VIM）的表达来引起上皮间质转化（EMT）。TEBs 中 MMP14 表达增加导致的细胞外基质重塑有助于分枝过程。随着腺泡上皮细胞进入分化阶段，细胞增殖在妊娠中期急剧下降。妊娠晚期 MECs 经历末端分化并获得产生乳蛋白的能力。MECs 广泛增殖之后是妊娠晚期的最终分化。

牛体内雌激素和孕酮是妊娠期乳房发育的重要激素。奶牛血浆雌激素水平从妊娠 110~120 d 逐渐上升，妊娠晚期（230~250 d）达到 40 pg/mL，并保持稳定，直到分娩前 16~18 d。妊娠 90~150 d，奶牛血浆孕酮含量略有增加，并在产前 7~14 d 保持不变。随后逐渐下降，在产后 2 d 急剧下降。总体而言，妊娠期间血浆孕酮水平较高且稳定，但雌激素水平在妊娠前 3 个月较低，而后在妊娠后半段升高。

雌激素通过影响磷酸化核蛋白的表达影响乳蛋白合成。雌激素通过旁分泌和自分泌过程发挥作用，导致妊娠前半期导管和腺泡的扩张。孕酮通过 NFκ-B 配体（RANKL）信号系统的受体激活剂，辅助腺泡发育。RANKL 与其受体 RANK 的结合刺激细胞周期相关基因如 Cyclin D1 的产生。有趣的是，腺泡同时包含 PR^+细胞和 PR^-细胞，其中 PR^-细胞需要旁分泌途径增殖。孕酮与 PR 的相互作用促进 PR^+细胞释放 WNT4 和 NFκ-B 配体（RANKL）等旁分泌因子。这些刺激有助于 PR^-细胞的生长。孕酮除了在小叶腺泡形成中起作用外，还能抑制妊娠期间 α-乳白蛋白（LALBA）和 β-酪蛋白（CSN2）等乳蛋白基因的转录。孕激素阻止皮质醇附着在细胞内受体上，防止皮质醇和促乳素结合启动乳汁的分泌。分娩后孕酮水平下降，这使得皮质醇结合促乳素并开始泌乳。

促乳素信号通路在 MECs 分化和乳蛋白合成中的作用被广泛研究。牛血浆促乳素水平在妊娠期间为 9 ng/mL，到 270 d 上升到 76 ng/mL。在分娩前 5 d 达到峰值，通常被称为促乳素激增，然后在产后 48 h 稳定下降。然而，在乳腺发育的 3 个时间点（产前第 35 天，产前第 7 天，产后第 3 天）对牛乳腺组织进行数字基因表达（DGE）检查，发现 JAK2 和信号传导与转录活化因子（STAT5）在哺乳中发挥作用。妊娠早期韦斯特米德乳腺癌细胞株非转移性 cDNA 1（WDNM1）和 CSN2 水平较高，妊娠晚期乳清酸性蛋白（WAP）和 LALBA 水平较高。对经促乳素处理的奶牛 MECs 核磷蛋白进行蛋白质组学分析，发现了甘氨酰基 tRNA 合成酶（GARS）、丝氨酸蛋白家族 H 成员 1（SERPINH1）、硫氧还蛋白依赖性过氧化物还原酶、线粒体（PRDX3）、肌动蛋白相关蛋白 1A（ACTR1A）和膜联蛋白 A2（ANNEXINA2）6 个在哺乳过程中发挥潜在作用的蛋白质。

乳汁的合成和分泌受许多因素的控制。促乳素是调节乳蛋白合成、乳汁分泌过程的主要激素。此外，缺乏促乳素的情况下，GH 还可以调节乳汁的合成和乳汁的分泌。其他因素，包括氨基酸和葡萄糖转运蛋白以及胰岛素和 mTOR 信号，也在牛乳腺乳蛋白合成的调节中发挥关键作用。

（五）哺乳期

哺乳期乳腺由40%～50%的上皮细胞、40%的结缔组织和15%～20%的管腔组成。乳汁的合成是分泌型MECs在妊娠向泌乳过渡过程中合成并分泌乳蛋白的过程。乳汁的合成分为两个阶段：乳汁的合成Ⅰ期和乳汁的合成Ⅱ期。在乳汁的合成Ⅰ期，MECs获得有限的合成和分泌能力，也称为分泌分化。CSN和LALBA等乳蛋白的表达、妊娠初乳的分泌以及MECs和细胞外基质之间不良联接是这一阶段的特征，发生在妊娠后期的奶牛。MECs分泌乳蛋白的能力受到血液中高孕酮水平的限制。乳汁的合成Ⅱ期，也称为分泌激活，在奶牛分娩前后开始，血浆孕酮水平迅速下降。这一阶段泡内MECs之间高度不渗透的紧密连接，这是初乳（免疫球蛋白、钠和氯离子）定向分泌到腔内所必需的。随后是牛奶（乳糖、葡萄糖和钾离子）进入腔内。MECs细胞外基质接触恢复，这有助于MECs从循环中吸收营养物质，以生产牛奶。在哺乳期间，MECs在分子水平上经历了许多改变。在荷斯坦奶牛的乳腺组织中发现，在产前第5天和产后第10天，与运输活动相关的基因表达升高，如葡萄糖转运蛋白（GLUT1）、E74样因子5（ELF5）和固醇调节元件结合蛋白（SREBP）。在哺乳期间，与妊娠晚期的腺泡型MECs相反，分化的MECs中的大脂滴分解成小脂滴并向顶端表面聚集（图1-5）。不同哺乳时期的乳蛋白谱，包括早期、高峰和晚期的变化，是乳腺细胞内变化的信号。根据质谱分析，牛MECs的蛋白质结构在这些阶段不同，影响了乳腺细胞的代谢过程、结合和催化活性。Akt、磷脂酰肌醇-3激酶（PI3K）和p38丝裂原活化蛋白激酶（p38 MAPK）只是参与泌乳过程的几种信号通路。

哺乳期间增加的血流量是合成乳成分所需的营养物质的来源。奶牛400 L的血液通过乳腺来合成1 L的牛奶。对高产奶牛和低产奶牛蛋白质表达的变化进行分析发现，高产奶牛体内高度丰富的蛋白质与Akt、PI3K和p38/MAPK信号通路有关，这些信号通路通过胰岛素激素信号通路起作用。奶牛泌乳高峰之后是产奶量的加速下降，这与雌激素水平的下降相一致。因此，高水平的E2负调控泌乳。减少亮氨酸摄入量激活葡萄糖转运蛋白的葡萄糖摄取机制，而不影响乳糖合成率。然而，缺乏异亮氨酸、缬氨酸和亮氨酸会影响乳糖合成率，而不会阻碍葡萄糖的摄取。

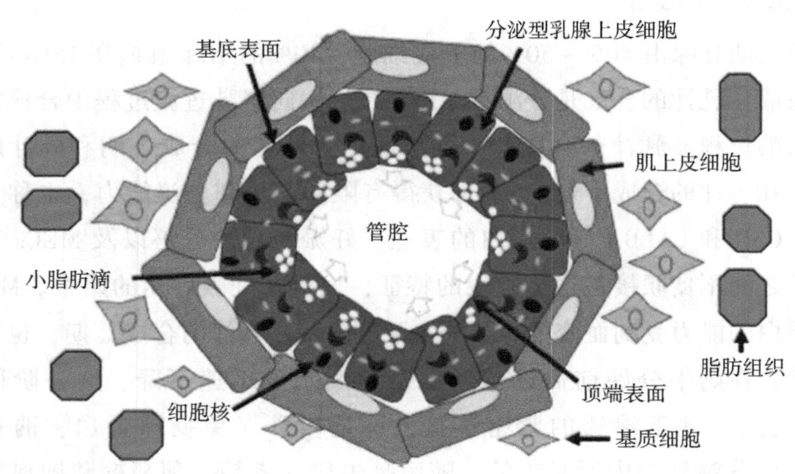

图 1-5 哺乳期 MECs 示意图

（引自 Jaswal 等，2022）

（六）退化期

产生乳汁的乳腺转变为无功能的妊娠前状态称为退化。这一时期乳腺经历最广泛的组织修复和组织学变化。在退化的第 2 天，由于脂肪液滴和富含蛋白质的分泌囊泡的合并，形成了大量的细胞内液泡，使细胞器向细胞核周围的基面移动，此后细胞器在 1～2 周内消失。MECs 具有代谢活性，但由于粗面内质网、高尔基体和线粒体等细胞器数量减少，它们无法产生乳成分。在退化的第 21～30 天，腺泡结构塌陷，增加的腺泡间隙充满纤维结缔组织，其中含有少量细胞，如浆细胞、成纤维细胞、吞噬细胞和淋巴细胞。乳腺的退化是一个复杂过程，发生在两个不同的生理阶段。

第一阶段，上皮细胞经历早期凋亡和它们之间紧密连接（TJs）的丧失。弱化的 TJs 刺激会导致血浆电解质（Na^+和 Cl^-）和乳腺白细胞数量的增加。纤溶酶原转化为纤溶酶可以催化 CSN2 蛋白的降解。蛋白质水解产生的肽也会阻断 MECs 顶端膜上的钾通道，从而降低奶牛的产奶量。金属蛋白酶抑制剂（TIMPs）可使基质金属蛋白酶（MMPs）失去活性。牛乳腺的退化范围较小，发生速度较慢，这可以通过胰岛素样生长因子结合蛋白（IGFBP-5）表达水平较低和 IGF1-Akt 信号通路增强来证明。IGFBP-5 与 IGF-1 结合抑制 IGF-1 活性，促进 MECs 凋亡。MECs 在停奶后直到 192 h 都处于静止状态，一旦哺乳可以促使 MECs 恢复到乳合成。

第二阶段，基质金属蛋白酶，如 MMP3、纤溶酶、组织蛋白酶 B 和丝氨酸蛋白酶，以及与凋亡相关的蛋白质，如硫酸化糖蛋白-2（SGP-2）和白细胞介素-1 转换酶（ICE）被激活，并广泛重塑腺体的细胞外基质和基质成分。整联蛋白（胶原蛋白、层粘连蛋白和纤维连接蛋白受体）、肌萎缩蛋白聚糖（层粘连蛋白-1 受体）、盘状蛋白结构域受体 1 酪氨酸激酶（胶原蛋白受体）、多配体聚糖（硫酸肝素蛋白多糖和纤维连接蛋白的共受体）、层粘连蛋白、胶原蛋白和生长因子都参与了 BM 修饰信息向 MECs 的传递。由于细胞-细胞外基质连接减少和小叶腺泡结构消除，乳腺导管网络减少，脂肪增多，富含胶原的间质增多。脂肪细胞最终取代凋亡上皮细胞以保持组织稳态（图 1-6）。这是一个不可逆的退化阶段，使腺体恢复到妊娠前的状态。

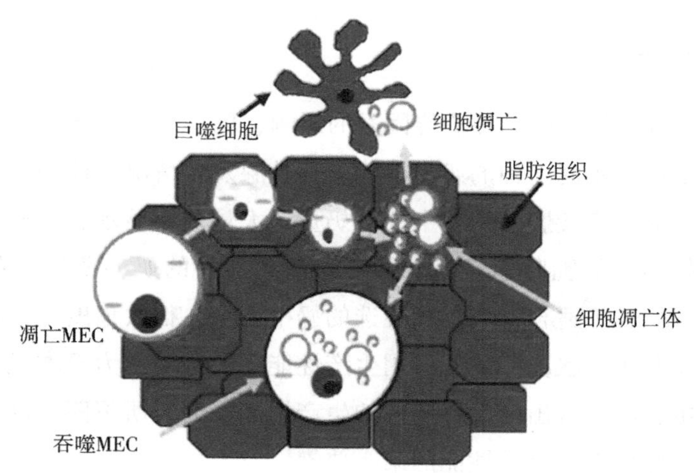

图 1-6 含巨噬细胞、凋亡细胞和吞噬细胞的牛 MECs 示意图

（引自 Jaswal 等，2022）

在退化期之后是干奶期，MECs 的损失得到恢复。与现有 MECs 相比，新 MECs 具有更高的分泌活性。在两次哺乳之间，需要一段干奶时间来消除衰老细胞并替换乳腺干细胞。40～60 d 的干奶间隔有利于后续泌乳。相比之下，长时间干奶（>70 d）或短时间干奶（<20 d）会极大地影响后续泌乳。没有干奶期时，奶牛的泌乳量会减少 20%。

在乳腺发育过程中，退化需要各种信号分子。停奶 72 h 后，白血病抑制因子（LIF）激活牛乳腺中的 STAT3。此外，乳腺蛋白-40（MGP-40）的过表达导致水牛 MECs 中 STAT3 激活。含有甘油三酯、乳蛋白和受损细胞膜的组织蛋白酶-D-阳性细胞质液泡的产生受活性 STAT3 的调节。TGF-3 还参与了 MECs 退化第二阶段的细胞死亡。除了在 MECs 细胞凋亡中起作用外，活性 STAT3 还上调细胞因子信号传导抑制因子-3（SOCS3）的表达，抑制 STAT5 的活性，从而抑制促乳素诱导的乳蛋白基因激活。STAT3 激活在乳腺退化过程中至关重要，因为它参与了第一阶段急性期反应的调节，并有助于乳腺退化第二阶段创面愈合特征的形成。

第二节　影响奶牛乳腺发育的因素

一、品种

奶牛的乳腺发育受品种遗传因素的影响，乳品质及产乳量的差异是其品种的特征之一。不同品种的奶牛个体，其乳腺发育情况、体型和性能等都有所不同，因此会直接影响到奶牛的产奶量。大量资料显示，荷斯坦牛的产奶量最高，娟珊牛的乳脂率最高。并且，不同品种的奶牛所适应的环境也不同，当地气候若不适合畜牧场所挑选的奶牛品种，很大程度上会影响到奶牛的产奶性能和生长状况。另外，用生产性能差的母牛作为母本或以品质差的种牛为父本，所培育出的后代奶牛的生产性能也会有所下降。因此，遗传特性是决定乳腺发育及泌乳性能的第一要素。

二、激素

母牛妊娠期时腺泡的快速形成，乳腺迅速增大，脂肪被取代为更多的乳腺组织和导管组织，这一系列的变化与其体内的激素密切相关。研究表明，IGF-1、E2 和孕酮对导管发育和分支具有重要作用。促乳素（PRL）促进初情期乳腺发育和腺泡发育及乳汁分泌，并且 PRL 还可以影响乳腺腺泡对氨基酸的吸收，进而影响乳蛋白的合成及分泌。在妊娠后期，待产母牛血液中的雌激素水平显著提升，刺激腺垂体对 PRL 的释放，进而启动泌乳。

三、营养

营养对哺乳动物胚胎期、青春期、初情期和妊娠期乳腺的发育以及泌乳性能均有一定影响。研究发现，调节绵羊妊娠期的营养水平，会直接影响其后代的乳腺发育。对妊娠期母羊进行一定的营养限制，会导致其后代胚胎乳腺重量减轻，乳腺发育减弱，脂肪增多。这些结果表明，对妊娠期母体的营养干预，会影响其胚胎的乳腺发育。

青春期，乳腺上皮迅速侵入脂肪垫中，被认为是哺乳动物乳腺发育的关键时期。研究表明，青春期小鼠饲喂高脂营养会导致其乳腺脂肪垫增大，导管密度减少，分支降低。此外，在奶牛的研究中，青春期过度饲喂会对乳腺实质的生长和随后的泌乳性能产生负面影响，除高脂饮食外，青春期的营养限制也会影响乳腺的发育。初情期，小鼠饲喂高能量日粮，限饲后再补饲均会减少乳腺实质的重量，抑制其乳腺发育。妊娠后期饲喂高能日粮会降低奶牛产奶量、乳蛋白及乳脂率，而饲喂低能日粮则会提高奶牛产后的泌乳量、乳蛋白含量及乳脂率。泌乳期，调控奶牛氨基酸的组成比例，能够有效提高其产奶量。叶酸、维生素 B_{12} 和胆碱可改善奶牛哺乳性能、代谢健康和牛奶的营养质量。

四、环境

近年来，温度对乳腺发育影响的研究较为广泛。研究发现，高温会导致牛体内发酵和代谢所产生的热量难以散出，加重其散热负担。另有研究表明，高温会增加奶牛乳房炎的发病率，同时也会抑制奶牛的免疫机制，从而增加各类疾病的发病率以及降低泌乳奶牛的产奶量。高温可使牛奶中乳蛋白、乳脂和乳非脂固形物的含量下降。哺乳动物产奶量的改变与乳腺上皮细胞密切相关，通过建立牛乳腺上皮细胞热应激模型，表明高热可通过降低线粒体膜电位触发细胞凋亡及坏死途径。

本章小结

乳腺泌乳能力与其发育不同阶段的生理特征密切相关，了解奶牛乳腺生物学对于在不损害动物健康和福祉的情况下提高产奶量至关重要。此外，比较研究将有助于了解乳腺生物学的差异，并为通过调控乳腺发育提高奶牛泌乳性能提供理论依据。

第二章　乙酸钠对奶牛乳腺发育和泌乳的影响

乙酸钠作为奶牛饲料添加剂，能够提升奶牛泌乳性能、降低乳房炎的发生率，也可以提高牛乳中脂肪的浓度。有文献表明，在奶牛日粮中添加乙酸盐可提高乳脂含量、产量和营养物质消化率，降低血液中的葡萄糖、尿素氮和非酯化脂肪酸含量。此外，乙酸钠在体外可提高牛乳腺上皮细胞中与泌乳有关的基因的表达。因此，我们旨在通过测量奶牛瘤胃发酵、营养物质消化以及与脂肪酸合成、细胞增殖和细胞凋亡相关的基因和蛋白质的表达来评估添加乙酸钠提高牛奶产量和质量的潜在机制。

第一节　乙酸钠对奶牛泌乳性能和血液指标的影响

一、乙酸钠对奶牛泌乳性能的影响

由表 2-1 可知，虽然日粮干物质摄入量不受影响，但随着乙酸钠添加量的增加，鲜奶产量呈二次曲线增长（$P<0.05$）。乳脂校正乳和能量校正乳产量随着乙酸钠剂量的增加线性增加（$P<0.05$）。乳脂含量呈线性增加（$P<0.05$），乳蛋白含量呈二次曲线递增趋势（$P=0.07$），乳糖含量无明显变化。因此，乳脂产量呈线性增加（$P<0.05$），乳蛋白和乳糖产量呈二次曲线增加（$P<0.05$）。对于饲料效率，以产奶量/饲粮干物质摄入量或能量校正乳产量/饲粮干物质摄入量描述，均呈二次曲线增加（$P<0.05$）。

表 2-1　添加乙酸钠对奶牛干物质采食量、泌乳性能和饲料效率的影响

项目	处理[1]				SEM	P 值	
	对照（Control）	LSA	MSA	HSA		Linear	Quadratic
干物质采食量（kg/d）	21.3	21.1	20.7	20.8	0.190	0.086	0.475
奶产量（kg/d）							
鲜奶	34.1^{b}	34.8^{ab}	35.3^{a}	35.1^{ab}	0.371	0.428	0.038
乳脂校正乳[2]	33.3^{b}	34.5^{ab}	36.7^{a}	37.3^{a}	0.437	0.019	0.447
能量校正乳[3]	33.0^{b}	35.1^{ab}	37.1^{a}	37.2^{a}	0.418	0.019	0.323
乳脂	1.12^{c}	1.19^{bc}	1.33^{a}	1.36^{a}	0.023	0.012	0.133
乳蛋白	0.97^{b}	1.08^{ab}	1.09^{a}	1.07^{ab}	0.016	0.304	0.029
乳糖	1.63^{b}	1.73^{a}	1.72^{a}	1.71^{a}	0.025	0.846	0.038
乳成分（g/kg）							
乳脂	32.7^{b}	34.2^{b}	37.7^{a}	38.8^{a}	0.390	0.015	0.798
乳蛋白	28.4	30.9	31.1	30.4	0.333	0.228	0.067
乳糖	47.9	49.5	48.8	48.8	0.418	0.532	0.342
饲料效率（kg/kg）							
产奶量/采食量	1.60^{b}	1.66^{ab}	1.71^{a}	1.68^{ab}	0.006	0.086	0.018
能量校正乳/采食量	1.55^{b}	1.67^{ab}	1.79^{a}	1.80^{ab}	0.007	0.067	0.021

注：[1]Control、LSA、MSA 和 HSA 组分别在基础日粮中补充乙酸钠 0 g/d、150 g/d、300 g/d 和 450 g/d。

[2]4.0%乳脂校正乳=0.4×产奶量（kg/d）+15×乳脂产量（kg/d）。

[3]能量校正乳=0.327×产奶量（kg/d）+12.95×乳脂产量（kg/d）+7.65×乳蛋白产量（kg/d）。

虽然添加乙酸钠对日粮干物质摄入量没有影响，但鲜奶、乳脂校正乳、能量校正乳、乳脂、乳蛋白和乳糖的产量都增加。Matamoros 等（2022）报道，饲粮中添加乙酸可使干物质采食量提高 6%，乳脂浓度提高 8.6%，乳脂产量提高 10.5%，但对鲜奶产量没有显著影响。虽然在不同的研究中，添加丁酸盐对牛奶产量的反应有所不同，但在奶牛中，添加乙酸盐经常会增加乳脂产量或含量（Urrutia 等，2017；Urrutia 等，2019；Matamoros 等，2021）。在 Huhtanen 等（1993）的研究中，他们发现奶牛瘤胃灌注 0~600 g/d 乙酸盐与牛奶蛋白含量呈正线性响应，而 Urrutia 等（2019）发现在基础

饲粮中添加乙酸钠对牛奶蛋白含量没有影响。这些研究中乙酸盐的补充方式和剂量不同，导致了研究结果的分歧。本研究中使用的乙酸盐补充量低于 Urrutia 等（2019）使用的剂量。虽然在本试验中，各处理间干物质摄取量无差异，但添加乙酸钠后乳蛋白含量呈二次增长趋势，这是由于增加了干物质和粗蛋白质的消化率，并可能增加了微生物蛋白，其证据是氨态氮含量降低（Cummins 和 Papas，1985）。

二、乙酸钠对奶牛血液指标的影响

由表 2-2 可知，随着乙酸钠添加量的增加，葡萄糖、尿素氮、非酯化脂肪酸和胰岛素浓度线性下降（$P<0.05$），但血液总蛋白含量线性增加（$P<0.05$）。

表 2-2　添加乙酸钠对泌乳奶牛血液代谢产物的影响

项目	处理[1]				SEM	P 值	
	对照（Control）	LSA	MSA	HSA		Linear	Quadratic
葡萄糖（mmol/L）	9.79[a]	9.45[ab]	8.46[b]	7.85[b]	0.264	0.038	0.494
总蛋白（g/L）	79.99[b]	80.85[b]	93.86[a]	93.48[a]	1.862	0.038	0.627
尿素氮（mmol/L）	10.07[a]	9.47[ab]	8.93[b]	8.29[b]	0.287	0.038	0.513
非酯化脂肪酸（μmol/L）	911.05[a]	886.35[ab]	830.30[b]	827.45[b]	16.62	0.019	0.143
胰岛素（mIU/L）	35.91[a]	33.54[ab]	31.92[b]	32.49[b]	0.808	0.019	0.247

注：[1] Control、LSA、MSA 和 HSA 组分别在基础日粮中补充乙酸钠 0 g/d、150 g/d、300 g/d 和 450 g/d。

以前的研究阐明了乙酸盐参与葡萄糖代谢调节的作用，并表明乙酸盐抑制体外试验中丙酸的肝脏摄取。添加乙酸钠后血糖的线性下降与其他研究一致（Urrutia 等，2019；Halfen 等，2021）。随着添加乙酸钠的增加，奶牛的胰岛素含量呈线性下降，因此血糖的下降与血液胰岛素水平无关，而可能与胰高血糖素水平有关（Zarrin 等，2013）。此外，乙酸盐通过降低胰高血糖素水平抑制糖异生。胰岛素对添加乙酸钠的反应可能取决于乙酸钠的剂量、奶牛的生理阶段和乙酸钠补充的持续时间。血尿素氮和总蛋白含量是蛋白质利用效率的指标，尿素氮还与能量平衡和血浆非酯化脂肪酸有关（Rastani

等，2006）。目前研究中观察到添加乙酸钠后总蛋白含量增加，尿素氮含量降低，这可能表明添加乙酸钠提高了日粮蛋白质的利用率或机体蛋白质的动员。添加乙酸盐后非酯化脂肪酸浓度的线性降低与其他研究一致（Urrutia 等，2019），并指出乙酸盐可能调节非酯化脂肪酸的脂解速率并引发酮体形成。添加乙酸钠可以增加奶牛外周血β-羟丁酸浓度，β-羟丁酸是乳脂合成的前体（Ali 等，2021），并通过激活脂肪营养感应受体导致β-羟丁酸介导的脂解抑制（Mielenz，2017）。

第二节　乙酸钠对奶牛养分消化和瘤胃代谢的影响

一、乙酸钠对奶牛养分消化的影响

由表 2-3 可知，随着乙酸钠添加量的增加，饲粮干物质、有机物和粗蛋白质的表观消化率呈二次曲线增加（$P<0.05$），且饲粮粗脂肪、中性洗涤纤维和酸性洗涤纤维的消化率随乙酸钠添加量的增加线性增加（$P<0.05$）。

表 2-3　添加乙酸钠对泌乳奶牛营养物质消化率的影响　单位：%

项目	处理[1]				SEM	P 值	
	对照（Control）	LSA	MSA	HSA		Linear	Quadratic
干物质	64.13[c]	67.26[b]	68.69[a]	68.31[ab]	0.494	0.133	0.038
有机物	65.46[c]	68.50[b]	69.92[a]	69.54[ab]	0.475	0.086	0.019
粗蛋白质	69.64[b]	71.54[b]	75.43[a]	73.63[ab]	0.656	0.019	0.013
粗脂肪	74.98[b]	76.88[ab]	80.59[a]	80.21[a]	1.055	0.029	0.114
中性洗涤纤维	48.93[b]	52.16[ab]	55.48[a]	56.81[a]	0.884	0.029	0.162
酸性洗涤纤维	41.23[b]	43.23[ab]	45.89[a]	46.17[a]	1.150	0.029	0.228

注：[1]Control、LSA、MSA 和 HSA 组分别在基础日粮中补充乙酸钠 0 g/d、150 g/d、300 g/d 和 450 g/d。

添加乙酸钠提高了营养物质的消化率，这是由于增强了瘤胃发酵，支持提高牛奶产量。其他研究证明，奶牛对饲粮干物质、有机物、粗蛋白质和中性洗涤纤维的消化率随着乙酸盐注入率的增加呈线性增加。添加乙酸盐可通过促进胃肠功能提高营养物质的消化率。前期研究表明，瘤胃灌注或饲粮中添加乙酸盐可刺激瘤胃上皮细胞生长，增加瘤胃乳头长度，加速瘤胃上皮细胞血流量，增加挥发性脂肪酸吸收。

二、乙酸钠对奶牛瘤胃代谢的影响

（一）瘤胃发酵

由表 2-4 可知，随着乙酸钠添加量的增加，瘤胃 pH 值呈二次曲线下降（$P<0.05$），瘤胃总挥发性脂肪酸含量呈二次曲线上升（$P<0.05$）。乙酸摩尔百分比不受乙酸钠添加量的影响，而丙酸摩尔百分比随乙酸钠添加量的增加呈线性下降（$P<0.05$）。乙酸与丙酸比例随乙酸钠添加量的增加线性增加（$P<0.05$）。丁酸摩尔百分比线性增加（$P<0.05$），异戊酸摩尔百分比呈线性下降（$P<0.05$）。然而，乙酸钠的加入对戊酸和异丁酸的摩尔百分比没有影响。瘤胃氨态氮含量随乙酸钠添加量的增加线性降低（$P<0.05$）。

表 2-4　添加乙酸钠对泌乳奶牛瘤胃发酵的影响

项目	处理[1]				SEM	P 值	
	对照（Control）	LSA	MSA	HSA		Linear	Quadratic
pH 值	6.80[a]	6.69[ab]	6.46[b]	6.58[ab]	0.032	0.428	0.038
总挥发酸（mmol/L）	93.86[b]	97.85[ab]	115.2[a]	107.4[ab]	7.581	0.361	0.029
摩尔百分比							
乙酸	58.24	59.95	60.90	60.67	0.798	0.656	0.817
丙酸	22.83[a]	21.07[ab]	18.70[b]	18.71[b]	0.741	0.029	0.722
丁酸	14.66[b]	14.71[ab]	16.23[a]	16.27[a]	0.266	0.048	0.361
戊酸	1.38	1.60	1.57	1.76	0.080	0.143	0.874
异丁酸	1.26	1.25	1.29	1.24	0.013	0.884	0.542
异戊酸	1.63	1.50	1.36	1.41	0.082	0.029	0.152
乙酸/丙酸	2.55[b]	2.85[b]	3.26[a]	3.24[a]	0.124	0.029	0.751
氨态氮（mg/100 mL）	11.31[a]	10.07[ab]	8.81[b]	8.91[b]	0.867	0.038	0.371

注：[1] Control、LSA、MSA 和 HSA 组分别在基础日粮中补充乙酸钠 0 g/d、150 g/d、300 g/d 和 450 g/d。

在本试验中，乙酸钠可能促进了瘤胃细菌的生长繁殖和微生物酶的分泌，促进了纤维物质的消化，从而导致了挥发性脂肪酸的增加和瘤胃 pH 值的降低。瘤胃 pH 值的二次曲线降低与随着乙酸钠添加量的增加总挥发性脂肪酸含量的二次增加有关。总挥发性脂肪酸和丁酸浓度的增加归因于饲粮中性洗涤纤维和酸性洗涤纤维消化率的增加，表明添加乙酸钠后纤维素分解细菌的数量和酶活性增加。此外，乙酸与丙酸的比值呈线性增加，表明随着乙酸钠添加量的增加，瘤胃发酵模式趋于乙酸发酵。瘤胃氨态氮含量呈线性下降，主要原因是添加乙酸钠增加了细菌蛋白质合成（Cummins 和 Papas，1985）。

（二）瘤胃酶活

由表 2-5 可知，羧甲基纤维素酶活性随乙酸钠添加量的增加线性增加（$P<0.05$），α-淀粉酶活性随乙酸钠添加量的增加呈线性降低（$P<0.05$），纤维二糖酶、木聚糖酶、果胶酶和蛋白酶活性没有受到乙酸钠添加量增加的影响。

表 2-5　添加乙酸钠（SA）对奶牛瘤胃微生物酶活的影响

项目	处理[1]				SEM	P 值	
	对照（Control）	LSA	MSA	HSA		Linear	Quadratic
羧甲基纤维素酶	0.21[b]	0.27[b]	0.35[a]	0.36[a]	0.016	0.038	0.836
纤维二糖酶	0.13	0.15	0.15	0.17	0.008	0.162	0.903
木聚糖酶	0.58	0.76	0.65	0.67	0.043	0.656	0.409
果胶酶	0.39	0.40	0.39	0.48	0.021	0.162	0.342
α-淀粉酶	0.54[a]	0.51[a]	0.41[b]	0.37[b]	0.026	0.023	0.855
蛋白酶	0.85	0.88	0.81	0.58	0.068	0.162	0.352

注：[1]Control、LSA、MSA 和 HSA 组分别在基础日粮中补充乙酸钠 0 g/d、150 g/d、300 g/d 和 450 g/d。

[2]酶活力单位：羧甲基纤维素酶［μmol 葡萄糖/（min · mL）］；纤维二糖酶［μmol 葡萄糖/（min · mL）］；木聚糖酶［μmol 木聚糖/（min · mL）］；果胶酶［D-半乳糖醛酸/（min · mL）］；α-淀粉酶［μmol 葡萄糖/（min · mL）］；蛋白酶［μmol 水解蛋白/（min · mL）］。

（三）瘤胃菌群

由表 2-6 可知，随着乙酸钠添加量的增加，总细菌、总原生动物、总厌氧真菌、黄色瘤胃球菌、白色瘤胃球菌、溶纤维丁酸弧菌和产琥珀丝状杆菌的数量线性增加（$P<0.05$）。随着乙酸钠添加量的增加，嗜淀粉瘤胃杆菌的数量线性下降（$P<0.05$），总产甲烷菌和栖瘤胃普雷沃氏菌的数量不受乙酸钠添加量的影响。

表 2-6　添加乙酸钠（SA）对奶牛瘤胃菌群的影响

项目	处理[1]				SEM	P 值	
	对照（Control）	LSA	MSA	HSA		Linear	Quadratic
总菌，$\times10^{11}$	5.53^{b}	6.61^{ab}	6.79^{a}	7.45^{a}	0.614	0.038	0.418
总厌氧真菌，$\times10^{7}$	1.83^{b}	2.16^{ab}	2.67^{a}	2.73^{a}	0.379	0.038	0.485
总原虫，$\times10^{5}$	4.85^{b}	6.02^{ab}	6.63^{a}	6.60^{a}	0.662	0.029	0.399
总产甲烷菌，$\times10^{9}$	4.80	4.82	4.86	5.04	0.459	0.409	0.732
白色瘤胃球菌，$\times10^{8}$	4.22^{b}	4.80^{ab}	5.33^{a}	5.42^{a}	0.272	0.019	0.380
黄色瘤胃球菌，$\times10^{9}$	3.51^{b}	3.89^{ab}	4.29^{a}	4.33^{a}	0.523	0.048	0.333
产琥珀丝状杆菌，$\times10^{10}$	2.91^{b}	3.93^{ab}	4.39^{a}	4.62^{a}	0.410	0.029	0.361
溶纤维丁酸弧菌，$\times10^{9}$	3.57^{b}	4.14^{ab}	4.85^{a}	4.99^{a}	0.423	0.029	0.390
栖瘤胃普雷沃氏菌，$\times10^{9}$	7.95	7.12	6.79	7.03	1.637	0.200	0.437
嗜淀粉瘤胃杆菌，$\times10^{8}$	3.36^{a}	3.25^{ab}	2.92^{b}	2.85^{b}	0.198	0.029	0.485

注：[1]Control、LSA、MSA 和 HSA 组分别在基础日粮中补充乙酸钠 0 g/d、150 g/d、300 g/d 和 450 g/d。

奶牛日粮中的纤维物质在瘤胃中被瘤胃细菌、原生动物和分泌纤维素分解酶的真菌降解为乙酸酯（Orpin，1984）。瘤胃真菌可以降解饲料木质纤维素组织，大约 30%的纤维消化和 10%的挥发性脂肪酸生产可归因于瘤胃原生动物（Wang 和 McAllister，2002）。因此，随着乙酸钠量的增加，瘤胃羧甲基纤维素酶活性的线性升高是由于总细菌、总厌氧真菌、总原生动物、黄色瘤胃球菌、白色瘤胃球菌、溶纤维丁酸弧菌和产琥珀丝状杆菌的数量呈线性增加，这改善了瘤胃发酵，提高了饲粮中性洗涤纤维和酸性洗涤纤维的消化率。α-淀粉酶活性的线性降低与嗜淀粉瘤胃杆菌数量的降低相一致，表明添加乙酸钠可抑制瘤胃淀粉的降解。结果进一步证实，随着乙酸钠量的增加，丙酸摩尔百分比降低。瘤胃蛋白酶活性未发生变化主要与栖瘤胃普雷沃氏菌数量未发生变化有关，并进一步证实，随着添加乙酸钠量的增加，氨态氮含量呈线性下降，从而促进了微生物蛋白质合成。

第三节 乙酸钠对奶牛乳腺上皮细胞增殖的影响

一、乙酸钠对奶牛乳腺上皮细胞增殖和凋亡的影响

（一）乙酸钠对牛乳腺上皮细胞增殖的影响

如图 2-1 所示，CCK-8 测定结果表明乙酸钠对牛乳腺上皮细胞增殖的影响呈二次曲线变化（P<0.05），500 μmol/L 的乙酸钠显著促进了牛乳腺上

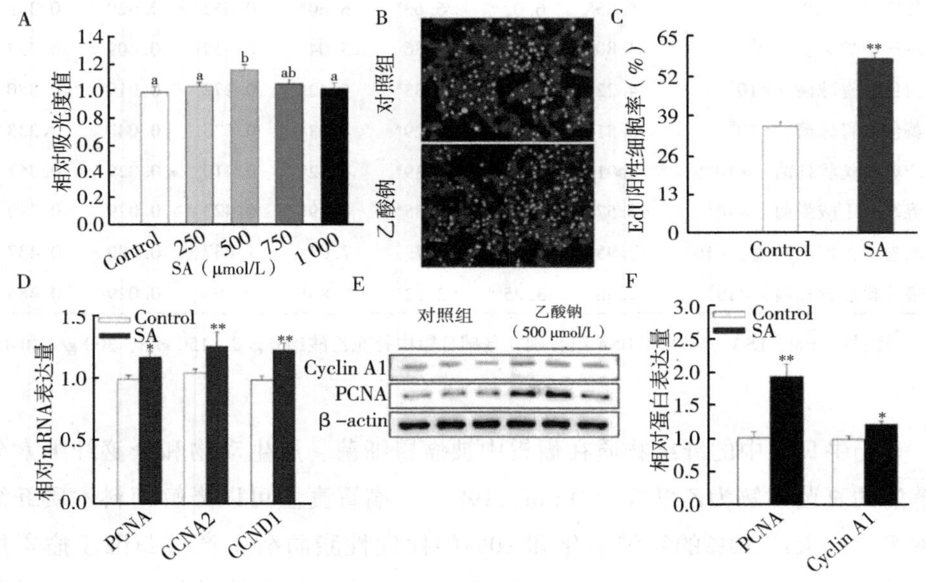

图 2-1 乙酸钠（SA）对牛乳腺上皮细胞增殖的影响

A. 不同浓度乙酸钠（0 μmol/L、250 μmol/L、500 μmol/L、750 μmol/L 和 1 000 μmol/L）培养 3 d 的牛乳腺上皮细胞，CCK-8 检测相对吸光度值（n=8）统计图；B、C. EdU 检测不同浓度乙酸钠（0 μmol/L 和 500 μmol/L）培养 3 d 牛乳腺上皮细胞处于 S 期的细胞染色和统计图；D. 不同浓度乙酸钠（0 μmol/L 和 500 μmol/L）培养 3 d 对牛乳腺上皮细胞的 *PCNA*、*CCNA2* 和 *CCND1* mRNA 表达量的统计图；E. 不同浓度乙酸钠（0 μmol/L 和 500 μmol/L）培养牛乳腺上皮细胞 3 d 后 PCNA 和 Cyclin A1 的 Western blotting 分析条带；F. E 图统计图。不同小写字母的条带存在显著差异（P<0.05）。* 和 ** 分别表示 P<0.05 和 P<0.01，均与对照组相比较。

皮细胞的增殖（$P<0.05$；图 2-1A）。因此，选择乙酸钠的最佳浓度为 500 μmol/L。同时，EdU 测定结果表明，500 μmol/L 的乙酸钠极显著提高了牛乳腺上皮细胞处于 S 期细胞的阳性比例（$P<0.01$；图 2-1B、C）。添加 500 μmol/L 的乙酸钠显著增加了牛乳腺上皮细胞增殖相关因子 *PCNA* 的基因表达（$P<0.05$），极显著提高了 *CCNA2* 和 *CCND1* 的 mRNA 表达（$P<0.01$；图 2-1D），极显著提高了牛乳腺上皮细胞增殖相关蛋白 PCNA 的表达（$P<0.01$），显著提高 Cyclin A1 的蛋白表达（$P<0.05$；图 2-1E、F）。

乳腺上皮细胞数量决定乳腺发育状况，进而决定其泌乳性能（Bae 等，2020）。在本研究中，乙酸钠通过促进牛乳腺上皮细胞的增殖 mRNA 和蛋白的表达及抑制了凋亡相关 mRNA 和蛋白的表达，进而促进了牛乳腺上皮细胞增殖，解释了前人研究中乙酸钠提高奶牛泌乳量结果（Urrutia 等，2017；2019）。本试验研究了不同剂量乙酸钠对牛乳腺上皮细胞增殖的影响，最佳浓度是 500 μmol/L。

通过检测增殖标志因子的基因和蛋白表达水平，包括细胞周期蛋白（CCNA2 和 CCND1）和 PCNA 能够说明乙酸钠对牛乳腺上皮细胞增殖的促进作用。Cyclin A 参与 S 期 DNA 的复制，Cyclin A2 在 S 期和有丝分裂中均发挥作用；Cyclin D 调节细胞周期从 G1 期向 S 期的转变（Lim 等，2013；Bertoli 等，2013）；此外，PCNA 作为一种辅助因子，在 DNA 复制和蛋白质修复起着不可或缺的作用（Park 等，2016）。还有文献报道，Cyclin A2、Cyclin D1、Cyclin D3、PCNA 和 p21 均参与乳腺上皮细胞增殖的调控（Ye 等，2016；Meng 等，2017）。在本试验中，添加 500 μmol/L 的乙酸钠提高了细胞周期蛋白（CCNA2 和 CCND1）和 PCNA 的基因表达，以及 Cyclin A1 和 PCNA 的蛋白表达，说明添加 500 μmol/L 的乙酸钠促进了牛乳腺上皮细胞的增殖。

（二）乙酸钠对牛乳腺上皮细胞凋亡的影响

由图 2-2 可知，500 μmol/L 的乙酸钠极显著提高了抑制牛乳腺上皮细胞凋亡相关基因 *BCL2* 的 mRNA 和蛋白表达（$P<0.01$；图 2-2A、B、C），显著降低了促进牛乳腺上皮细胞凋亡相关基因 *BAX4* 和 *CASP3* 的 mRNA 表达（$P<0.05$），极显著降低了促进牛乳腺上皮细胞凋亡相关基因 *CASP9* 的 mRNA 表达（$P<0.01$），显著降低了 BAX、Caspase-3 和 Caspase-9 的蛋白

表达（$P<0.05$；图 2-2A、B、C）；*BCL2/BAX* 的 mRNA 和蛋白比值均显著提高（$P<0.05$；图 2-2A、B、C）。

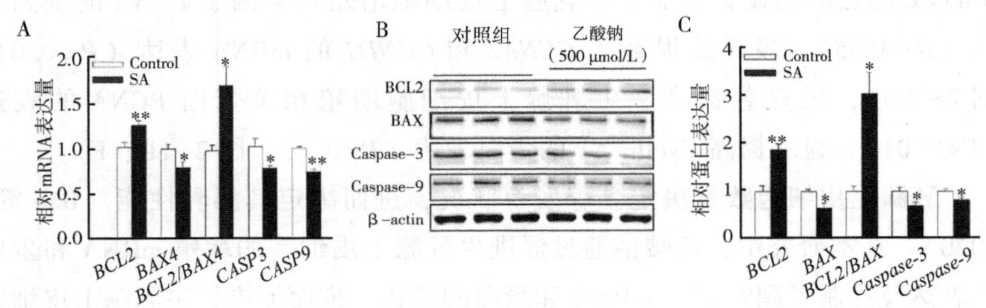

图 2-2　乙酸钠（SA）对牛乳腺上皮细胞凋亡的影响

A. 不同浓度乙酸钠（0 μmol/L 和 500 μmol/L）培养 3 d 对牛乳腺上皮细胞的 *BCL2*、*BAX4*、*BCL2/BAX4*、*CASP3* 和 *CASP9* mRNA 表达量的影响；B. 培养 3 d 后牛乳腺上皮细胞的 BCL2、BAX、BCL2/BAX、Caspase-3 和 Caspase-9 的 Western blotting 分析条带；C. B 图统计图。* 和 ** 分别表示 $P<0.05$ 和 $P<0.01$，均与对照组相比较。

细胞凋亡是细胞的程序性死亡，细胞凋亡的过程是协同的，涉及多种细胞内蛋白和复杂的信号通路（Liu 等，2016）。BCL2 家族通过复杂的相互作用调节线粒体的凋亡通路。BAX 与 BCL2 具有同源性，可形成二聚体，当 BAX 过表达时促进凋亡，当 BCL2 过表达时抑制凋亡（Kim 等，2009）。为此，BCL2/BAX 可以反映细胞凋亡的状态。细胞色素 C 参与凋亡蛋白酶激活因子-1（APAF-1）寡聚成一个被称为凋亡小体的 Caspase 家族，激活启动因子 Caspase-9，然后激活效应分子 Caspase-3 和 Caspase-7，Caspase 家族可诱导细胞凋亡（Riedl 等，2007）。为此，抑制 Caspase 家族可抑制细胞凋亡。在本试验中，添加 500 μmol/L的乙酸钠增加了 BCL2 基因和蛋白的表达，降低了 BAX、Caspase-3 和 Caspase-9 基因和蛋白表达，提高了 BCL2/BAX 的基因和蛋白表达的比值，说明 500 μmol/L 的乙酸钠抑制了牛乳腺上皮细胞的凋亡。因此，上述结果表明 500 μmol/L 的乙酸钠很可能是通过促进增殖因子的基因和蛋白表达并抑制凋亡因子的基因和蛋白表达来促进牛乳腺上皮细胞的增殖。

二、乙酸钠调控奶牛乳腺上皮细胞增殖的信号通路

（一）乙酸钠对牛乳腺上皮细胞 Akt-mTOR 信号通路的影响

由图 2-3 可知，500 μmol/L 的乙酸钠极显著提高了 p-Akt/Akt 和 p-mTOR/mTOR 比值（P<0.01；图 2-3A、B），激活了 Akt-mTOR 信号通路。

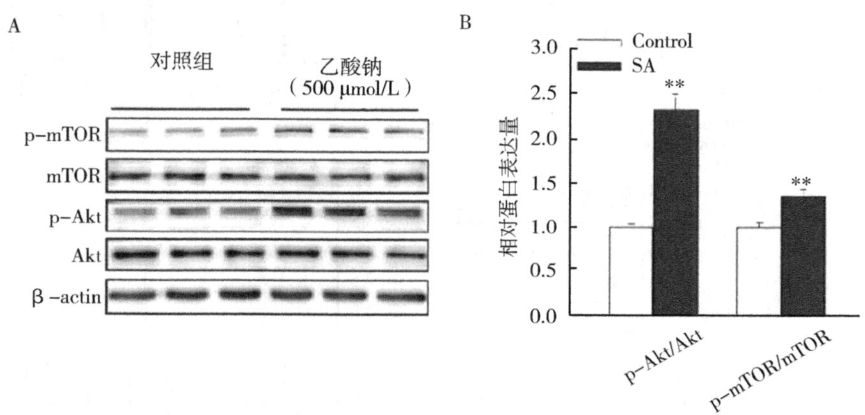

图 2-3　乙酸钠（SA）对牛乳腺上皮细胞 Akt-mTOR 信号通路的影响

A. 不同浓度乙酸钠（0 μmol/L 和 500 μmol/L）培养 3 d 对牛乳腺上皮细胞的 p-Akt、Akt、p-mTOR 和 mTOR 的 Western blotting 分析条带；B. p-Akt/Akt 和 p-mTOR/mTOR 统计图。** 表示 P<0.05 和 P<0.01，均与对照组相比较。

（二）阻断 Akt 信号通路对牛乳腺上皮细胞增殖的影响

由图 2-4 可知，30 nmol/L 的 Akt-IN-1 对牛乳腺上皮细胞的增殖无影响，且 Akt-IN-1 可以显著阻断 500 μmol/L的乙酸钠对牛乳腺上皮细胞增殖的促进作用（P<0.05；图 2-4A）。30 nmol/L 的 Akt-IN-1 极显著逆转了 500 μmol/L 的乙酸钠对牛乳腺上皮细胞增殖相关基因 *PCNA* mRNA 表达的促进作用（P<0.01），显著逆转了乙酸钠对 *CCND1* 和 *CCNA2* 以及抑制牛乳腺上皮细胞凋亡相关基因 *BCL2* mRNA 表达的促进作用（P < 0.05）；500 μmol/L的乙酸钠对牛乳腺上皮细胞凋亡相关基因 *BAX4*、*CASP3* 和 *CASP9* 的 mRNA 表达的抑制作用也被显著逆转（P<0.05；图 2-4B）。同样，30 nmol/L的 Akt-IN-1 极显著逆转了 500 μmol/L 的乙酸钠对牛乳腺上皮细

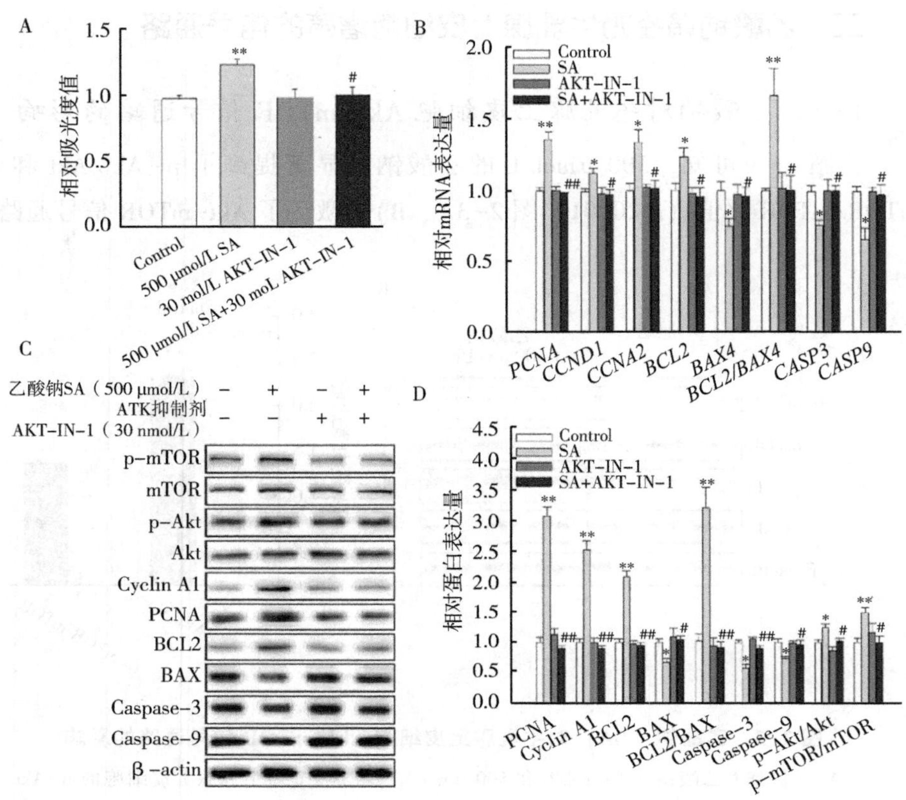

图 2-4　阻断 Akt 信号通路逆转了乙酸钠（SA）对牛乳腺上皮细胞增殖和凋亡的影响

A. CCK-8 检测 500 μmol/L 的乙酸钠或/和 30 nmol/L Akt 抑制剂（Akt-IN-1）对牛乳腺上皮细胞的相对吸光值统计图（$n=8$）；B. 500 μmol/L 的乙酸钠和/或 30 nmol/L Akt 抑制剂对牛乳腺上皮细胞基因 *PCNA*、*CCND1*、*CCNA2*、*BCL2*、*BAX4*、*BCL2/BAX4*、*CASP3* 和 *CASP9* 的 mRNA 表达的影响；C. 500 μmol/L 的乙酸钠和/或 30 nmol/L Akt 抑制剂对牛乳腺上皮细胞蛋白 PCNA、Cyclin A1、BCL2、BAX、β-actin、Caspase-3、Caspase-9、p-Akt、Akt、p-mTOR 和 mTOR 的 Western blotting 分析条带；D. Western blotting 分析条带统计图。* 和 ** 分别表示 $P<0.05$ 和 $P<0.01$，均与对照组相比较；#和##分别表示与 500 μmol/L 的 SA 组相比 $P<0.05$ 和 $P<0.01$。

胞增殖相关蛋白 PCNA 和 Cyclin A1 以及抑制牛乳腺上皮细胞凋亡相关蛋白 BCL2 表达的促进作用（$P<0.01$），也极显著逆转了 BCL2/BAX 比值的升高

($P<0.01$); 500 μmol/L 的乙酸钠对牛乳腺上皮细胞凋亡相关蛋白 BAX、Caspase-3 和 Caspase-9 表达的抑制作用也被显著逆转($P<0.05$; 图 2-4C、D); 30 nmol/L 的 Akt-IN-1 显著逆转了 500 μmol/L 的乙酸钠对牛乳腺上皮细胞增殖相关通路 p-Akt/Akt 和 p-mTOR/mTOR 比值的促进作用($P<0.05$; 图 2-4C、D)。

Akt 信号通路参与猪乳腺上皮细胞和 HC11 细胞等多种细胞的增殖(Meng 等, 2017)以及平滑肌细胞和颗粒细胞等多种细胞的凋亡(Keith 等, 2006), 在本试验中, 添加 500 μmol/L 的乙酸钠促进了 Akt 的磷酸化。当 Akt-IN-1 将 Akt 去磷酸化后, 乙酸钠促进牛乳腺上皮细胞的细胞活性, 增殖基因(PCNA、CCNA 和 CCND)和凋亡基因(BCL2、BAX、Caspase-3 和 Caspase-9)的 mRNA 和蛋白表达均被逆转。而且, p-Akt/Akt 和 p-mTOR/mTOR 蛋白表达比值也被逆转, 说明 Akt-IN-1 可阻断 Akt 和 mTOR 的磷酸化。这个结果说明 Akt-mTOR 信号通路可能参与调控乙酸钠对牛乳腺上皮细胞增殖的促进作用。

(三) 阻断 mTOR 信号通路对牛乳腺上皮细胞增殖的影响

由图 2-5 可知, 50 pmol/L 的 Rap 对牛乳腺上皮细胞的增殖无影响, 且 Rap 可以极显著阻断 500 μmol/L 的乙酸钠对牛乳腺上皮细胞增殖的促进作用($P<0.01$; 图 2-5A)。50 pmol/L 的 Rap 显著逆转了 500 μmol/L 的乙酸钠对牛乳腺上皮细胞增殖相关基因 *PCNA*、*CCND1* 和 *CCNA2* 的 mRNA 表达的促进作用($P<0.05$; 图 2-5B)及增殖相关蛋白 PCNA 和 Cyclin A1 表达的促进作用($P<0.05$; 图 2-5C、D)。而且, 50 pmol/L 的 Rap 显著逆转了牛乳腺上皮细胞增殖通路 p-mTOR/mTOR 比值的促进作用($P<0.05$; 图 2-5C、D)。但是, 50 pmol/L 的 Rap 抑制 mTOR 之后, 对牛乳腺上皮细胞凋亡和乙酸钠激活的 Akt 信号通路相关的 mRNA 或蛋白表达无显著影响($P>0.05$; 图 2-5B、C、D)。

mTOR 信号通路参与调节细胞的增殖和凋亡(Yasuda 等, 2014), 另有研究表明 mTOR 信号通路也是自噬的经典通路(Kim 等, 2015)。在本研究中, 补充 500 μmol/L 的乙酸钠促进了 mTOR 的磷酸化。当以 Rap 阻断 mTOR 信号通路时, 逆转了乙酸钠对 mTOR 磷酸化的促进作用, 且乙酸钠对细胞活性以及增殖标志因子(PCNA、CCNA 和 CCND)基因和蛋白表达的促进作

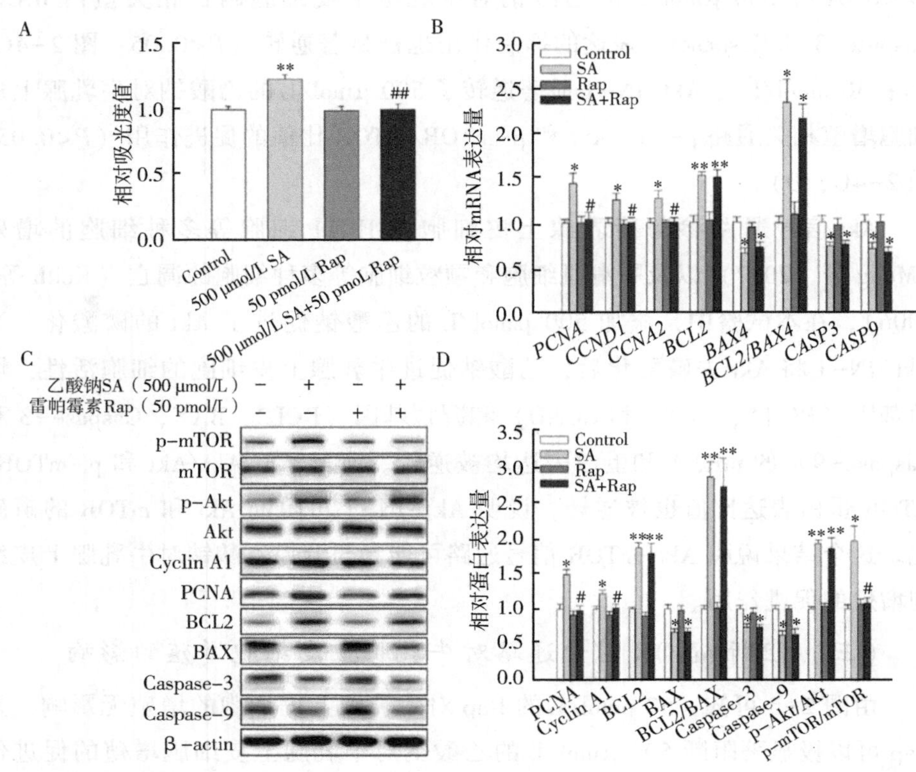

图 2-5　阻断 mTOR 信号通路逆转了乙酸钠（SA）对牛乳腺上皮细胞增殖和凋亡的影响

A. CCK-8 检测 500 μmol/L 的乙酸钠或/和 50 pmol/L Rap 对牛乳腺上皮细胞的相对吸光值统计图（$n=8$）；B. 500 μmol/L 的乙酸钠和/或 50 pmol/L Rap 对牛乳腺上皮细胞基因 *PCNA*、*CCNA2*、*CCND1*、*BCL2*、*BAX4*、*BCL2/BAX4*、*CASP3* 和 *CASP9* 的 mRNA 表达的影响；C. 500 μmol/L 的乙酸钠和/或 50 pmol/L Rap 对牛乳腺上皮细胞蛋白 PCNA、Cyclin A1、BCL2、BAX、β-actin、Caspase-3、Caspase-9、p-Akt、Akt、p-mTOR 和 mTOR 的 Western blotting 分析条带；D. Western blotting 分析条带统计图。* 和 ** 分别表示 $P<0.05$ 和 $P<0.01$，均与对照组相比较；#和##分别表示与 500 μmol/L 的 SA 组相比 $P<0.05$ 和 $P<0.01$。

用均被逆转。然而，乙酸钠对凋亡标志因子（BCL2、BAX、Caspase-3 和 Caspase-9）基因和蛋白表达的影响未被逆转。值得注意的是，阻断 mTOR 信号通路时乙酸钠对 Akt 磷酸化的促进作用未被阻断。这说明 mTOR 信号通路调控了乙酸钠对牛乳腺上皮细胞增殖的促进作用。综合分析，阻断 Akt 信号通路逆转了乙酸钠对 Akt 和 mTOR 的磷酸化。而阻断 mTOR 信号通路逆转了 mTOR 的磷酸化。这些结果表明乙酸钠通过 Akt-mTOR 信号通路调控牛乳腺上皮细胞增殖。

（四）乙酸钠对牛乳腺上皮细胞受体 *GPR41* 基因和蛋白表达的影响

由图 2-6 可知，500 μmol/L 的乙酸钠极显著提高了牛乳腺上皮细胞中乙酸钠受体 *GPR41* 基因的 mRNA 表达（$P<0.01$；图 2-6A），显著提高了 GPR41 蛋白的表达（$P<0.05$；图 2-6B、C）。

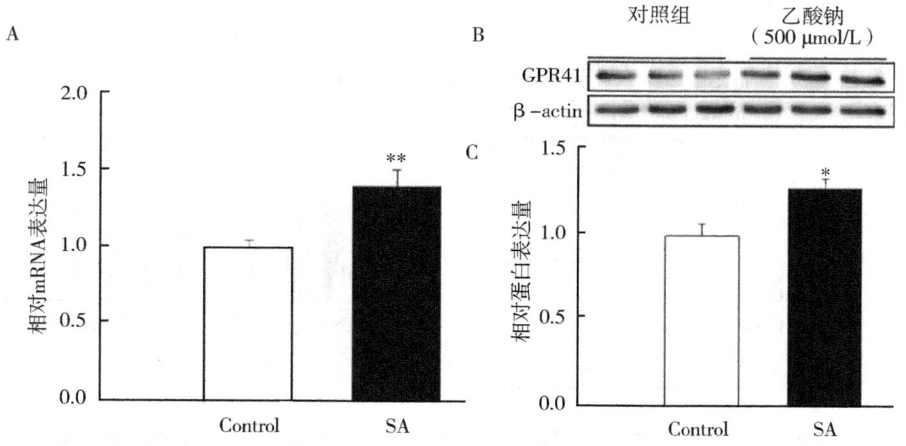

图 2-6　乙酸钠（SA）对受体 *GPR41* 基因和蛋白表达的影响

A. 不同浓度乙酸钠（0 μmol/L 和 500 μmol/L）培养 3 d 对牛乳腺上皮细胞中 *GPR41* 的 mRNA 表达的影响；B. 不同浓度乙酸钠（0 μmol/L 和 500 μmol/L）培养 3 d 对牛乳腺上皮细胞中 GPR41 蛋白的 Western blotting 分析条带；C. Western blotting 分析条带统计图。* 和 ** 分别表示 $P<0.05$ 和 $P<0.01$，均与对照组相比较。

（五）GPR41 siRNA 对乙酸钠促进牛乳腺上皮细胞增殖的影响

由图 2-7 可知，GPR41 siRNA 对牛乳腺上皮细胞的增殖无影响，且 GPR41 siRNA 可以极显著沉默 500 μmol/L 的乙酸钠对牛乳腺上皮细胞增殖的促进作用（$P<0.01$；图 2-7A）。GPR41 siRNA 显著逆转了 500 μmol/L 的乙酸钠对牛乳腺上皮细胞增殖相关基因 *PCNA*、*CCND1* 和 *CCNA2* 以及抑制牛乳腺上皮细胞凋亡相关基因 *BCL2* 的 mRNA 表达的促进作用（$P<0.05$；

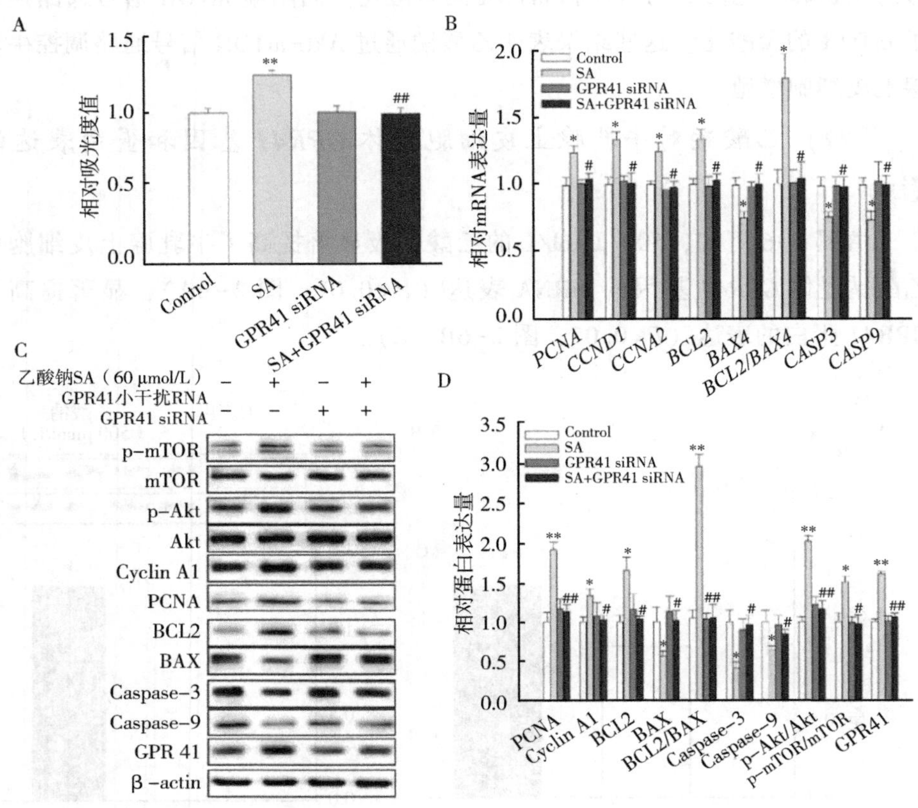

图 2-7　GPR41 siRNA 逆转了乙酸钠（SA）对牛乳腺上皮细胞增殖的影响

A. CCK-8 检测 500 μmol/L 的乙酸钠或/和 GPR41 siRNA 对牛乳腺上皮细胞增殖的相对吸光值统计图（$n=8$）；B. 500 μmol/L 的乙酸钠和/或 GPR41 siRNA 对牛乳腺上皮细胞中 *PCNA*、*CCND1*、*CCNA2*、*BCL2*、*BAX4*、*BCL2/BAX4*、*CASP3* 和 *CASP9* 基因表达的影响；C. 60 μmol/L 的乙酸钠和/或 GPR41 siRNA 对牛乳腺上皮细胞蛋白 PCNA、Cyclin A1、BCL2、BAX、β-actin、Caspase-3、Caspase-9、p-Akt、Akt、p-mTOR 和 mTOR 的 Western blotting 分析条带；D. Western blotting 分析条带统计图。* 和 ** 分别表示 $P<0.05$ 和 $P<0.01$，均与对照组相比较；#和##分别表示与 500 μmol/L 的 SA 组相比 $P<0.05$ 和 $P<0.01$。

图 2-7B）；500 μmol/L 的乙酸钠对牛乳腺上皮细胞凋亡相关基因 *BAX4*、*CASP3* 和 *CASP9* 的 mRNA 表达的抑制作用及 *BCL2/BAX* 的比值也被显著逆转（$P<0.05$；图 2-7B）。同样，GPR41 siRNA 极显著逆转了 500 μmol/L 的乙酸钠对牛乳腺上皮细胞增殖相关蛋白 PCNA 表达的促进作用（$P<0.01$），

显著逆转了 500 μmol/L 的乙酸钠对 Cyclin A1 以及抑制牛乳腺上皮细胞凋亡相关蛋白 BCL2 表达的促进作用（$P<0.05$），也极显著逆转了 BCL2/BAX 比值的升高（$P<0.01$）；500 μmol/L 的乙酸钠对牛乳腺上皮细胞凋亡相关蛋白 BAX、Caspase-3 和 Caspase-9 表达的抑制作用也被显著逆转（$P<0.05$；图 2-7C、D）；GPR41 siRNA 极显著逆转了 500 μmol/L 的乙酸钠对牛乳腺上皮细胞增殖相关通路 p-Akt/Akt 比值的促进作用（$P<0.01$），显著逆转了对 p-mTOR/mTOR 比值的促进作用（$P<0.05$），极显著逆转了对 GPR41 蛋白表达的促进作用（$P<0.01$；图 2-7C、D）。

研究表明，GPR41 是短链脂肪酸的受体，增加 GPR41 的表达可提高营养物质的吸收（Nguyenlc 等，2012），促进脂质代谢以及提升机体免疫功能（Shi 等 2021）。此研究中，500 μmol/L 的乙酸钠增加了 GPR41 基因及蛋白的表达。这与补充乙酸钠后提高乳脂含量及产量和营养物质消化率的结果一致（Matamoros 等，2021）。当沉默 GPR41 的表达以后，逆转了 Akt 和 mTOR 的磷酸化过程，逆转了乙酸钠对牛乳腺上皮细胞活性以及增殖因子（PCNA、CCNA 和 CCND）和凋亡因子 BCL2 基因和蛋白表达的促进作用，逆转了乙酸钠对凋亡因子 BAX、Caspase-3 和 Caspase-9 基因和蛋白表达的抑制作用。综上所述，说明乙酸钠通过增加 GPR41 的表达激活 Akt-mTOR 信号通路进而促进牛乳腺上皮细胞的增殖。

本章小结

在奶牛饲粮中添加乙酸钠，可以促进瘤胃纤维分解菌和淀粉分解菌的生长繁殖，从而改善瘤胃消化，产生大量挥发性脂肪酸；显著提高日粮营养物质消化率，提高蛋白质的利用率，从而提高鲜奶、乳脂和乳蛋白产量以及乳脂含量。此外，乙酸钠能够通过促进 GPR41 激活 Akt/mTOR 通路，促进增殖标志物的基因和蛋白表达，抑制凋亡标志物的基因和蛋白表达，从而刺激牛乳腺上皮细胞增殖。

第三章　丙酸钠对奶牛乳腺发育和泌乳的影响

丙酸钠常作为青贮饲料添加剂来使用。在奶牛日粮中添加丙酸钠可提高乳脂含量和产量以及营养物质消化率，但降低了血液中的葡萄糖、尿素氮和非酯化脂肪酸含量。目前，关于丙酸钠的研究文献多数聚焦于对动物肠道形态、乳品质和抗氧化能力的影响等方面，体外研究主要聚焦于对细胞炎症反应的影响等方面。在乳腺组织，丙酸钠通过激活 GPR41 介导 AMPK/mTOR/S6K 信号通路增加了胆固醇调节元件结合蛋白 1（SREBP1）的核易位，并通过 GPR41/AMPK/SIRT1 信号通路增加 SREBP1 的乙酰化而促进乳脂合成；丙酸钠也可通过激活 GPR41 介导 PI3K/Akt 信号通路改善脂多糖诱导的奶牛乳腺上皮细胞（MAC-T）氧化应激损伤和凋亡。丙酸钠是否通过 GPR41 介导 Akt/mTOR 信号通路调控奶牛乳腺发育，目前未见报道。

第一节　丙酸钠对奶牛泌乳性能和血液指标的影响

一、丙酸钠对奶牛泌乳性能的影响

由表 3-1 可看到，伴随丙酸钠添加量的增加，奶牛干物质采食量、奶产量、乳脂校正乳、乳脂、乳蛋白和乳糖产量均呈线性增加（$P<0.05$），日粮中添加 200 g/d 的丙酸钠组和日粮中添加 300 g/d 的丙酸钠组显著高于对照组（$P<0.05$）；奶牛乳成分百分含量和饲料效率没有明显变化（$P<0.05$）。

表 3-1　补充丙酸钠添加剂对奶牛采食量、产奶量和乳成分的影响

项目	丙酸钠添加量				SEM	P 值		
	Control (0 g/d)	100 g/d	200 g/d	300 g/d		Treatment	Linear	Quadratic
干物质采食量（kg/d）	19.7[b]	20.8[ab]	22.0[a]	22.6[a]	1.272	0.013	0.011	0.234
奶产量（kg/d）								
鲜奶	26.42[b]	28.35[ab]	30.51[a]	31.69[a]	0.448	0.011	0.012	0.234
乳脂校正乳	23.2[b]	25.5[ab]	27.9[a]	29.1[a]	0.402	0.015	0.013	0.189
乳脂	0.84[b]	0.95[ab]	1.05[a]	1.09[a]	0.03	0.016	0.018	0.632
乳蛋白	0.87[b]	0.94[ab]	1.02[a]	1.05[a]	0.035	0.014	0.019	0.334
乳糖	1.25[b]	1.36[ab]	1.47[a]	1.51[a]	0.046	0.027	0.017	0.109
乳成分（g/kg）								
乳脂	31.9	33.4	34.3	34.5	0.055	0.639	0.217	0.983
乳蛋白	33.0	33.1	33.4	33.2	0.061	0.419	0.676	0.132
乳糖	47.3	47.8	48.2	47.5	0.101	0.339	0.147	0.306
饲料效率（kg/kg）	1.34	1.37	1.39	1.40	0.016	0.124	0.148	0.122

注：[a,b]每行不同上标字母表示差异显著（$P<0.05$）。

奶牛的采食量与丙酸钠的添加有着密切的关系，添加了丙酸钠增加了奶牛的采食量，与此同时也相应地提高了营养物质消化率。日粮添加丙酸钠，产奶量增加，乳成分含量无显著变化，因此相应的乳成分产量显著提高，这说明奶牛的泌乳能力可以通过增加饲料中丙酸钠的含量而提高。丙酸钠进入机体会分解生成丙酸，丙酸含量的提高会促进糖异生，从而提高血糖含量，经过运输进入乳腺从而乳糖产量增加（李红玉等，2009）。丙酸钠进入反刍动物体内便分解成矿物元素和丙酸，丙酸可以通过一些代谢途径生成葡萄糖，为奶牛机体提供能量，另外，丙酸的摄入提高了瘤胃内挥发性脂肪酸的比例，而挥发性脂肪酸的比例直接影响了奶牛的产奶量，因此要增加产奶量意味着要控制好挥发性脂肪酸的比例即需要控制丙酸的摄入，不能过多也不能过少，否则可能使产奶量发生消极变化。而奶牛乳成分的影响因素主要与多糖类提取物有关，取决于日粮中其他添加剂的配比，与丙酸盐及矿物元素关系不大。研究表明，丙酸镁也可以增加产奶量和饲料转化率，但却不影响干物质采食量和乳成分，与本试验结果不同，可能和金属离子不同有关。

二、丙酸钠对奶牛血液指标的影响

由表 3-2 可看到，逐渐增加饲料中的丙酸钠含量，血液中葡萄糖与胰岛素浓度呈二次曲线提高，加入 200 g/d 的丙酸钠组显著高于对照组（$P<0.05$）；血液中甘油三酯浓度呈二次曲线降低，加入 100 g/d 的丙酸钠组显著低于对照组和加入 300 g/d 的丙酸钠组（$P<0.05$）；血液中生长激素浓度呈二次曲线提高，加入 100 g/d 的丙酸钠组与加入 200 g/d 的丙酸钠组显著高于对照组和加入 300 g/d 的丙酸钠组（$P<0.05$）；对血液中总蛋白、白蛋白以及总胆固醇的含量没有明显的影响（$P>0.05$）。

表 3-2　补充丙酸钠添加剂对奶牛血液生化参数的影响

项目	丙酸钠添加量				SEM	P 值		
	Control (0 g/d)	100 g/d	200 g/d	300 g/d		Treatment	Linear	Quadratic
葡萄糖（mmol/L）	6.92^{b}	8.22^{ab}	8.96^{a}	8.23^{ab}	0.289	0.047	0.073	0.048
总蛋白（g/L）	142.0	148.4	154.5	140.7	3.45	0.525	0.949	0.192
白蛋白（g/L）	55.86	56.86	58.90	53.72	1.119	0.483	0.676	0.211
甘油三酯（mmol/L）	6.10^{a}	4.34^{b}	5.20^{ab}	6.12^{a}	0.259	0.011	0.532	0.003
总胆固醇（mmol/L）	9.91	9.19	9.62	10.04	0.232	0.640	0.716	0.280
生长激素（ng/mL）	6.82^{b}	8.41^{a}	8.68^{a}	6.77^{b}	0.324	0.025	0.963	0.004
胰岛素（mIU/L）	18.52^{b}	21.10^{ab}	22.69^{a}	20.02^{ab}	0.573	0.035	0.131	0.012

注：^{a,b}每行不同上标字母表示差异显著（$P<0.05$）。

日粮添加丙酸钠，显著提高了血糖的浓度，血糖浓度的提高会刺激胰岛 B 细胞分泌大量胰岛素，使血糖维持在一定范围。丙酸钠在进入动物体后可分解为丙酸和钠离子，丙酸可以通过糖异生生成单糖使血糖浓度增加，胰岛素为维持血糖平衡而增加含量。丙酸钠降低血液甘油三酯的含量，丙酸钠分解的丙酸根能通过脂质代谢消耗甘油三酯从而降低血脂。李红玉等（2009）研究结果阐明了将丙酸镁作为添加剂应用在奶牛上，明显提高了泌乳奶牛的血糖和胰岛素浓度，与本试验结果一致。

第二节　丙酸钠对奶牛养分消化和瘤胃代谢的影响

一、丙酸钠对奶牛养分消化的影响

由表 3-3 可看到，逐渐增加饲料中丙酸钠的含量，干物质、有机物和中性洗涤纤维的表观消化率均线性增加，200 g/d 组显著高于对照组（$P<0.05$）；粗脂肪与酸性洗涤纤维的消化率均呈线性提高，200 g/d 的组和 300 g/d 的组显著高于对照组（$P<0.05$）。粗蛋白质的表观消化率没有受到日粮补充丙酸钠的影响（$P>0.05$）。

表 3-3　补充丙酸钠添加剂对奶牛饲粮中养分表观消化率的影响　　单位：%

项目	丙酸钠添加量				SEM	P 值		
	Control (0 g/d)	100 g/d	200 g/d	300 g/d		Treatment	Linear	Quadratic
干物质	68.33^{b}	71.93^{ab}	74.04^{a}	72.84^{ab}	0.870	0.031	0.029	0.109
有机物	69.32^{b}	72.91^{ab}	75.09^{a}	73.87^{ab}	0.863	0.044	0.035	0.120
粗蛋白质	66.57	72.32	72.88	72.70	1.239	0.115	0.094	0.221
粗脂肪	68.01^{b}	71.76^{ab}	73.83^{a}	72.75^{a}	0.886	0.047	0.030	0.270
中性洗涤纤维	53.04^{b}	57.34^{ab}	62.05^{a}	60.33^{ab}	1.263	0.026	0.008	0.116
酸性洗涤纤维	49.35^{b}	52.18^{ab}	57.46^{a}	56.70^{a}	1.384	0.009	0.026	0.446

注：^{a,b}每行不同上标字母表示差异显著（$P<0.05$）。

日粮添加剂对泌乳母畜有不可忽视的重要功效，即使微弱的添加量也能产生巨大的效益。补充丙酸钠添加剂之后，饲粮有机物、干物质、中性洗涤纤维、酸性洗涤纤维和粗脂肪的表观消化率均有增加。而粗纤维消化率能促进乙酸的增多，进而产生更多的乳脂，同时也表示动物的消化力有所加强。纤维物质对蛋白质的消化呈抑制作用，纤维消化率升高也能进一步提高动物对蛋白质的吸收利用。随着纤维的消化，瘤胃厌氧真菌又直接参与植物细胞壁的分解，为微生物和酶提供了更多的附着点，从而能够消化更多的营养物质。矿物元素对动物的生理以及代谢也是必不可少的，矿物元素都能参与物质代谢，组成一些必需维生素或者某些激素，还能维持动物体内环境的稳定及平衡（酸碱平衡、离子平衡等），增加动物对饲料的消化吸收和利用，若动物体内出现电解质失衡便会引发酸碱中毒影响动物抗应激的能力和机体免疫力。以本章的钠盐来讲，在动物体内，钠主要是以离子形式存在，Na^+吸收的同时，体内糖和氨基酸也相应吸收，即促进了动物对营养物质的吸收。同样缺少矿物元素也会引发严重的缺乏症或者影响动物正常的生理活动，当动物体内极度缺少钠元素时会产生消极的外在表现，例如食欲不振，憔悴虚弱疲惫等症状，甚至减少产奶，减缓生长发育。丙酸钠的摄入直接补足了动物体对钠离子的需求，促进动物生长，提高生产性能。丙酸可以促进山羊小肠上皮细胞中糖异生途径中相关基因的表达，提高了小肠对糖的吸收（宁丽丽等，2021）。

二、丙酸钠对奶牛瘤胃代谢的影响

（一）瘤胃发酵

由表 3-4 可看到，伴随丙酸钠添加剂量的增加，奶牛瘤胃乙酸、丙酸、戊酸、异戊酸、乙酸/丙酸摩尔百分比没有明显变化；瘤胃 pH 值呈二次曲线降低，100 g/d 和 200 g/d 的丙酸钠组显著低于 0 g/d 和 300 g/d 的丙酸钠组（$P<0.05$）；瘤胃液总挥发酸浓度线性提升（$P<0.05$），300 g/d 和 200 g/d 的丙酸钠组显著高于 0 g/d 的丙酸钠组（$P<0.05$）；丁酸摩尔百分比线性提升（$P<0.05$），300 g/d 和 200 g/d 的丙酸钠组显著高于 0 g/d 的丙酸钠组（$P<0.05$）；异丁酸呈二次曲线降低，200 g/d 的丙酸钠组显著低于 0 g/d 和 300 g/d 的丙酸钠组（$P<0.05$）；瘤胃氨态氮含量呈二次曲线降低，200 g/d 的丙酸钠组显著低于 0 g/d、100 g/d 和 300 g/d 的丙酸钠组（$P<0.05$）。

表 3-4 补充丙酸钠添加剂对泌乳奶牛瘤胃发酵的影响

项目	丙酸钠添加量				SEM	P 值		
	Control (0 g/d)	100 g/d	200 g/d	300 g/d		Treatment	Linear	Quadratic
pH 值	6.75[a]	6.53[b]	6.29[c]	6.71[a]	0.034	0.007	0.324	0.011
总挥发酸（mmol/L）	120.7[b]	124.9[ab]	139.3[a]	138.0[a]	1.22	0.009	0.015	0.412
摩尔百分比								

（续表）

项目	丙酸钠添加量				SEM	P 值		
	Control (0 g/d)	100 g/d	200 g/d	300 g/d		Treatment	Linear	Quadratic
乙酸	62.09	61.78	61.96	61.16	0.507	0.825	0.457	0.718
丙酸	22.26	23.24	22.15	20.45	0.345	0.145	0.142	0.195
丁酸	10.86^{b}	11.43^{ab}	12.81^{a}	12.75^{a}	0.235	0.021	0.023	0.139
戊酸	1.60	1.48	1.39	1.61	0.043	0.269	0.868	0.075
异丁酸	0.83^{a}	0.76^{ab}	0.66^{b}	0.82^{a}	0.019	0.012	0.179	0.029
异戊酸	1.36	1.31	1.03	1.37	0.039	0.118	0.235	0.052
乙酸/丙酸	2.82	2.69	2.49	2.63	0.042	0.035	0.064	0.439
氨态氮（mg/100 mL）	21.92^{a}	20.25^{a}	17.71^{b}	20.76^{a}	0.394	0.015	0.155	0.016

注：^{a,b}每行不同上标字母表示差异显著（$P<0.05$）。

瘤胃 pH 值的稳定代表着反刍动物的瘤胃正处于一个合适的酸性环境当中。瘤胃 pH 值的变化范围通常保持在 5.5~7.5，当高于这个变化范围时反刍动物对营养物质的消化和吸收将会受到阻碍，造成饲料资源的浪费；而低于这个变化范围可能导致反刍动物瘤胃出现酸中毒症状。在日粮中添加丙酸钠能够显著降低瘤胃 pH 值，这与挥发性脂肪酸含量的提高紧密相关。在将营养物质吸收利用的过程中，反刍动物瘤胃挥发性脂肪酸充当着非常重要的角色。它是非常重要的中间代谢产物，它的含量及其成分组成可以非常直观地反映出瘤胃消化和代谢的进程快慢情况。在短链脂肪酸当中，丁酸和丙酸对瘤胃上皮增长促进效果最为明显，其效果优于其他挥发性脂肪酸（任春燕等，2018）。在本次研究中发现，丙酸钠虽然是借助增强蛋白酶的活性的方式从而达到加快饲料蛋白质的分解速度的目的，但是瘤胃氨态氮浓度却并没有因为蛋白酶活性的增强而受到影响，导致浓度升高。这是因为丙酸钠作用于瘤胃微生物，使瘤胃微生物代谢能力得到了显著的提升，饲料当中蛋白质被瘤胃微生物利用并合成菌体蛋白（Wang 等，2015）。每当反刍动物进食后，饲料当中所含有的蛋白质被瘤胃中的微生物优先分解成 NH_3-N，然后瘤胃微生物再利用 NH_3-N 合成微生物蛋白质（MCP），该过程表明 NH_3-N 的含量与微生物菌群的增殖关系密切（刘洁等，2012）。

（二）瘤胃酶活

由表3-5可看到，伴随日粮丙酸钠添加剂量的增加，奶牛瘤胃中羧甲基纤维素酶、纤维二糖酶和木聚糖酶活性线性提升（$P<0.05$），300 g/d和200 g/d的丙酸钠组显著高于100 g/d和0 g/d的丙酸钠组（$P<0.05$）；果胶酶活性线性提升（$P<0.05$），300 g/d和200 g/d的丙酸钠组显著高于100 g/d和0 g/d的丙酸钠组（$P<0.05$）；α-淀粉酶浓度呈二次曲线提升（$P<0.05$），100 g/d和200 g/d的丙酸钠组显著高于0 g/d的丙酸钠组（$P<0.05$）；蛋白酶浓度呈二次曲线提升（$P<0.05$），200 g/d的丙酸钠组显著高于300 g/d、100 g/d和0 g/d的丙酸钠组（$P<0.05$）。

表3-5　补充丙酸钠添加剂对泌乳奶牛瘤胃液酶活性的影响

项目[1]	丙酸钠添加量				SEM	P值		
	Control (0 g/d)	100 g/d	200 g/d	300 g/d		Treatment	Linear	Quadratic
羧甲基纤维素酶	0.184^{b}	0.198^{b}	0.251^{a}	0.259^{a}	0.005	0.001	0.011	0.396
纤维二糖酶	0.168^{b}	0.189^{b}	0.223^{a}	0.235^{a}	0.006	0.007	0.006	0.343
木聚糖酶	0.690^{b}	0.723^{b}	0.822^{a}	0.820^{a}	0.011	0.006	0.007	0.595
果胶酶	0.572^{c}	0.617^{b}	0.654^{a}	0.659^{a}	0.007	0.005	0.004	0.371
α-淀粉酶	0.620^{b}	0.641^{a}	0.656^{a}	0.651^{ab}	0.008	0.039	0.091	0.016
蛋白酶	0.659^{b}	0.695^{b}	0.805^{a}	0.648^{b}	0.006	0.013	0.096	0.030

注：[1]酶活力单位：羧甲基纤维素酶［μmol 葡萄糖/（min · mL）］；纤维二糖酶［μmol 葡萄糖/（min · mL）］；木聚糖酶［μmol 木聚糖/（min · mL）］；果胶酶［D-半乳糖醛酸/（min · mL）］；α-淀粉酶［μmol 葡萄糖/（min · mL）］；蛋白酶［μmol 水解蛋白/（min · mL）］。

[a,b] 每行不同上标字母表示差异显著（$P<0.05$）。

（三）瘤胃菌群

由表3-6可看到，伴随日粮丙酸钠添加剂量的增加，总细菌的数量呈现二次曲线提升（$P<0.05$），300 g/d和200 g/d的丙酸钠组显著高于100 g/d和0 g/d的丙酸钠组（$P<0.05$）；总厌氧真菌数量呈二次曲线提高（$P<0.05$），200 g/d的丙酸钠组显著高于其他组（$P<0.05$）；总原虫数量呈线性降低（$P<0.05$），0 g/d的丙酸钠组显著高于100 g/d、200 g/d和300 g/d的丙酸钠组（$P<0.05$）；总产甲烷菌数量线性降低（$P<0.05$），丙酸钠组显

著低于对照组（$P<0.05$）；白色瘤胃球菌数量线性升高（$P<0.05$），300 g/d 和 200 g/d 的丙酸钠组显著高于 100 g/d 丙酸钠组和对照组（$P<0.05$）；黄色瘤胃球菌数量呈二次曲线升高（$P<0.05$），200 g/d 的丙酸钠组显著高其他组（$P<0.05$）；产琥珀丝状杆菌数量呈线性升高（$P<0.05$），200 g/d 的丙酸钠组显著高于 100 g/d 丙酸钠组和对照组（$P<0.05$）；栖瘤胃普雷沃氏菌、溶纤维丁酸弧菌和嗜淀粉瘤胃杆菌的菌群数量呈现二次曲线增加（$P<0.05$），200 g/d 丙酸钠组显著高于其他组（$P<0.05$）。

表 3-6　补充丙酸钠添加剂对泌乳奶牛瘤胃中瘤胃微生物区系和纤维素分解菌的影响

项目	丙酸钠添加量				SEM	P 值		
	Control (0 g/d)	100 g/d	200 g/d	300 g/d		Treatment	Linear	Quadratic
总菌，$\times10^{11}$	5.13^{c}	6.59^{b}	8.53^{a}	7.77^{a}	0.182	0.004	0.003	0.006
总厌氧真菌，$\times10^{7}$	2.37^{c}	3.45^{b}	4.54^{a}	3.74^{b}	0.121	0.007	0.004	0.003
总原虫，$\times10^{5}$	3.37^{a}	2.65^{b}	1.49^{c}	1.29^{c}	0.126	0.002	0.002	0.359
总产甲烷菌，$\times10^{9}$	2.26^{a}	1.69^{b}	1.44^{bc}	1.11^{d}	0.083	0.017	0.025	0.492
白色瘤胃球菌，$\times10^{8}$	0.97^{c}	1.60^{b}	2.46^{a}	2.27^{a}	0.051	0.010	0.002	0.107
黄色瘤胃球菌，$\times10^{9}$	1.42^{c}	2.43^{b}	3.70^{a}	2.94^{b}	0.104	0.014	0.083	0.027
产琥珀丝状杆菌，$\times10^{10}$	4.59^{c}	5.51^{b}	6.75^{a}	6.36^{ab}	0.143	0.019	0.004	0.095
溶纤维丁酸弧菌，$\times10^{9}$	1.99^{b}	2.24^{b}	2.65^{a}	2.33^{b}	0.090	0.041	0.092	0.008
栖瘤胃普雷沃氏菌，$\times10^{9}$	4.71^{c}	5.85^{b}	7.42^{a}	6.23^{b}	0.192	0.007	0.090	0.006
嗜淀粉瘤胃杆菌，$\times10^{8}$	2.56^{c}	3.29^{b}	4.14^{a}	3.12^{b}	0.041	0.009	0.113	0.008

注：^{a,b}每行不同上标字母表示差异显著（$P<0.05$）。

在奶牛瘤胃液当中，瘤胃纤维分解菌的活力和增殖速度越快，纤维分解酶的活力越高，这样的结果说明两者是正相关的关系（沈冰蕾等，2013）。在日粮中补充适量的丙酸钠可以刺激瘤胃内羧甲基纤维素酶等多种纤维分解酶的活性，这与溶纤维丁酸弧菌等纤维分解菌数量增加的现象相对应。这种现象说明丙酸钠是通过加快瘤胃纤维分解菌的生长与繁殖速度，达到提升各种纤维分解酶的活性的目的（刘永嘉等，2019）。在丙酸钠对微生物菌群的研究中可以观察到，日粮添加丙酸钠会使奶牛瘤胃中总细菌、总厌氧真菌和各种纤维素分解菌的数量增加，而总原虫数量和总产甲烷菌数量却呈现出显著降低的趋势。在奶牛瘤胃当中，瘤胃产甲烷菌和原虫关系非常密切，属于共生体，彼此相互依存，产甲烷菌依附在原虫表面。日粮中添加丙酸钠能够加快纤维分解菌菌群的生长和繁殖，提高了日粮养分消化率，从而促进了奶牛的生产性能。

第三节　丙酸钠对奶牛乳腺上皮细胞增殖的影响

一、丙酸钠对奶牛乳腺上皮细胞增殖和凋亡的影响

（一）丙酸钠对牛乳腺上皮细胞增殖的影响

如图 3-1 所示，CCK-8 试验结果表明丙酸钠对牛乳腺上皮细胞增殖呈二次曲线变化（$P<0.05$），250 μmol/L 的丙酸钠显著刺激牛乳腺上皮细胞的增殖（$P<0.05$；图 3-1A）。因此，选择 250 μmol/L 的丙酸钠，并在后续试验中使用。同时，EdU 检测结果表明，250 μmol/L 的丙酸钠极显著提高了牛乳腺上皮细胞处于 S 期细胞的阳性率（$P<0.01$；图 3-1B、C）。250 μmol/L 的丙酸钠显著提高了牛乳腺上皮细胞增殖相关基因 *PCNA*（$P<0.05$）、*CCNA2*（$P<0.05$）和 *CCND1*（$P<0.01$）的 mRNA 表达（图 3-1D），以及显著提高了牛乳腺上皮细胞增殖相关蛋白 PCNA（$P<0.01$）和 Cyclin A1 的表达（$P<0.05$；图 3-1E、F）。

乳腺上皮细胞数量与泌乳性能密切相关，细胞增殖将可能导致泌乳能力增强。在本研究中，添加丙酸钠促进了牛乳腺上皮细胞的增殖 mRNA 或蛋白的表达，抑制了凋亡相关 mRNA 或蛋白的表达，这一结果支持了他人研究中添加丙酸钠促进泌乳量提升的结论（李红玉等，2009）。本研究中测定了不同剂量丙酸钠对牛乳腺上皮细胞增殖的影响，添加 125~250 μmol/L 的丙酸钠线性促进了牛乳腺上皮细胞的增殖，但 500 μmol/L 的丙酸钠较 250 μmol/L的丙酸钠抑制了牛乳腺上皮细胞的增殖，说明丙酸钠促进牛乳腺上皮细胞增殖呈二次曲线变化，丙酸钠适宜水平为 250 μmol/L。

促进奶牛乳腺上皮细胞的增殖和抑制奶牛乳腺上皮细胞凋亡是调控泌乳期奶牛泌乳持续的关键控制点（Bae 等，2020）。通过检测含有 *PCNA* 和

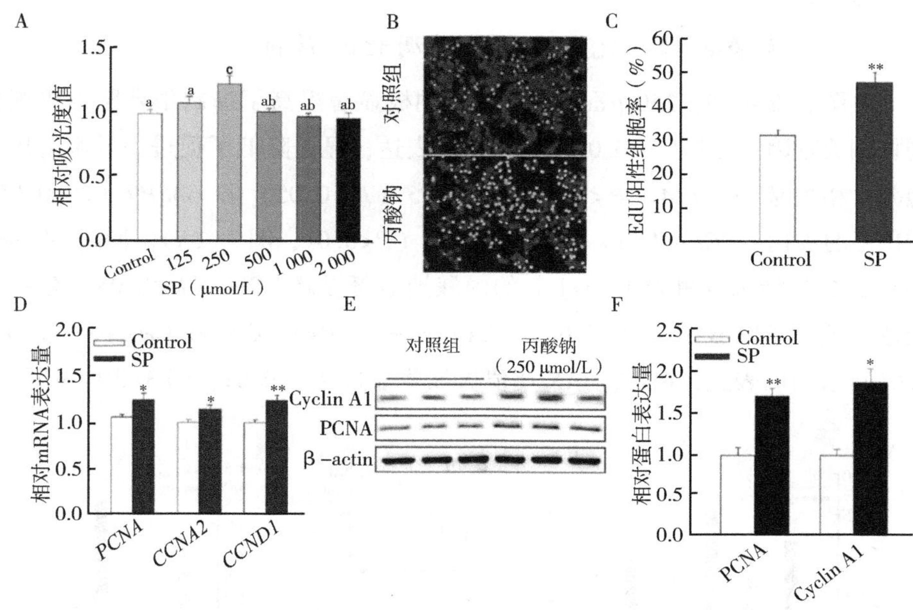

图 3-1　丙酸钠（SP）对牛乳腺上皮细胞增殖的影响

A. 不同浓度丙酸钠（0 μmol/L、125 μmol/L、250 μmol/L、500 μmol/L、1 000 μmol/L和2 000 μmol/L）培养 3 d 的牛乳腺上皮细胞，CCK-8 检测相对吸光度值（$n=8$）统计图；B、C. EdU 检测不同浓度丙酸钠（0 μmol/L 和 250 μmol/L）培养 3 d 牛乳腺上皮细胞处于 DNA 复制期的细胞比例统计图；D. 不同浓度丙酸钠（0 μmol/L 和 250 μmol/L）培养 3 d 对牛乳腺上皮细胞的 *PCNA*、*CCNA2* 和 *CCND1* mRNA 表达量的影响；E. 牛乳腺上皮细胞培养 3 d 后 PCNA 和 Cyclin A1 的 Western blotting 分析条带；F. 牛乳腺上皮细胞培养 3 d 后 PCNA 和 Cyclin A1 Western blotting 分析条带统计图。* 和 ** 分别表示 $P<0.05$ 和 $P<0.01$，均与对照组相比较。

细胞周期蛋白的增殖标志物 *CCNA2* 和 *CCND1* 的基因表达量，证明丙酸钠对牛乳腺上皮细胞增殖的调控作用。Cyclin D 主要调节细胞周期从 G1 期向 S 期的转变。Cyclin A 被认为是 S 期 DNA 合成起始和终止所必需的（Lim 和 Kaldis，2013）。细胞周期蛋白 A2 在所有增殖细胞中普遍表达，在 S 期和有丝分裂中均发挥作用（Bertoli 等，2013）。此外，PCNA 是参与 DNA 复制和蛋白质修复不可或缺的辅助因子（Park 等，2016）。还有文献报道，PCNA 和 Cyclin D3 均参与乳腺上皮细胞增殖的调控（Li 等，2020）。在本研究中，添加 250 μmol/L 的丙酸钠提高了细胞周期蛋白（CCNA2 和 CCND1）和 PCNA 的 mRNA 表达，以及 Cyclin A1 和 PCNA 的蛋白表达，说明 250 μmol/L的丙酸钠促进了牛乳腺上皮细胞的增殖。

（二）丙酸钠对牛乳腺上皮细胞凋亡的影响

由图 3-2 可知，250 μmol/L 的丙酸钠极显著提高了抑制牛乳腺上皮细胞凋亡相关基因 *BCL2*（$P<0.01$）mRNA 的表达，显著降低了促进牛乳腺上皮细胞凋亡相关基因 *BAX4*（$P<0.05$）、*CASP3*（$P<0.05$）和 *CASP9*（$P<0.05$）mRNA 的表达，*BCL2/BAX4* 比值显著提高（$P<0.01$；图 3-2A）。同时 Western blotting 分析结果表明 250 μmol/L 的丙酸钠显著提高 BCL2（$P<0.05$）蛋白的表达，显著降低 BAX（$P<0.05$）、Caspase-3（$P<0.05$）和 Caspase-9（$P<0.05$）蛋白的表达，BCL2/BAX 比值极显著升高（$P<0.01$；图 3-2B、C）。

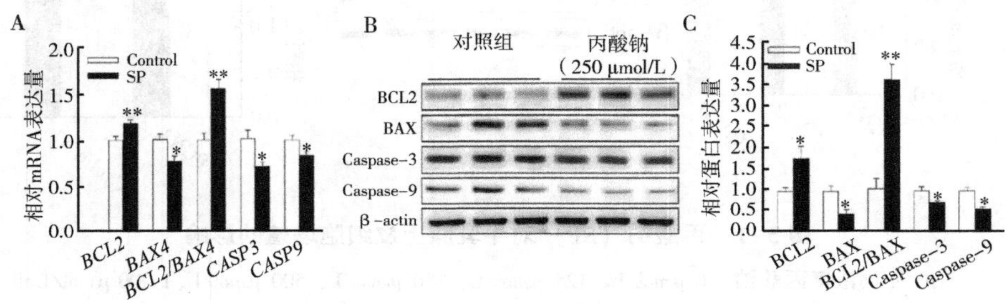

图 3-2　丙酸钠（SP）对牛乳腺上皮细胞凋亡的影响

A. 不同浓度丙酸钠（0 μmol/L 和 250 μmol/L）培养 3 d 对牛乳腺上皮细胞的 *BCL2*、*BAX4*、*BCL2/BAX4*、*CASP3* 和 *CASP9* mRNA 表达量的影响；B. 培养 3 d 后牛乳腺上皮细胞的 BCL2、BAX、BCL2/BAX、Caspase-3 和 Caspase-9 的 Western blotting 分析条带；C. BCL2、BAX、BCL2/BAX、Caspase-3、Caspase-9 Western blotting 分析条带统计图。* 和 ** 分别表示 $P<0.05$ 和 $P<0.01$，均与对照组相比较。

细胞凋亡是由 BCL2 家族蛋白诱导，经过线粒体和死亡受体两条通路，通过高度复杂的信号级联进行的。而且，BCL2 家族蛋白，主要包括抗凋亡蛋白（如 BCL2）和促凋亡蛋白（如 BAX），参与细胞凋亡的调节（Shamas-Din 等，2013）。由于 BCL2 通过抑制 BAX 的活性来阻止细胞凋亡，因此高 BCL2/BAX 比例是细胞凋亡受到抑制的提示。因此，BCL2 和 BAX 蛋白表达水平的比值可以反映细胞凋亡的状态。线粒体和死亡受体途径都汇聚到半胱氨酸天冬氨酸蛋白酶（Caspase）的共同途径上，即 Caspase-3 和 Caspase-9，这两种 Caspases 均作用于细胞凋亡的执行阶段（Pisani 等，2020），分别是细胞凋亡时的下游和上游信号传导分子（严金玉，2016）。这些物质的表达变化一定程度上反映了细胞凋亡的情况。为此，降低 Caspase-3 和Caspase-9 的表达说明抑制了细胞凋亡的发生。在本研究中，添加 250 μmol/L 的丙酸钠提高 BCL2 mRNA 和蛋白的表达，降低 BAX、Caspase-3 和 Caspase-9 的 mRNA 和蛋白表达，显著增加 BCL2/BAX 的 mRNA 和蛋白表达比值，说明添加 250 μmol/L 的丙酸钠抑制了牛乳腺上皮细胞凋亡标志物的表达。同样，丙酸钠显著抑制了脂多糖诱导的牛乳腺上皮细胞凋亡标志物 BCL2、BAX、Caspase-3 和 Caspase-9 的蛋白表达。因此，上述结果表明 250 μmol/L 的丙酸钠很可能通过刺激增殖标志物的表达和抑制凋亡标志物的表达来促进牛乳腺上皮细胞的增殖。

二、丙酸钠调控奶牛乳腺上皮细胞增殖的信号通路

（一）丙酸钠对牛乳腺上皮细胞 Akt-mTOR 信号通路的影响

由图 3-3 可知，250 μmol/L 的丙酸钠显著提高了 p-Akt/Akt（$P<0.05$）和 p-mTOR/mTOR（$P<0.01$）比值。

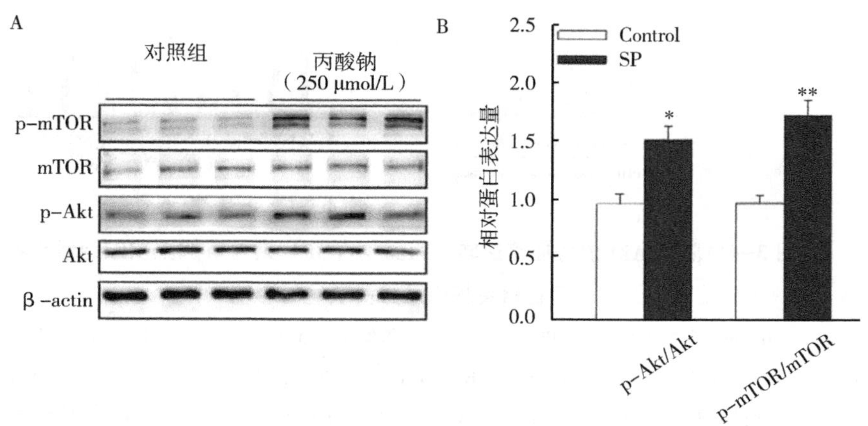

图 3-3　丙酸钠（SP）对牛乳腺上皮细胞 Akt-mTOR 信号通路的影响

A. 不同浓度丙酸钠（0 μmol/L 和 250 μmol/L）培养 3 d 对牛乳腺上皮细胞的 p-Akt、Akt、p-mTOR、mTOR 和 β-action 的 Western blotting 分析条带；B. p-Akt/Akt 和 p-mTOR/mTOR 统计图。* 和 ** 分别表示 $P<0.05$ 和 $P<0.01$，均与对照组相比较。

（二）阻断 Akt 信号通路对牛乳腺上皮细胞增殖相关蛋白的影响

Akt 阻断剂（Akt-IN-1）用于研究丙酸钠是否通过 Akt 信号通路促进牛乳腺上皮细胞增殖。30 nmol/L 的 Akt-IN-1 对牛乳腺上皮细胞的增殖无影响，且 Akt-IN-1 可以完全阻断 250 μmol/L 的丙酸钠对牛乳腺上皮细胞增殖的促进作用（$P<0.01$；图 3-4A）。30 nmol/L 的 Akt-IN-1 逆转了 250

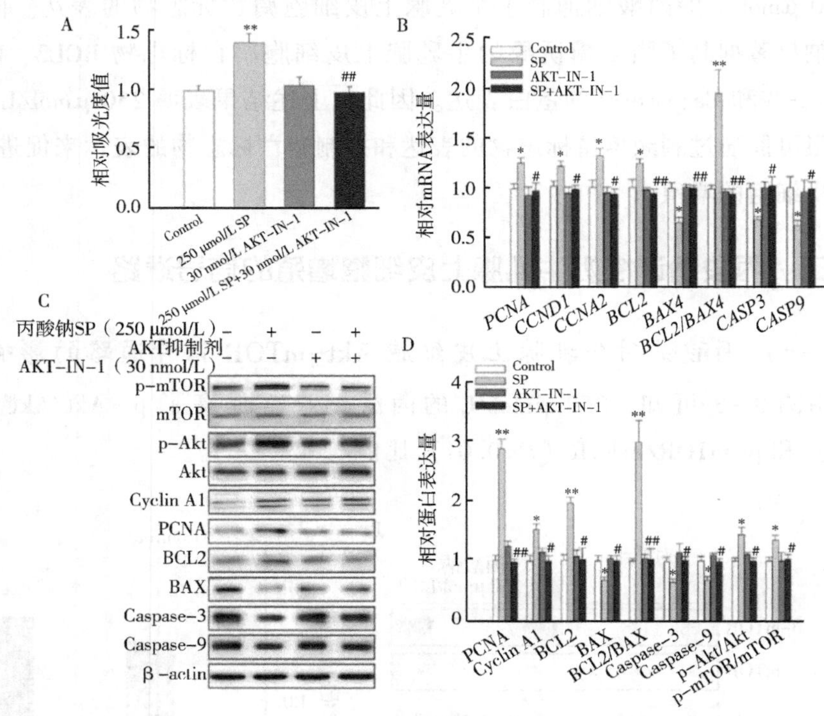

图 3-4　阻断 Akt 信号通路逆转了丙酸钠（SP）对牛乳腺上皮细胞增殖和凋亡相关基因及蛋白表达的影响

A. 250 μmol/L 的丙酸钠或/和 30 nmol/L Akt 抑制剂（Akt-IN-1）对牛乳腺上皮细胞 CCK-8 检测增殖的相对吸光值统计图（$n=8$）；B. 250 μmol/L 的丙酸钠和/或 30 nmol/L Akt 抑制剂对牛乳腺上皮细胞基因 *PCNA*、*CCNA2*、*CCND1*、*BCL2*、*BAX4*、*BCL2/BAX4*、*CASP3* 和 *CASP9* 的 mRNA 表达的影响；C. 250 μmol/L 的丙酸钠和/或 30 nmol/L Akt 抑制剂对牛乳腺上皮细胞蛋白 PCNA、Cyclin A1、BCL2、BAX、BCL2/BAX、Caspase-3、Caspase-9、p-Akt、Akt、p-mTOR、mTOR 和 β-actin 的 Western blotting 分析条带；D. Western blotting 分析条带统计图。* 和 ** 分别表示 $P<0.05$ 和 $P<0.01$，均与对照组相比较；#和##分别表示与 250 μmol/L 的 SP 组相比 $P<0.05$ 和 $P<0.01$。

μmol/L 的丙酸钠对牛乳腺上皮细胞增殖相关基因 *PCNA*（$P<0.05$）、*CCND1*（$P<0.05$）和 *CCNA2*（$P<0.05$）以及抑制牛乳腺上皮细胞凋亡相关基因 BCL2（$P<0.01$）mRNA 表达的促进作用；250 μmol/L 的丙酸钠对牛乳腺上皮细胞凋亡相关基因 BAX4（$P<0.01$）、*CASP3*（$P<0.05$）和 *CASP9*（$P<0.05$）的 mRNA 表达的抑制作用被逆转，也逆转了 BCL2/BAX 比值的升高（$P<0.01$，图 3-4B）。同样，30 nmol/L 的 Akt-IN-1 逆转了 250 μmol/L 的丙酸钠对牛乳腺上皮细胞增殖相关蛋白 PCNA（$P<0.01$）和 Cyclin A1（$P<0.05$）以及抑制牛乳腺上皮细胞凋亡相关蛋白 BCL2（$P<0.05$）表达的促进作用，也逆转了 BCL2/BAX 比值的升高（$P<0.01$）；250 μmol/L 的丙酸钠对牛乳腺上皮细胞凋亡相关蛋白 BAX（$P<0.05$）、Caspase-3（$P<0.05$）和 Caspase-9（$P<0.05$）表达的抑制作用也被逆转；30 nmol/L 的 Akt-IN-1 逆转了 250 μmol/L 的丙酸钠对牛乳腺上皮细胞增殖相关通路 p-Akt/Akt 和 p-mTOR/mTOR 比值的促进作用（$P<0.05$；图 3-4C、D）。

（三）阻断 mTOR 信号通路对牛乳腺上皮细胞增殖相关蛋白的影响

mTOR 阻断剂 Rapamycin（Rap）用于研究丙酸钠是否通过 mTOR 信号通路促进牛乳腺上皮细胞增殖。50 pmol/L 的 Rap 对牛乳腺上皮细胞的增殖无影响，且 Rap 可以完全阻断（$P<0.01$）250 μmol/L 的丙酸钠对牛乳腺上皮细胞增殖的促进作用（图 3-5A）。50 pmol/L 的 Rap 逆转了 250 μmol/L 的丙酸钠对牛乳腺上皮细胞增殖相关基因 *PCNA*（$P<0.05$）、*CCND1*（$P<0.05$）和 *CCNA2*（$P<0.05$）mRNA 表达的促进作用（图 3-5B），也逆转了 250 μmol/L 的丙酸钠对牛乳腺上皮细胞增殖相关蛋白 PCNA（$P<0.05$）和 Cyclin A1（$P<0.05$）表达的促进作用（图 3-5C、D）。而且，50 pmol/L 的 Rap 逆转了牛乳腺上皮细胞增殖通路 p-mTOR/mTOR 比值的促进作用（$P<0.05$；图 3-5C、D）。值得注意的是，50 pmol/L 的 Rap 抑制 mTOR 但对牛乳腺上皮细胞凋亡和丙酸钠激活的 Akt 信号通路相关的 mRNA 或蛋白表达无显著影响（图 3-5B、C、D）。

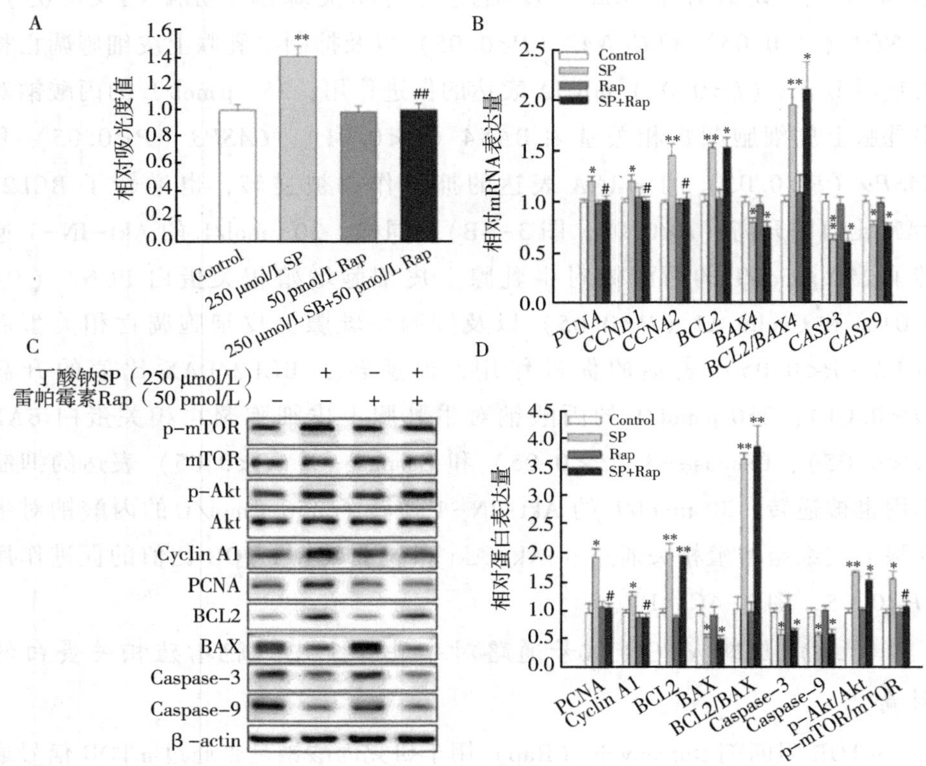

图 3-5 阻断 mTOR 信号通路逆转了丙酸钠（SP）对牛乳腺上皮细胞增殖和凋亡相关基因及蛋白表达的影响

A. 250 μmol/L 的 SP 或/和 50 pmol/L Rap 对牛乳腺上皮细胞 CCK-8 检测增殖的相对吸光值统计图（n=8）；B. 250 μmol/L 的 SP 和/或 50 pmol/L Rap 对牛乳腺上皮细胞基因 *PCNA*、*CCNA2*、*CCND1*、*BCL2*、*BAX4*、*BCL2/BAX4*、*CASP3* 和 *CASP9* 的 mRNA 表达的影响；C. 250 μmol/L 的 SP 和/或 50 pmol/L Rap 对牛乳腺上皮细胞蛋白 PCNA、Cyclin A1、BCL2、BAX、β-actin、Caspase-3、Caspase-9、p-Akt、Akt、p-mTOR 和 mTOR 的 Western blotting 分析条带；D. Western blotting 分析条带统计图。* 和 ** 分别表示 P<0.05 和 P<0.01，均与对照组相比较；#和##分别表示与 250 μmol/L 的 SP 组相比 P<0.05 和 P<0.01。

（四）丙酸钠对受体 *GPR41* 基因和蛋白表达的影响

250 μmol/L 的丙酸钠显著提高了牛乳腺上皮细胞中丙酸受体 *GPR41* 基因的 mRNA 表达（P<0.01；图 3-6A），显著提高了牛乳腺上皮细胞中丙酸受体 GPR41 蛋白的表达（P<0.01；图 3-6B、C）。

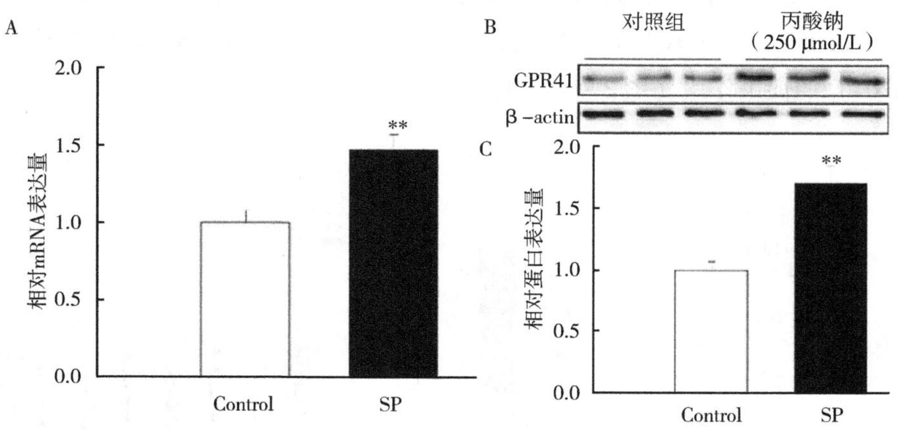

图 3-6　丙酸钠（SP）对受体 *GPR41* 基因和蛋白表达的影响

A. 250 μmol/L 的丙酸钠对牛乳腺上皮细胞中 *GPR41* 的 mRNA 表达的影响；B. 250 μmol/L 的丙酸钠对牛乳腺上皮细胞中 GPR41 蛋白的 Western blotting 分析条带；C. Western blotting 分析条带统计图。** 表示 $P<0.01$，与对照组相比较。

（五）GPR41 siRNA 对丙酸钠促进牛乳腺上皮细胞增殖及相关蛋白表达的影响

为研究丙酸钠是否通过受体 GPR41 调控牛乳腺上皮细胞增殖，我们通过 GPR41 siRNA 进行沉默试验。GPR41 siRNA 对牛乳腺上皮细胞的增殖无影响，且 GPR41 siRNA 可以完全沉默（$P<0.01$）250 μmol/L 的丙酸钠对牛乳腺上皮细胞增殖的促进作用（图 3-7A）。GPR41 siRNA 逆转了 250 μmol/L的丙酸钠对牛乳腺上皮细胞增殖相关基因 *PCNA*（$P<0.05$）、*CCND1*（$P<0.05$）和 *CCNA2*（$P<0.05$）以及抑制牛乳腺上皮细胞凋亡相关基因 *BCL2*（$P<0.05$）mRNA 表达的促进作用；250 μmol/L 的丙酸钠对牛乳腺上皮细胞凋亡相关基因 *BAX4*、*CASP3* 和 *CASP9* 的 mRNA 表达的抑制作用也被逆转（$P<0.05$），BCL2/BAX 比值的升高也被逆转（$P<0.01$；图 3-7B）。同样，GPR41 siRNA 逆转了 250 μmol/L 的丙酸钠对牛乳腺上皮细胞增殖相关蛋白 PCNA（$P<0.01$）和 Cyclin A1（$P<0.05$）以及抑制牛乳腺上皮细胞凋亡相关蛋白 BCL2（$P<0.01$）表达的促进作用，也逆转了 BCL2/BAX 比值的升高（$P<0.01$）；250 μmol/L 的丙酸钠对牛乳腺上皮细胞凋亡相关蛋白 BAX（$P<0.05$）、Caspase-3（$P<0.05$）和 Caspase-9（$P<0.05$）表达的抑制作用也被逆转；GPR41 siRNA 逆转

了 250 μmol/L 的丙酸钠对牛乳腺上皮细胞增殖相关通路 p-Akt/Akt 比值（$P<0.05$）、p-mTOR/mTOR 比值（$P<0.05$）以及 GPR41 蛋白表达（$P<0.01$）的促进作用（图 3-7C、D）。

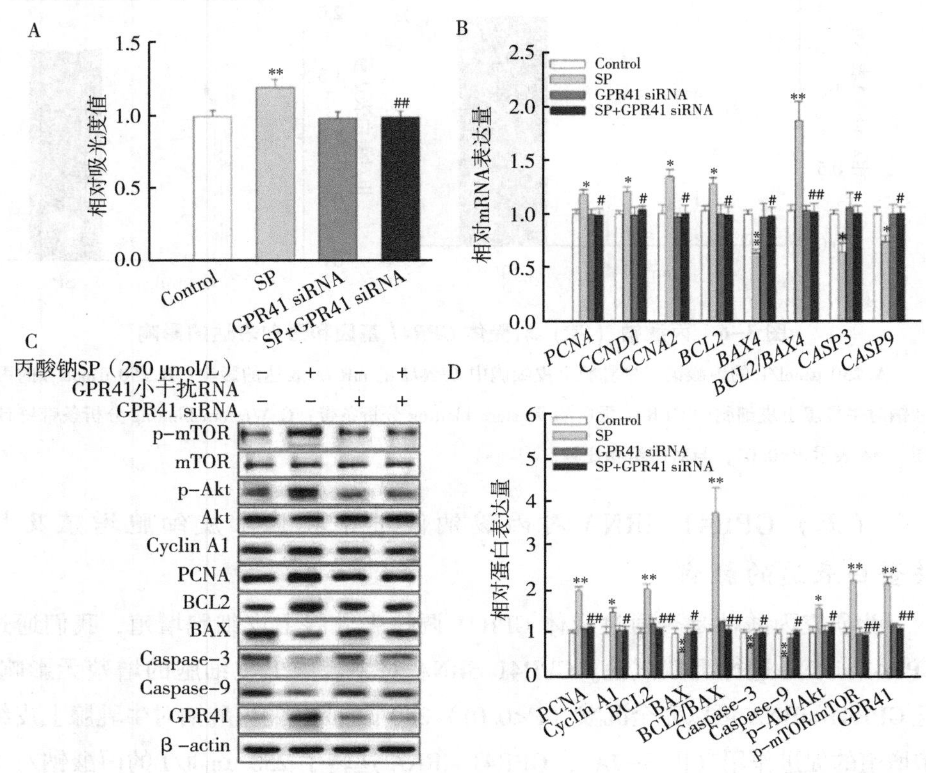

图 3-7 GPR41 siRNA 逆转了丙酸钠（SP）对牛乳腺上皮细胞增殖和凋亡相关基因及蛋白表达的影响

A. 250 μmol/L 的丙酸钠或/和 GPR41 siRNA 对牛乳腺上皮细胞 CCK-8 检测增殖的相对吸光值统计图（$n=8$）；B. 250 μmol/L 的丙酸钠和/或 GPR41 siRNA 对牛乳腺上皮细胞基因 *PCNA*、*CCNA2*、*CCND1*、*BCL2*、*BAX4*、*BCL2/BAX4*、*CASP3* 和 *CASP9* 的 mRNA 表达的影响；C. 250 μmol/L 的丙酸钠和/或 GPR41 siRNA 对牛乳腺上皮细胞蛋白 PCNA、Cyclin A1、BCL2、BAX、β-actin、Caspase-3、Caspase-9、p-Akt、Akt、p-mTOR 和 mTOR 的 Western blotting 分析条带；D. Western blotting 分析条带统计图。* 和 ** 分别表示 $P<0.05$ 和 $P<0.01$，均与对照组相比较；#和##分别表示与 250 μmol/L 的 SP 组相比 $P<0.05$ 和 $P<0.01$。

最近，有很多研究表明 Akt 信号通路在多种细胞的增殖和凋亡中发挥调节作用，例如猪乳腺上皮细胞、乳腺癌细胞和 HC11 细胞（Meng 等，2017）。在本研究中，Akt 信号通路在牛乳腺上皮细胞增殖过程中被 250 μmol/L 的丙酸钠激活。当以 Akt-IN-1 阻断 Akt 信号通路后，逆转了 250 μmol/L 的丙酸钠促进的细胞活力，以及增殖标志物（PCNA、CCNA 和 CCND）和凋亡标志物（BCL2、BAX、Caspase-3 和 Caspase-9）的 mRNA 和蛋白表达。而且，p-Akt/Akt 和 p-mTOR/mTOR 蛋白表达比值的逆转说明 Akt-IN-1 可阻断 Akt 和 mTOR 的磷酸化过程。结果提示 Akt-mTOR 信号通路可能参与了丙酸钠促进牛乳腺上皮细胞增殖的作用。

此外，mTOR 信号通路也参与调节多种细胞的增殖。在本研究中，当牛乳腺上皮细胞培养于 250 μmol/L 的丙酸钠中时，mTOR 信号通路也被激活。当以 Rap 阻断 mTOR 信号通路时，逆转了 250 μmol/L 的丙酸钠促进的细胞活力，并改变了增殖标志物（PCNA、CCNA 和 CCND）的 mRNA 和蛋白表达。但未逆转凋亡标志物（BCL2、BAX、Caspase-3 和 Caspase-9）的 mRNA 和蛋白表达。而且，p-mTOR/mTOR 蛋白表达比值的逆转说明 Rap 可阻断 mTOR 的磷酸化过程。这些结果表明 mTOR 信号通路可能参与了丙酸钠调控的促牛乳腺上皮细胞增殖作用。在本研究中，Akt-IN-1 阻断了 p-Akt/Akt 和 p-mTOR/mTOR 蛋白表达的比值。同时，Rap 可阻断 p-mTOR/mTOR 蛋白的表达。然而，Rap 对 p-Akt/Akt 的比值没有阻断作用。综上所述，丙酸钠通过调节 Akt-mTOR 信号通路刺激牛乳腺上皮细胞增殖。

研究表明 GPR41 主要在脂肪组织中表达，可以被短链脂肪酸激活，从而调控脂质代谢（成基，2021）。还有研究表明 GPR41 在牛乳腺上皮细胞中也可以高表达（Wang 等，2009）。GPR41 是丙酸钠的受体，通过与丙酸钠结合调节脂多糖诱导的炎症、氧化应激和细胞凋亡（Zhou 等，2021）。在本研究中，添加 250 μmol/L 的丙酸钠提高了 GPR41 的 mRNA 和蛋白的表达，说明丙酸钠能够激活牛乳腺上皮细胞中 GPR41 的表达。当以 GPR41 siRNA 沉默 GPR41 表达后，逆转了 250 μmol/L 的丙酸钠促进的细胞活力，以及增殖标志物（PCNA、CCNA 和 CCND）和凋亡标志物（BCL2、BAX、Caspase-3 和 Caspase-9）的 mRNA 和蛋白表达。而且，p-Akt/Akt 和 p-mTOR/mTOR 蛋白表达比值的逆转说明 GPR41 siRNA 可通过干扰 GPR41 逆转 Akt 和 mTOR 的磷酸化过程。这一结果说明丙酸钠通过 GPR41 介导 Akt-mTOR 信号通路参与了牛乳腺上皮细胞的增殖调控。

在本研究中，250 μmol/L 的丙酸钠培养泌乳前期奶牛牛乳腺上皮细胞，通过结合并激活 GPR41，进一步介导 Akt 和 mTOR 的磷酸化，刺激增殖标志物的基因和蛋白表达，抑制凋亡标志物的基因和蛋白表达，从而促进了牛乳腺上皮细胞的增殖。但是，丙酸钠是否会影响围产期和泌乳中后期奶牛牛乳腺上皮细胞的增殖需要进一步研究，是否会通过影响牛乳腺上皮细胞的分化刺激乳蛋白的合成也有待进一步研究。

本章小结

在奶牛饲粮中添加丙酸钠，可通过促进瘤胃菌群生长改善瘤胃消化，提高日粮营养物质消化，增加鲜奶、乳脂、乳蛋白和乳糖产量。体外细胞试验结果表明，丙酸钠通过结合并激活 GPR41，进一步介导 Akt 和 mTOR 的磷酸化，刺激增殖标志物的基因和蛋白表达，抑制凋亡标志物的基因和蛋白表达，从而促进了牛乳腺上皮细胞的增殖。

第四章　丁酸钠对奶牛乳腺发育和泌乳的影响

丁酸钠作为奶牛饲料添加剂，能够提升奶牛泌乳性能、降低乳房炎的发生率，也可以提高牛乳中脂肪的浓度。已有文献表明，在奶牛日粮中添加丁酸盐可提高乳脂含量和产量以及营养物质消化率，降低血液中的葡萄糖、尿素氮和非酯化脂肪酸含量。此外，丁酸钠在体外可提高牛乳腺上皮细胞中与泌乳有关的基因的表达。因此，我们旨在通过测量奶牛瘤胃发酵、营养物质消化以及与脂肪酸合成、细胞增殖和细胞凋亡相关的基因和蛋白质的表达来评估添加丁酸钠对牛奶产量和质量的潜在机制。

第一节　丁酸钠对奶牛泌乳性能和血液指标的影响

一、丁酸钠对奶牛泌乳性能的影响

由表4-1可知，虽然日粮干物质的摄入量不受影响，但随着丁酸钠添加量的增加，鲜奶产量呈二次曲线增长（$P<0.05$）。乳脂校正乳和能量校正乳的产量随着丁酸钠剂量的增加呈线性增加（$P<0.05$）。随着丁酸钠剂量的增加，乳脂含量呈线性增加（$P<0.01$），乳蛋白含量呈二次递增趋势（$P=0.07$），乳糖含量无明显变化。因此，乳脂产量呈线性增加（$P<0.05$），乳蛋白和乳糖产量均呈二次曲线增加（$P<0.05$）。对于饲料效率，无论以鲜奶产量/干物质采食量或能量校正乳产量/干物质采食量描述，均呈二次曲线增加（$P<0.05$）。

表 4-1 添加丁酸钠对奶牛干物质采食量、泌乳性能和饲料效率的影响

项目	丁酸钠添加量				SEM	P 值	
	Control (0 g/d)	100 g/d	200 g/d	300 g/d		Linear	Quadratic
干物质采食量（kg/d）	22.5	22.1	21.8	21.9	0.20	0.09	0.50
奶产量（kg/d）							
鲜奶	35.9[b]	36.7[ab]	37.1[a]	36.9[ab]	0.39	0.45	0.04
乳脂校正乳[1]	33.0[b]	34.6[ab]	36.9[a]	37.4[a]	0.46	0.02	0.47
能量校正乳[2]	35.1[b]	37.3[ab]	39.3[a]	39.3[a]	0.44	0.02	0.34
乳脂	1.24[c]	1.32[bc]	1.46[a]	1.51[a]	0.024	<0.01	0.14
乳蛋白	1.07[b]	1.19[ab]	1.21[a]	1.18[ab]	0.017	0.32	0.03
乳糖	1.80[b]	1.91[a]	1.91[a]	1.90[a]	0.026	0.89	0.04
乳成分（g/kg）							
乳脂	34.5[b]	36.0[b]	39.7[a]	40.8[a]	0.41	<0.01	0.84
乳蛋白	29.9	32.5	32.7	32.0	0.35	0.24	0.07
乳糖	50.4	52.1	51.4	51.4	0.44	0.56	0.36
饲料效率（kg/kg）							
产奶量/采食量	1.59[b]	1.66[ab]	1.70[a]	1.68[ab]	0.006	0.09	<0.01
能量校正乳/采食量	1.57[b]	1.69[ab]	1.80[a]	1.79[ab]	0.007	0.07	<0.01

注：[1] 4.0% FCM＝0.4×奶产量（kg/d）+15×脂肪产量（kg/d）。

[2] ECM＝0.327×牛奶（kg/d）+12.95×脂肪（kg/d）+7.65×蛋白质（kg/d）。

尽管添加丁酸钠对日粮干物质的摄入量没有显著影响，但鲜奶、乳脂校正乳、能量校正乳、乳脂、乳蛋白和乳糖的产量均增加。有研究报道，从产前 30 d 到产后 60 d，添加 300 g/d 丁酸钠不影响奶牛日粮干物质摄入量和分娩后产奶量（Kowalski 等，2015）。然而，Urrutia 等（2019）发现在基础饲粮中添加 2.5%丁酸盐 7 d 时，使干物质摄入量减少了 2.6 kg/d，产奶量降低了 1.65 kg/d。虽然在不同研究中添加丁酸盐对牛奶产量的反应有所不同，但添加丁酸盐经常会增加乳脂产量或含量（Miettinen 和 Huhtanen，1996；Huhtanen 等，1998）。有研究报告表明牛奶产量和乳成分含量（Herrick 等，2018）或乳脂产量没有差异（Urrutia 等，2019）。Huhtanen 等（1993）研究发现奶牛瘤胃灌注 0～600 g/d 丁酸盐与牛奶蛋白含量呈正线性响应，而 Urrutia 等（2019）发现在基础饲粮中添加 2.5%丁酸钙对奶牛乳蛋白含量没

有影响。这些研究中丁酸盐的补充方式和用量不同导致了研究结果的分歧。本研究中使用的丁酸盐补充量（占饲粮干物质的 0.45%～1.35%）低于 Urrutia 等（2019）的使用量。虽然在本研究中各处理间干物质摄取量无显著差异，但添加丁酸钠后，乳蛋白含量呈二次增长趋势，这是由于增加了干物质和粗蛋白质的消化率，并可能增加了微生物蛋白质。

二、丁酸钠对奶牛血液指标的影响

由表 4-2 可知，随着丁酸钠添加量的增加，血液葡萄糖、尿素氮、非酯化脂肪酸和胰岛素浓度呈线性下降（$P<0.05$），但血液总蛋白含量呈线性增加（$P<0.05$）。

表 4-2 添加丁酸钠对泌乳奶牛血液代谢产物的影响

项目	丁酸钠添加量				SEM	P 值	
	Control (0 g/d)	LSB	MSB	HSB		Linear	Quadratic
葡萄糖（mmol/L）	10.3[a]	9.95[ab]	8.91[b]	8.26[b]	0.278	0.04	0.52
总蛋白（g/L）	84.2[b]	85.1[b]	98.8[a]	98.4[a]	1.96	0.04	0.66
尿素氮（mmol/L）	10.6[a]	9.97[ab]	9.40[b]	8.73[b]	0.302	0.04	0.54
非酯化脂肪酸（μmol/L）	959[a]	933[ab]	874[b]	871[b]	17.5	0.02	0.15
胰岛素（mIU/L）	37.8[a]	35.3[ab]	33.6[b]	34.2[b]	0.85	0.02	0.26

注：[1]Control、LSB、MSB 和 HSB 组分别在基础日粮中补充丁酸钠 0 g/d、100 g/d、200 g/d 和 300 g/d。后同。

早期研究阐明了丁酸盐参与葡萄糖代谢调节的作用（Storry 和 Rook，1965），并表明丁酸盐抑制体外试验中丙酸的肝脏摄取（Demigné 等，1986）。添加丁酸钠后血糖的线性下降与其他研究一致（Urrutia 等，2019；Halfen 等，2021）。随着添加丁酸钠量的增加，奶牛的胰岛素含量呈线性下降，因此血糖的下降与血液胰岛素水平无关，而可能与胰高血糖素水平有关。此外，丁酸盐通过降低胰高血糖素水平抑制糖异生。胰岛素对添加丁酸钠的反应可能取决于丁酸钠的剂量、奶牛的生理阶段和丁酸钠补充的持续时间。血尿素氮和总蛋白含量是蛋白质利用效率的指标，尿素氮还与能量平衡和血浆非酯化脂肪酸有关（Rastani 等，2006）。目前研究中观察到添加丁酸钠后总蛋白含量增加，尿素氮含量降低，这可能表明添加丁酸钠提高了日粮蛋白质的利用率或机体蛋白质的动员。添加丁酸盐后非酯化脂肪酸浓度的线性降低与其他研究一致（Urrutia 等，2019；Halfen 等，2021），说明丁酸盐可能调节非酯化脂肪酸的脂解速率并引发酮体形成。添加丁酸钠可以增加奶牛外周血 β-羟丁酸浓度（Izumi 等，2019），β-羟丁酸是乳脂合成的前体，并通过激活脂肪营养感应受体导致 β-羟基丁酸介导的脂解抑制（Mielenz，2017）。

第二节　丁酸钠对奶牛养分消化和瘤胃代谢的影响

一、丁酸钠对奶牛养分消化的影响

由表 4-3 可知，随着丁酸钠添加量的增加，饲粮干物质、有机物和粗蛋白质的表观消化率呈二次曲线增加（$P<0.05$），且饲粮粗脂肪、中性洗涤纤维和酸性洗涤纤维的消化率随丁酸钠添加量的增加呈线性增加（$P<0.05$）。

表 4-3　添加丁酸钠对泌乳奶牛营养物质消化率的影响　单位：%

项目	丁酸钠添加量				SEM	P 值	
	Control (0 g/d)	100 g/d	200 g/d	300 g/d		Linear	Quadratic
干物质	67.5^{c}	70.8^{b}	72.3^{a}	71.9^{ab}	0.52	0.14	0.04
有机物	68.9^{c}	72.1^{b}	73.6^{a}	73.2^{ab}	0.50	0.09	0.02
粗蛋白质	73.3^{b}	75.3^{b}	79.4^{a}	77.5^{ab}	0.69	0.02	<0.01
粗脂肪	68.4^{b}	70.4^{ab}	74.3^{a}	73.9^{a}	1.11	0.03	0.12
中性洗涤纤维	51.5^{b}	54.9^{ab}	58.4^{a}	59.8^{a}	0.93	0.03	0.17
酸性洗涤纤维	43.4^{b}	45.5^{ab}	48.3^{a}	48.6^{a}	1.21	0.03	0.24

日粮添加丁酸钠提高了营养物质的消化率，这是由于增强了瘤胃发酵所致，也支持牛奶产量的提高。有研究证明，奶牛对饲粮干物质、有机物质、粗蛋白质和中性洗涤纤维的消化率随着丁酸盐灌注量的增加呈线性增加（Huhtanen 等，1993）。还有研究表明在奶牛饲粮干物质中添加 1.1% 丁酸盐提高了饲粮干物质和有机物质的消化率，但不影响淀粉、中性洗涤纤维和粗

蛋白质的消化率（Fukumori 等，2020）。瘤胃灌注或饲粮中添加丁酸盐不仅可刺激瘤胃上皮细胞生长，增加瘤胃乳头长度（Mentschel 等，2001），加速瘤胃上皮细胞血流量（Rémond 等，1993），增加挥发性脂肪酸吸收（Storm 等，2011），也能刺激消化酶分泌（Guilloteau 等，2010）。

二、丁酸钠对奶牛瘤胃代谢的影响

（一）瘤胃发酵

由表 4-4 可知，随着丁酸钠添加量的增加，瘤胃 pH 值呈二次曲线下降（$P<0.05$），瘤胃总挥发性脂肪酸含量呈二次曲线上升（$P<0.05$）。乙酸摩尔百分比不受丁酸钠添加量的影响，而丙酸摩尔百分比随丁酸钠添加量的增加呈线性下降（$P<0.05$）。乙酸与丙酸比例随丁酸钠添加量的增加呈线性增加（$P<0.05$）。异丁酸摩尔百分比没有显著影响，而异戊酸摩尔百分比呈线性下降（$P<0.05$）。瘤胃氨态氮含量随丁酸钠添加量的增加呈线性降低（$P<0.05$）。

表 4-4　添加丁酸钠对泌乳奶牛瘤胃发酵的影响

项目	丁酸钠添加量				SEM	P 值	
	Control (0 g/d)	100 g/d	200 g/d	300 g/d		Linear	Quadratic
pH 值	6.80[a]	6.69[ab]	6.46[b]	6.58[ab]	0.034	0.45	0.04
总挥发酸（mmol/L）	98.8[b]	103[ab]	117[a]	113[ab]	7.98	0.38	0.03
摩尔百分比							
乙酸	61.3	61.0	62.0	60.7	0.84	0.69	0.86
丙酸	21.4[a]	20.6[ab]	18.1[b]	18.1[b]	0.78	0.03	0.76
丁酸	12.8[b]	13.9[ab]	15.5[a]	16.6[a]	0.28	0.05	0.38
戊酸	1.45	1.68	1.65	1.85	0.084	0.15	0.92
异丁酸	1.33	1.32	1.36	1.31	0.014	0.93	0.57
异戊酸	1.72[a]	1.58[ab]	1.43[b]	1.48[b]	0.086	0.03	0.16
乙酸/丙酸	2.87[b]	2.96[b]	3.43[a]	3.34[a]	0.130	0.03	0.79
氨态氮（mg/100 mL）	11.9[a]	10.6[ab]	9.27[b]	9.38[b]	0.913	0.04	0.39

本研究中丁酸钠可能促进了瘤胃细菌的生长繁殖和微生物酶的分泌，促进了纤维物质的消化，从而导致了挥发性脂肪酸的增加和瘤胃 pH 值的降低。瘤胃 pH 值的二次曲线降低与随着丁酸钠添加量的增加总挥发性脂肪酸含量的二次曲线增加有关。总挥发性脂肪酸和丁酸浓度的增加是由于饲粮中性洗涤纤维和酸性洗涤纤维消化率增加的缘故，表明添加丁酸钠后纤维素分解菌的数量和酶活性增加。此外，乙酸与丙酸的比值呈线性增加，表明随着丁酸钠添加量的增加，瘤胃发酵模式趋于乙酸发酵。有研究表明，每千克体重补充 1~2 g 的丁酸时，奶牛瘤胃丁酸浓度分别提高了 63.3%和 135.9%（Herrick 等，2018）。其他研究表明，奶牛饲粮干物质中添加 1.1%丁酸盐后，瘤胃丁酸盐浓度增加（Fukumori 等，2020）。瘤胃氨态氮含量线性下降是由于添加丁酸钠增加了细菌蛋白质合成（Cummins 和 Papas，1985）。

（二）瘤胃酶活

由表 4-5 可知，羧甲基纤维素酶活性随丁酸钠添加量的增加呈线性增加（$P<0.05$），α-淀粉酶活性随丁酸钠添加量的增加呈线性降低（$P<0.05$）。纤维二糖酶、木聚糖酶、果胶酶和蛋白酶活性没有显著变化。

表 4-5　添加丁酸钠（SB）对奶牛瘤胃微生物酶活的影响

项目[1]	丁酸钠添加量				SEM	P 值	
	Control (0 g/d)	100 g/d	200 g/d	300 g/d		Linear	Quadratic
羧甲基纤维素酶	0.219[b]	0.284[b]	0.364[a]	0.375[a]	0.017 2	0.04	0.88
纤维二糖酶	0.141	0.161	0.158	0.180	0.008 3	0.17	0.95
木聚糖酶	0.613	0.797	0.679	0.708	0.045 1	0.69	0.43
果胶酶	0.412	0.420	0.415	0.506	0.022 3	0.17	0.36
α-淀粉酶	0.572[a]	0.539[a]	0.434[b]	0.391[b]	0.027 4	<0.01	0.90
蛋白酶	0.895	0.930	0.849	0.615	0.071 3	0.17	0.37

注：[1] 酶活力单位：羧甲基纤维素酶［μmol 葡萄糖/（min · mL）］；纤维二糖酶［μmol 葡萄糖/（min · mL）］；木聚糖酶［μmol 木聚糖/（min · mL）］；果胶酶［D-半乳糖醛酸/（min · mL）］；α-淀粉酶［μmol 葡萄糖/（min · mL）］；蛋白酶［μmol 水解蛋白/（min · mL）］。

（三）瘤胃菌群

由表 4-6 可知，随着丁酸钠添加量的增加，总菌、总原虫、总厌氧真菌、白色瘤胃球菌、黄色瘤胃球菌、溶纤维丁酸弧菌和产琥珀丝状杆菌的数量呈线性增加（$P<0.05$）。随着丁酸钠添加剂量的增加，嗜淀粉瘤胃杆菌的数量呈线性下降（$P<0.05$），总产甲烷菌和栖瘤胃普雷沃氏菌的数量不受丁酸钠添加剂量的影响。

表 4-6　添加丁酸钠（SB）对奶牛瘤胃菌群的影响

项目	丁酸钠添加量				SEM	P 值	
	Control (0 g/d)	100 g/d	200 g/d	300 g/d		Linear	Quadratic
总菌，$\times10^{11}$	5.82[b]	6.96[ab]	7.15[a]	7.84[a]	0.646	0.04	0.44
总厌氧真菌，$\times10^{7}$	1.93[b]	2.27[ab]	2.81[a]	2.87[a]	0.399	0.04	0.51
总原虫，$\times10^{5}$	5.10[b]	6.34[ab]	6.98[a]	6.96[a]	0.697	0.03	0.42
总产甲烷菌，$\times10^{9}$	5.05	5.07	5.12	5.30	0.483	0.43	0.77
白色瘤胃球菌，$\times10^{8}$	4.44[b]	5.05[ab]	5.61[a]	5.70[a]	0.286	0.02	0.40
黄色瘤胃球菌，$\times10^{9}$	3.68[b]	4.09[ab]	4.52[a]	4.56[a]	0.551	0.05	0.35
产琥珀丝状杆菌，$\times10^{10}$	3.05[b]	4.14[ab]	4.62[a]	4.85[a]	0.432	0.03	0.38
溶纤维丁酸弧菌，$\times10^{9}$	3.76[b]	4.36[ab]	5.10[a]	5.25[a]	0.445	0.03	0.41
栖瘤胃普雷沃氏菌，$\times10^{9}$	8.37	7.49	7.15	7.40	1.723	0.21	0.46
嗜淀粉瘤胃杆菌，$\times10^{8}$	3.54[a]	3.42[ab]	3.05[b]	2.99[b]	0.208	0.03	0.51

奶牛日粮中的纤维物质在瘤胃中被瘤胃细菌、原生动物和分泌纤维素分解酶的真菌降解为乙酸盐（Orpin，1984）。瘤胃真菌可以降解饲料木质纤维素组织，大约30%的纤维消化和10%的挥发性脂肪酸生产可归因于瘤胃原生动物（Wang和McAllister，2002）。因此，随着丁酸钠补充量的增加，瘤胃羧甲基纤维素酶活性线性升高，这是由于总菌、总厌氧真菌、总原虫、白色瘤胃球菌、黄色瘤胃球菌、溶纤维丁酸弧菌和产琥珀丝状杆菌的数量呈线性增加，这也支持了瘤胃发酵的改善，提高了饲粮中性洗涤纤维和酸性洗涤纤维的消化率。α-淀粉酶活性的线性降低与嗜淀粉瘤胃杆菌数量的降低相一致。结果提示添加丁酸钠可抑制瘤胃淀粉的降解，这也进一步证实随着丁酸钠补充量的增加丙酸摩尔百分比降低的结果。瘤胃蛋白酶活性未发生变化主要与栖瘤胃普雷沃氏菌数量未发生变化有关，并进一步证实，随着添加丁酸钠量的增加氨态氮含量呈线性下降，从而促进了微生物蛋白质合成

(Cummins 和 Papas, 1985)。

第三节 丁酸钠对奶牛乳腺发育和乳脂合成的影响

一、丁酸钠对奶牛乳腺增殖和凋亡的影响

CCNA2 和 *CCND1* 基因分别编码 Cyclin A2 和 D1。饲粮中添加 200 g/d 丁酸钠显著提高了 *CCNA2*、*CCND1* 和 *PCNA* 的表达($P<0.05$;图 4-1A)。细胞周期蛋白 A1 和 PCNA 均升高($P<0.05$;图 4-1B、C)。同时,与凋亡抑制相关的基因如 *BCL2*、*BCL2/BAX4* 比值显著提高($P<0.05$)。细胞凋亡相关基因 *BAX*、*Caspase-3* 和 *Caspase-9* 显著降低($P<0.05$;图 4-1A)。同时,BCL2 蛋白表达及 BCL2/BAX 比值极显著升高($P<0.01$),而 BAX、Caspase-3 和 Caspase-9 蛋白表达量均极显著降低($P<0.01$;图 4-1B、C)。丁酸受体 GPR41 蛋白表达极显著增加($P<0.01$),p-Akt 与 Akt 之比、p-mTOR 与 mTOR 之比也极显著升高($P<0.01$;图 4-2A、B)。

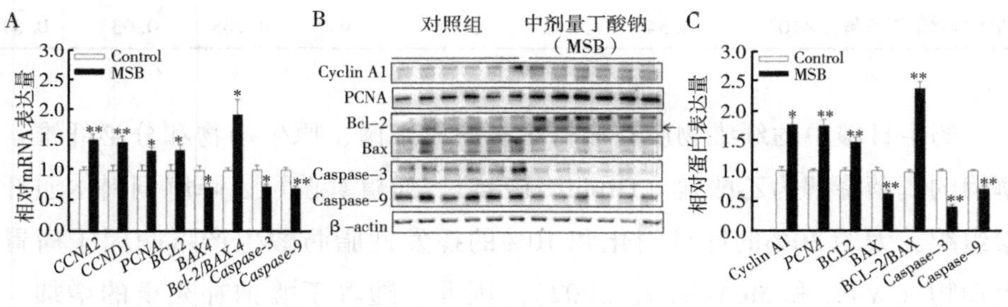

图 4-1 日粮添加丁酸钠(SB)对牛乳腺增殖和凋亡相关 mRNA 和蛋白表达的影响

A. 丁酸钠处理的牛乳腺 *PCNA*、*CCNA2*、*CCND1*、*BCL2*、*BAX4*、*BCL2/BAX4*、*Caspase-3* 和 *Caspase-9* mRNA 表达水平(每头牛每天 0 g 和 200 g 丁酸钠),GAPDH 作为内参基因,每组 $n=10$,数值为平均值±SEM;B. Western blotting 检测牛乳腺组织中的 Cyclin A1、PCNA、BCL2(第二电泳条带)、BAX、BCL2/BAX、Caspase-3 和 Caspase-9,β-肌动蛋白作为参照,每组 $n=6$;C. Cyclin A1、PCNA、BCL2、BAX、BCL2/BAX、Caspase-3、Caspase-9 Western blotting 分析条带的均值±SEM。与对照组相比 * 表示 $P<0.05$ 和 ** 表示 $P<0.01$。

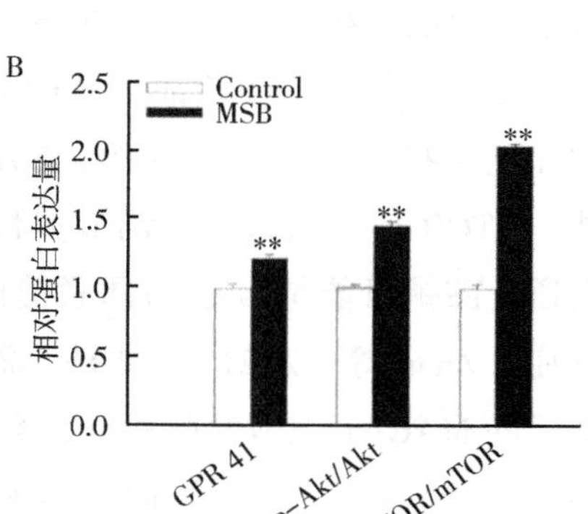

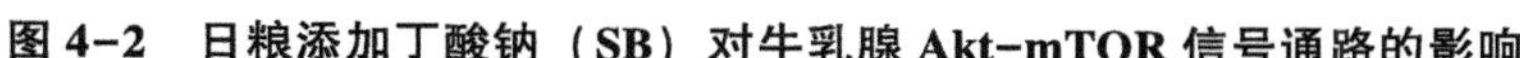

图 4-2　日粮添加丁酸钠（SB）对牛乳腺 Akt-mTOR 信号通路的影响

A. 丁酸钠处理过的牛乳腺中 p-Akt、Akt、p-mTOR 和 mTOR 的 Western blotting 分析条带（每头牛每天 0 g 和 200 g 丁酸钠），β-肌动蛋白作为参照，每组 $n=6$；B. p-Akt/Akt 和 p-mTOR/mTOR Western blotting 分析条带的均值±SEM。与对照组相比 * 表示 $P<0.05$ 和 ** 表示 $P<0.01$。

Cyclin D 调节细胞周期的 G1 期向 S 期的转变，而 Cyclin A 被认为是在 S 期启动和完成 DNA 复制的必要条件（Zhang 等，2018；Lim 和 Kaldis，2013）。此外，PCNA 是参与 DNA 复制和修复的蛋白质不可或缺的辅助因子（Park 等，2016）。还有研究表明，Cyclin D3 和 PCNA 参与调节乳腺上皮细胞的增殖（Li 等，2020；Zhang 等，2018）。本研究中丁酸钠的补充增加了细胞周期蛋白（CCNA2 和 CCND1）和 *PCNA* 的 mRNA 表达，以及 Cyclin A1 和 PCNA 的蛋白表达，说明丁酸钠促进了牛乳腺上皮细胞的增殖。BCL2 家族蛋白参与凋亡细胞死亡的调节，包括抗凋亡（如 BCL2）和促凋亡（如 BAX）成员（Shamas-Din 等，2013）。BCL2 通过抑制 BAX 活性来抑制细胞凋亡，BCL2/BAX 比值高表明细胞凋亡受到抑制。因此，该比值可以反映牛乳腺上皮细胞细胞凋亡的状态。Caspase-3 和 Caspase-9 在细胞凋亡的执行阶段都起着重要作用（Pisani 等，2020）。降低它们的表达可以抑制细胞凋亡的发生。在本研究中，添加丁酸钠后，BCL2 mRNA 和蛋白表达增加，BCL2/BAX 比值增加，BAX、Caspase-3 和 Caspase-9 mRNA 和蛋白表达降低，说明添加丁酸钠抑制了牛乳腺细胞凋亡标志物的表达。因此，上述结果表明丁酸钠很可能通过刺激增殖标志物的表达和抑制凋亡标志物的表达来调节牛乳腺的增殖。由于没有测量奶牛乳腺细胞的增殖，是否有其他细胞类型的刺激，值得进一步验证。Akt 信号通路参与调控多种细胞的增殖和凋亡，例如乳腺癌细胞（Huang 等，2021）和 HC11 细胞（Meng 等，2017）。此外，mTOR 信号通路参与调节多种细胞的增殖（Li 等，2017）。最近的研究报道丁酸钠可能是 G 蛋白偶联受体 41（GPR41）的配体，调节细胞凋亡和炎症（Zhou 等，2021）。此外，添加丁酸钠可通过 PI3K/Akt 通路减少 LPS 诱导的 MAC-T 细胞的凋亡（Li 等，2019）。本研究中丁酸钠的加入增加了 GPR41 蛋白的表达，并刺激了 Akt 和 mTOR 的磷酸化。添加丁酸钠是否通过激活 GPR41 刺激 Akt 和 mTOR 磷酸化还有待进一步验证。

二、丁酸钠对奶牛乳腺脂肪酸合成的影响

奶牛饲粮中添加 200 g/d 的丁酸钠可提高 *PPARγ*、*SREBPF1*、*ACACA*、*FASN*、*SCD* 和 *FABP3* mRNA 的表达量（$P<0.05$；图 4-3A）。添加 200 g/d 的丁酸钠后，PPARγ、SREBPF1、FASN、p-ACACA/ACACA 和 SCD 蛋白表达均升高（$P<0.05$；图 4-3B、C）。

在奶牛乳腺中，*PPARγ* 和 *SREBPF1* 控制 *FASN*、*ACACA*、*SCD* 和 *FABP3* 的 mRNA 表达（Ma 和 Corl，2012）。FASN 或 ACACA 都参与乙酸和 β-羟丁酸的合成（Bionaz 和 Loor，2008），并与 C4－16 脂肪酸的分泌呈正相关（Bernard 等，2008）。SCD 蛋白可催化饱和脂肪酸合成单不饱和脂肪酸（Sheng 等，2015）。FABP3 蛋白与牛乳腺上皮细胞中长链脂肪酸的吸收和细胞内转运有关（Sheng 等，2015）。添加丁酸钠后，*FASN*、*ACACA*、*PPARγ* 和 *SREBPF1* 的 mRNA 和蛋白表达量增加，表明与短链脂肪酸和中链脂肪酸合成有关的基因和蛋白表达量上调，这也支持了乳脂产量和乳脂率的提高。有研究发现，添加丁酸钠可使乳脂校正乳产量提高 4%，并增加乳脂含量（Izumi 等，2019 年）。FABP3 mRNA 表达的增加说明丁酸钠的加入刺激了牛乳腺中长链脂肪酸合成、吸收和转运。其他研究发现在体外添加乙酸和 BHBA 后，*PPARγ*、*SREBPF1*、*FASN*、*ACACA* 和 *SCD* 的 mRNA 表达增加（Sheng 等，2015）。

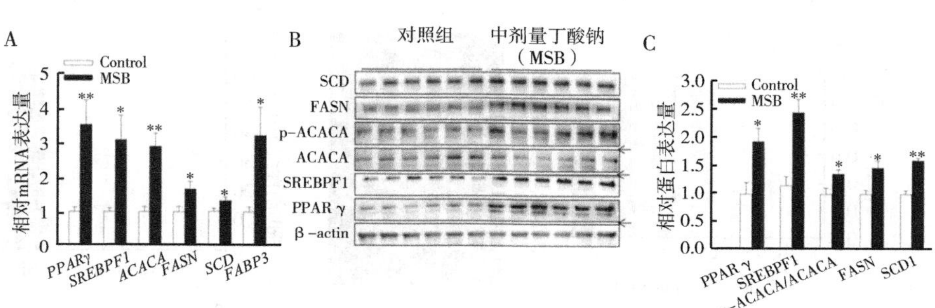

图 4-3　日粮添加丁酸钠（SB）对牛乳腺脂肪酸合成相关 mRNA 和蛋白表达的影响

A. 丁酸钠处理的牛乳腺 *PPARγ*、*SREBPF1*、*ACACA*、*FASN*、*SCD* 和 *FABP3* 的 mRNA 表达水平（每头牛每天 0 g 和 200 g 丁酸钠），GAPDH 作为内参基因，每组 $n=10$，数值为平均值±SEM；B. Western blotting 分析牛乳腺组织 PPARγ、SREBPF1、ACACA、FASN、SCD，β-actin 作为参照；C. PPARγ、SREBPF1、p-ACACA/ACACA、FASN、SCD1 Western blotting 分析条带的均值±SEM。与对照组相比 * 表示 $P<0.05$ 和 ** 表示 $P<0.01$。

第四节　丁酸钠对牛乳腺上皮细胞增殖的影响

一、丁酸钠对牛乳腺上皮细胞增殖和凋亡的影响

（一）丁酸钠对牛乳腺上皮细胞增殖的影响

如图 4-4 所示，CCK-8 试验结果表明丁酸钠对牛乳腺上皮细胞增殖呈二次曲线变化（$P<0.05$），60 μmol/L 的丁酸钠显著刺激牛乳腺上皮细胞的增殖（$P<0.05$；图 4-4A）。因此，选择 60 μmol/L 的丁酸钠，并在后续试验中使用。同时，EdU 检测结果表明，60 μmol/L 的丁酸钠显著提高了牛乳腺上皮细胞处于 S 期细胞的阳性率（$P<0.01$；图 4-4B、C）。60 μmol/L 的丁酸钠显著提高了牛乳腺上皮细胞增殖相关基因 *PCNA*（$P<0.01$）、*CCNA2*（$P<0.01$）和 *CCND1*（$P<0.01$）的 mRNA 表达（图 4-4D），以及显著提高了牛乳腺上皮细胞增殖相关蛋白 PCNA（$P<0.05$）和 Cyclin A1 的表达（$P<0.05$；图 4-4E、F）。

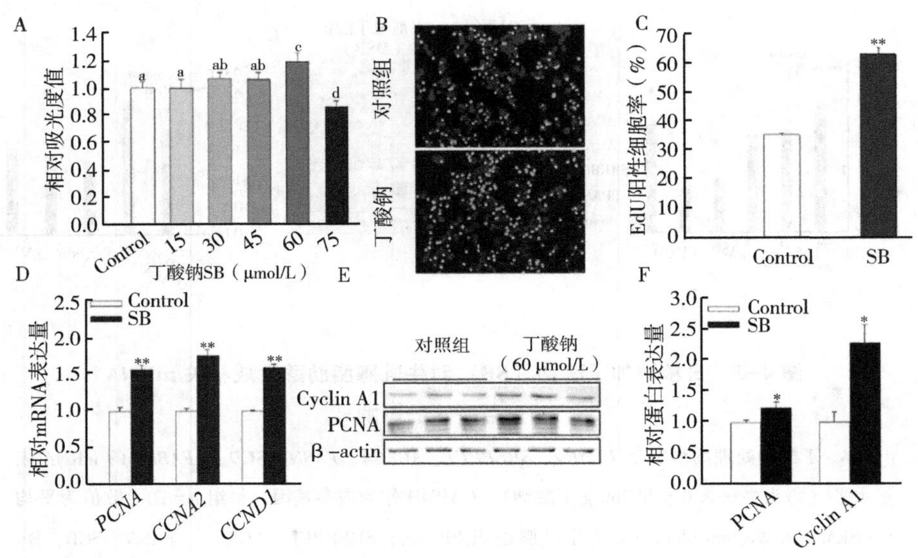

图 4-4　丁酸钠（SB）对牛乳腺上皮细胞增殖的影响

A. 不同浓度丁酸钠（0 μmol/L、15 μmol/L、30 μmol/L、45 μmol/L、60 μmol/L 和 75 μmol/L）培养 3 d 的牛乳腺上皮细胞，CCK-8 检测相对吸光度值（$n=8$）统计图；B、C. EdU 检测不同浓度丁酸钠（0 μmol/L 和 60 μmol/L）培养 3 d 牛乳腺上皮细胞处于 DNA 复制期的细胞比例统计图；D. 不同浓度丁酸钠（0 μmol/L 和 60 μmol/L）培养 3 d 对牛乳腺上皮细胞的 *PCNA*、*CCNA2* 和 *CCND1* mRNA 表达量的影响；E. 牛乳腺上皮细胞培养 3 d 后 PCNA、Cyclin A1 和 β-actin 的 Western blotting 分析条带；F. 牛乳腺上皮细胞培养 3 d 后 PCNA 和 Cyclin A1 Western blotting 分析条带统计图。不同小写字母的条带存在显著差异（$P<0.05$）。* 和 ** 分别表示 $P<0.05$ 和 $P<0.01$，均与对照组相比较。

本研究中丁酸钠促进了牛乳腺上皮细胞的增殖标志物 mRNA 或蛋白的表达，抑制了凋亡相关 mRNA 或蛋白的表达，这一结果支持了他人研究中丁酸钠促进泌乳量的提升的结论（Miettinen 等，1996；Huhtanen 等，1998）。本研究中测定了不同剂量丁酸钠对牛乳腺上皮细胞增殖的影响，添加 15~60 μmol/L 的丁酸钠线性促进了牛乳腺上皮细胞的增殖，但 75 μmol/L 的丁酸钠却抑制了牛乳腺上皮细胞的增殖，说明丁酸钠促进牛乳腺上皮细胞增殖呈二次曲线变化，丁酸钠适宜水平为 60 μmol/L。

刺激牛乳腺上皮细胞增殖和抑制细胞凋亡是促进泌乳奶牛泌乳持续的关键控制点（Bae 等，2020）。通过检测含有 *PCNA* 和细胞周期蛋白的增殖标

志物 *CCNA2* 和 *CCND1* 的基因表达量，说明丁酸钠对牛乳腺上皮细胞增殖的调控作用。Cyclin D 主要调节细胞周期从 G1 期向 S 期的转变。Cyclin A 被认为是 S 期 DNA 合成起始和终止所必需的（Lim 和 Kaldis，2013）。细胞周期蛋白 A2 在所有增殖细胞中普遍表达，在 S 期和有丝分裂中均发挥作用（Bertoli 等，2013）。此外，PCNA 是参与 DNA 复制和蛋白质修复不可或缺的辅助因子（Park 等，2016）。还有文献报道，PCNA 和 Cyclin D3 均参与乳腺上皮细胞增殖的调控（Li 等，2020）。在本研究中，添加 60 μmol/L 的丁酸钠提高了细胞周期蛋白（*CCNA2* 和 *CCND1*）和 *PCNA* 的 mRNA 表达，以及 Cyclin A1 和 PCNA 的蛋白表达，说明 60 μmol/L 的丁酸钠促进了牛乳腺上皮细胞的增殖。

（二）丁酸钠对牛乳腺上皮细胞凋亡的影响

由图 4-5 可知，60 μmol/L 的丁酸钠显著提高了抑制牛乳腺上皮细胞凋亡相关基因 *BCL2*（$P<0.01$）mRNA 的表达，显著降低了促进牛乳腺上皮细胞凋亡相关基因 *BAX4*（$P<0.01$）、*CASP3*（$P<0.05$）和 *CASP9*（$P<0.05$）mRNA 的表达，*BCL2/BAX4* 比值显著提高（$P<0.01$；图 4-5A）。同时 Western blotting 分析结果表明 60 μmol/L 的丁酸钠显著提高 BCL2（$P<0.05$）蛋白的表达，显著降低 BAX（$P<0.01$）、Caspase-3（$P<0.05$）和

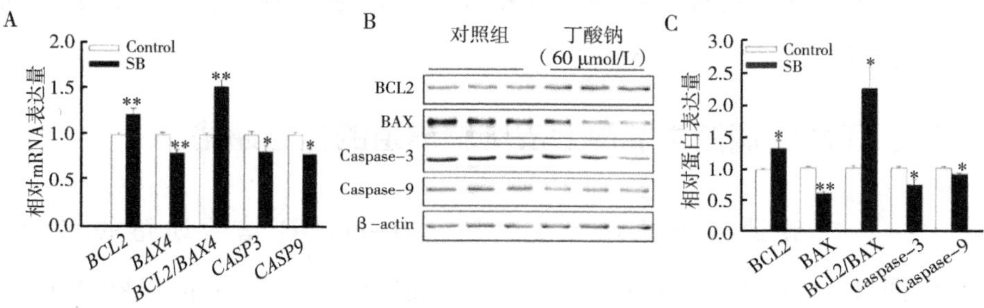

图 4-5　丁酸钠（SB）对牛乳腺上皮细胞凋亡的影响

A. 不同浓度丁酸钠（0 μmol/L 和 60 μmol/L）培养 3 d 对牛乳腺上皮细胞的 *BCL2*、*BAX4*、*BCL2/BAX4*、*CASP3* 和 *CASP9* mRNA 表达量的影响；B. 培养 3 d 后牛乳腺上皮细胞的 BCL2、BAX、β-actin、Caspase-3 和 Caspase-9 的 Western blotting 分析条带；C. BCL2、BAX、BCL2/BAX、Caspase-3 和 Caspase-9 Western blotting 分析条带统计图。* 和 ** 分别表示 $P<0.05$ 和 $P<0.01$，均与对照组相比较。

Caspase-9（$P<0.05$）蛋白的表达，BCL2/BAX 比值显著升高（$P<0.05$；图 4-5B、C）。

细胞凋亡是由 BCL2 家族蛋白诱导，经过线粒体和死亡受体两条通路，通过高度复杂的信号级联进行的。而且，BCL2 家族蛋白，主要包括抗凋亡蛋白（如 BCL2）和促凋亡蛋白（如 BAX），参与细胞凋亡的调节（Shamas-Din 等，2013）。由于 BCL2 通过抑制 BAX 的活性来阻止细胞凋亡，因此高 BCL2/BAX 比例是细胞凋亡受到抑制的提示。因此，BCL2 和 BAX 蛋白表达水平的比值可以反映细胞凋亡的状态。线粒体和死亡受体途径都汇聚到半胱氨酸天冬氨酸蛋白酶（Caspase）的共同途径上，即 Caspase-3 和 Caspase-9，这两种 Caspases 均作用于细胞凋亡的执行阶段（Pisani 等，2020），分别是细胞凋亡时的下游和上游信号传导分子（严金玉，2016）。这些物质的表达变化一定程度上反映了细胞凋亡的情况。为此，降低 Caspase-3 和 Caspase-9 的表达说明抑制了细胞凋亡的发生。在本研究中，添加 60 μmol/L 的丁酸钠提高 BCL2 mRNA 和蛋白的表达，降低 BAX、Caspase-3 和 Caspase-9 的 mRNA 和蛋白表达，显著增加 BCL2/BAX 的 mRNA 和蛋白表达比值，说明添加 60 μmol/L 的丁酸钠抑制了牛乳腺上皮细胞凋亡标志物的表达。因此，上述结果表明 60 μmol/L 的丁酸钠很可能通过刺激增殖标志物的表达和抑制凋亡标志物的表达来促进牛乳腺上皮细胞的增殖。

二、丁酸钠调控牛乳腺上皮细胞增殖的信号通路

（一）丁酸钠对牛乳腺上皮细胞 Akt-mTOR 信号通路的影响

由图 4-6 可知，60 μmol/L 的丁酸钠显著提高了 p-Akt/Akt（$P<0.05$）和 p-mTOR/mTOR（$P<0.01$）比值。

（二）阻断 Akt 信号通路对牛乳腺上皮细胞增殖相关蛋白的影响

为研究丁酸钠是否通过 Akt 信号通路促进牛乳腺上皮细胞增殖，我们使用 Akt 阻断剂（Akt-IN-1）进行了阻断试验。30 nmol/L 的 Akt-IN-1 对牛乳腺上皮细胞的增殖无影响，且 Akt-IN-1 可以完全阻断（$P<0.01$）

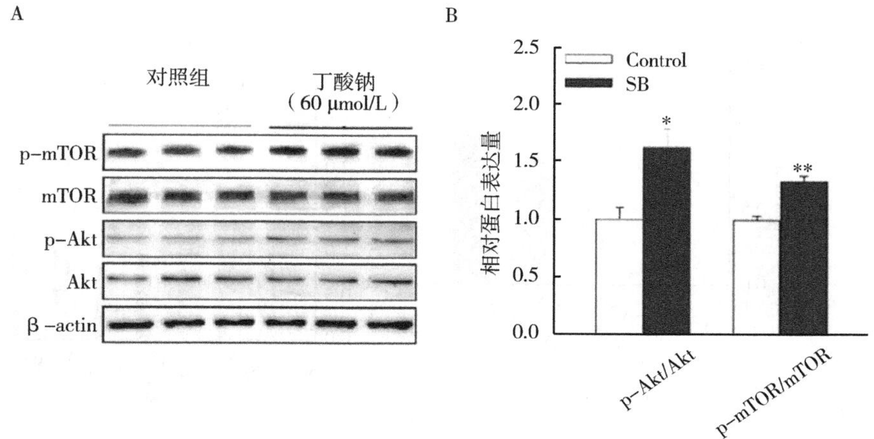

图 4-6 丁酸钠(SB)对牛乳腺上皮细胞 Akt-mTOR 信号通路的影响

A. 不同浓度丁酸钠(0 μmol/L 和 60 μmol/L)培养 3 d 对牛乳腺上皮细胞的 p-Akt、Akt、p-mTOR、mTOR 和 β-actin 的 Western blotting 分析条带;B. p-Akt/Akt 和 p-mTOR/mTOR 统计图。* 和 ** 分别表示与对照组相比 $P<0.05$ 和 $P<0.01$。

60 μmol/L的丁酸钠对牛乳腺上皮细胞增殖的促进作用(图 4-7A)。30 nmol/L 的 Akt-IN-1 逆转了 60 μmol/L 的丁酸钠对牛乳腺上皮细胞增殖相关基因 *PCNA*($P<0.05$)、*CCND1*($P<0.01$)和 *CCNA2*($P<0.05$)以及抑制牛乳腺上皮细胞凋亡相关基因 *BCL2*($P<0.05$)mRNA 表达的促进作用;60 μmol/L 的丁酸钠对牛乳腺上皮细胞凋亡相关基因 *BAX4*、*CASP3* 和 *CASP9* 的 mRNA 表达的抑制作用被逆转($P<0.05$),也逆转了 BCL2/BAX 比值的升高($P<0.01$;图 4-7B)。同样,30 nmol/L 的 Akt-IN-1 逆转了 60 μmol/L 的丁酸钠对牛乳腺上皮细胞增殖相关蛋白 PCNA 和 Cyclin A1($P<0.01$)以及抑制牛乳腺上皮细胞凋亡相关蛋白 BCL2($P<0.05$)表达的促进作用,也逆转了 BCL2/BAX 比值的升高($P<0.05$);60 μmol/L 的丁酸钠对牛乳腺上皮细胞凋亡相关蛋白 BAX($P<0.01$)、Caspase-3($P<0.01$)和 Caspase-9($P<0.05$)表达的抑制作用也被逆转;30 nmol/L 的 Akt-IN-1 逆转了 60 μmol/L 的丁酸钠对牛乳腺上皮细胞增殖相关通路 p-Akt/Akt 和 p-mTOR/mTOR 比值的促进作用($P<0.01$;图 4-7C、D)。

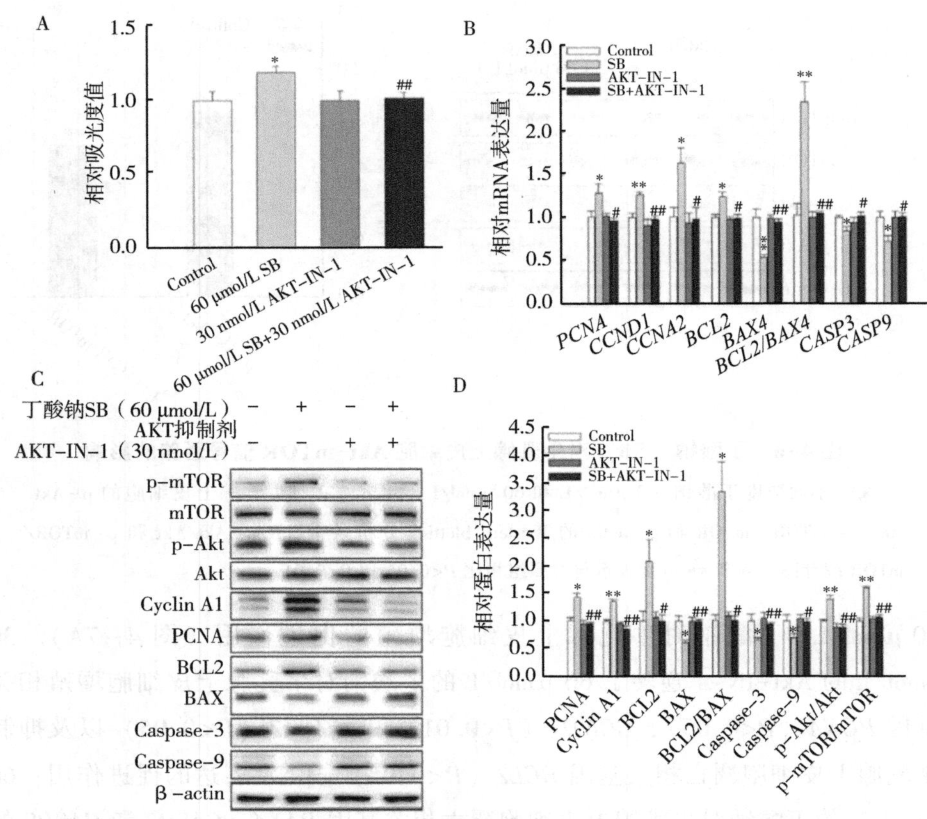

图 4-7　阻断 Akt 信号通路逆转了丁酸钠（SB）对牛乳腺上皮细胞增殖和凋亡相关基因及蛋白表达的影响

A. 60 μmol/L 的丁酸钠或/和 30 nmol/L Akt 抑制剂（Akt-IN-1）对牛乳腺上皮细胞CCK-8检测增殖的相对吸光值统计图（$n=8$）；B. 60 μmol/L 的丁酸钠和/或 30 nmol/L Akt 抑制剂对牛乳腺上皮细胞基因 *PCNA*、*CCNA2*、*CCND1*、*BCL2*、*BAX4*、*BCL2/BAX4*、*CASP3* 和 *CASP9* 的 mRNA 表达的影响；C. 60 μmol/L 的丁酸钠和/或 30 nmol/L Akt 抑制剂对牛乳腺上皮细胞蛋白 PCNA、Cyclin A1、BCL2、BAX、β-actin、Caspase-3、Caspase-9、p-Akt、Akt、p-mTOR 和 mTOR 的 Western blotting 分析条带；D. Western blotting 分析条带统计图。* 和 ** 分别表示 $P<0.05$ 和 $P<0.01$，均与对照组相比较；#和##分别表示与 60 μmol/L 的丁酸钠组相比 $P<0.05$ 和 $P<0.01$。

（三）阻断 mTOR 信号通路对牛乳腺上皮细胞增殖相关蛋白的影响

为研究丁酸钠是否通过 mTOR 信号通路促进牛乳腺上皮细胞增殖，我们使用 mTOR 阻断剂 Rapamycin（Rap）进行了阻断试验。50 pmol/L 的 Rap 对牛乳腺上皮细胞的增殖无影响，且 Rap 可以完全阻断（$P<0.01$）60 μmol/L 的丁酸钠对牛乳腺上皮细胞增殖的促进作用（图 4-8A）。50 pmol/L 的 Rap

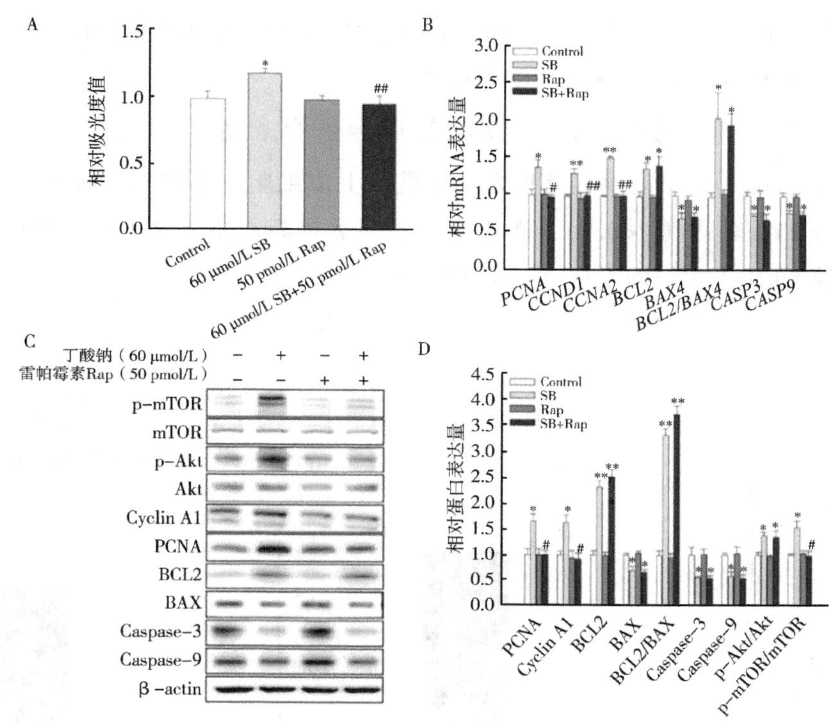

图 4-8 阻断 mTOR 信号通路逆转了丁酸钠（SB）对牛乳腺上皮细胞增殖和凋亡相关基因及蛋白表达的影响

A. 60 μmol/L 的丁酸钠或/和 50 pmol/L Rap 对牛乳腺上皮细胞 CCK-8 检测增殖的相对吸光值统计图（$n=8$）；B. 60 μmol/L 的丁酸钠和/或 50 pmol/L Rap 对牛乳腺上皮细胞基因 *PCNA*、*CCNA2*、*CCND1*、*BCL2*、*BAX4*、*BCL2/BAX4*、*CASP3* 和 *CASP9* 的 mRNA 表达的影响；C. 60 μmol/L 的丁酸钠和/或 50 pmol/L Rap 对牛乳腺上皮细胞蛋白 PCNA、Cyclin A1、BCL2、BAX、β-actin、Caspase-3、Caspase-9、p-Akt、Akt、p-mTOR 和 mTOR 的 Western blotting 分析条带；D. Western blotting 分析条带统计图。* 和 ** 分别表示 $P<0.05$ 和 $P<0.01$，均与对照组相比较；#和##分别表示与 60 μmol/L 的丁酸钠组相比 $P<0.05$ 和 $P<0.01$。

逆转了 60 μmol/L 的丁酸钠对牛乳腺上皮细胞增殖相关基因 *PCNA*（$P<0.05$）、*CCND1*（$P<0.01$）和 *CCNA2*（$P<0.01$）mRNA 表达的促进作用（图 4-8B），也逆转了 60 μmol/L 的丁酸钠对牛乳腺上皮细胞增殖相关蛋白 PCNA 和 Cyclin A1（$P<0.05$）表达的促进作用（图 4-8C、D）。而且，50 pmol/L 的 Rap 逆转了牛乳腺上皮细胞增殖通路 p-mTOR/mTOR 比值的促进作用（$P<0.05$；图 4C、D）。值得注意的是，50 pmol/L 的 Rap 抑制 mTOR 但对牛乳腺上皮细胞凋亡和丁酸钠激活的 Akt 信号通路相关的 mRNA 或蛋白表达无显著影响（图 4-8B、C、D）。

（四）丁酸钠对受体 *GPR41* 基因和蛋白表达的影响

60μmol/L 的丁酸钠显著提高了牛乳腺上皮细胞中丁酸钠受体 *GPR41* 基因的 mRNA 表达（$P<0.01$；图 4-9A），显著提高了牛乳腺上皮细胞中丁酸钠受体 GPR41 蛋白的表达（$P<0.05$；图 4-9B、C）。

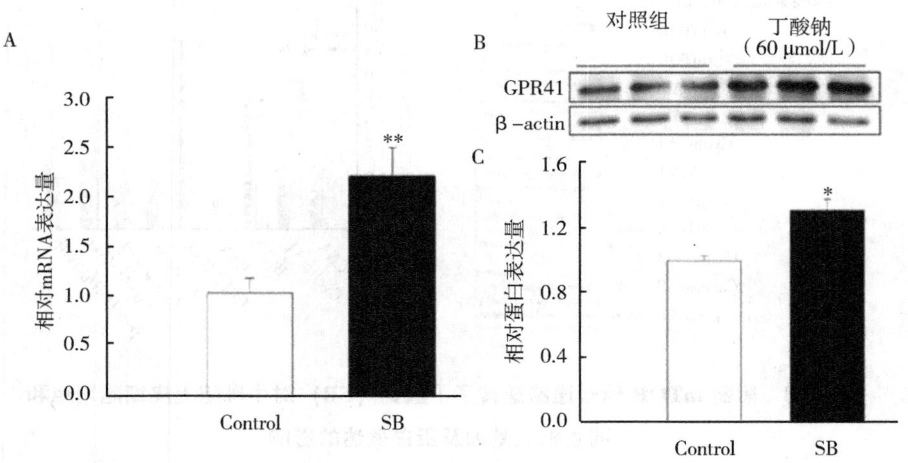

图 4-9 丁酸钠（SB）对受体 *GPR41* 基因和蛋白表达的影响

A. 60 μmol/L 的丁酸钠对牛乳腺上皮细胞中 *GPR41* 的 mRNA 表达的影响；B. 60 μmol/L 的丁酸钠对牛乳腺上皮细胞中 GPR41 蛋白的 Western blotting 分析条带；C. Western blotting 分析条带统计图。* 和 ** 分别表示 $P<0.05$ 和 $P<0.01$，均与对照组相比较。

（五）GPR41 siRNA 对丁酸钠促进牛乳腺上皮细胞增殖及相关蛋白表达的影响

为研究丁酸钠是否通过受体 GPR41 调控牛乳腺上皮细胞增殖，我们通过 GPR41 siRNA 进行沉默试验。GPR41 siRNA 对牛乳腺上皮细胞的增殖无影响，且 GPR41 siRNA 可以完全沉默（$P<0.01$）60 μmol/L 的丁酸钠对牛乳腺上皮细胞增殖的促进作用（图 4－10A）。GPR41 siRNA 逆转了

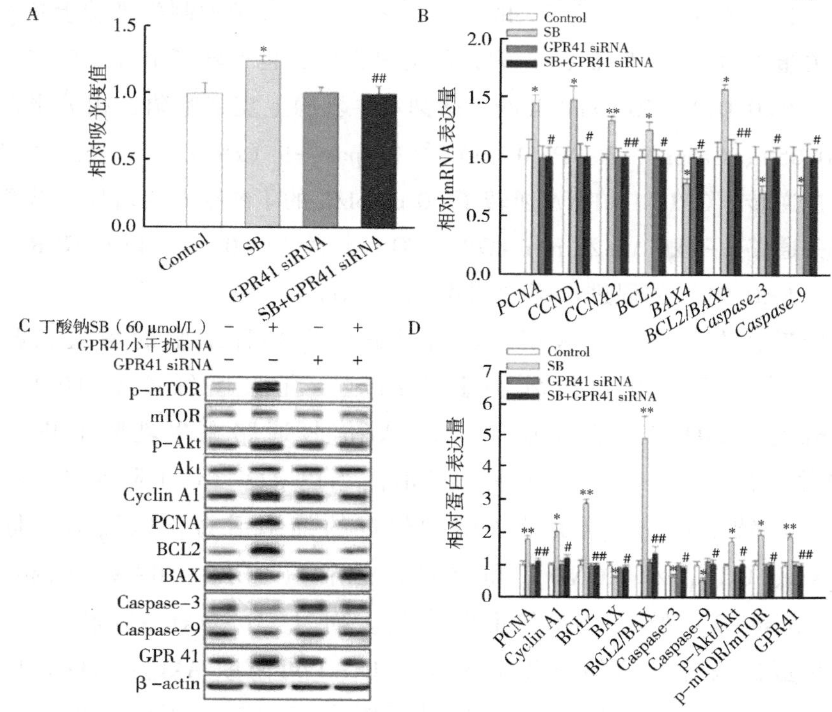

图 4-10　GPR41 siRNA 逆转了丁酸钠（SB）对牛乳腺上皮细胞增殖和凋亡相关基因及蛋白表达的影响

A. 60 μmol/L 的丁酸钠或/和 GPR41 siRNA 对牛乳腺上皮细胞 CCK-8 检测增殖的相对吸光值统计图（$n=8$）；B. 60 μmol/L 的丁酸钠和/或 GPR41 siRNA 对牛乳腺上皮细胞基因 *PCNA*、*CCNA2*、*CCND1*、*BCL2*、*BAX4*、*BCL2/BAX4*、*Caspase－3* 和 *Caspase－9* 的 mRNA 表达的影响；C. 60 μmol/L 的丁酸钠和/或 GPR41 siRNA 对牛乳腺上皮细胞蛋白 PCNA、Cyclin A1、BCL2、BAX、β－actin、Caspase－3、Caspase－9、p－Akt、Akt、p－mTOR、mTOR、β－actin 的 Western blotting 分析条带；D. Western blotting 分析条带统计图。* 和 ** 分别表示 $P<0.05$ 和 $P<0.01$，均与对照组相比较；#和##分别表示与 60 μmol/L的丁酸钠组相比 $P<0.05$ 和 $P<0.01$。

60 μmol/L的丁酸钠对牛乳腺上皮细胞增殖相关基因 *PCNA*（$P<0.05$）、*CCND1*（$P<0.05$）和 *CCNA2*（$P<0.01$）以及抑制牛乳腺上皮细胞凋亡相关基因 *BCL2*（$P<0.05$）mRNA 表达的促进作用；60 μmol/L 的丁酸钠对牛乳腺上皮细胞凋亡相关基因 *BAX4*、*CASP3* 和 *CASP9* 的 mRNA 表达的抑制作用被逆转（$P<0.05$），BCL2/BAX 比值的升高也被逆转（$P<0.01$，图 4-10B）。同样，GPR41 siRNA 逆转了 60 μmol/L 的丁酸钠对牛乳腺上皮细胞增殖相关蛋白 PCNA（$P<0.01$）和 Cyclin A1（$P<0.05$）以及抑制牛乳腺上皮细胞凋亡相关蛋白 BCL2（$P<0.01$）表达的促进作用，也逆转了 BCL2/BAX 比值的升高（$P<0.01$）；60 μmol/L 的丁酸钠对牛乳腺上皮细胞凋亡相关蛋白 BAX（$P<0.05$）、Caspase-3（$P<0.05$）和 Caspase-9（$P<0.05$）表达的抑制作用也被逆转；GPR41 siRNA 逆转了 60 μmol/L 的丁酸钠对牛乳腺上皮细胞增殖相关通路 p-Akt/Akt 和 p-mTOR/mTOR 比值（$P<0.05$）以及 GPR41 蛋白表达（$P<0.01$）的促进作用（图 4-10C、D）。

最近，有很多研究表明 Akt 信号通路在多种细胞的增殖和凋亡中发挥调节作用，例如猪乳腺上皮细胞、乳腺癌细胞和 HC11 细胞（Meng 等，2017）。在本研究中，Akt 信号通路在牛乳腺上皮细胞增殖过程中被 60 μmol/L 的丁酸钠激活。当以 Akt-IN-1 阻断 Akt 信号通路后，逆转了 60 μmol/L 的丁酸钠促进的细胞活力，以及增殖标志物（PCNA、CCNA 和 CCND）和凋亡标志物（BCL2、BAX、Caspase-3 和 Caspase-9）的 mRNA 和蛋白表达。而且，p-Akt/Akt 和 p-mTOR/mTOR 蛋白表达比值的逆转说明 Akt-IN-1 可阻断 Akt 和 mTOR 的磷酸化过程。结果提示 Akt-mTOR 信号通路可能参与了丁酸钠促进牛乳腺上皮细胞增殖的作用。

此外，mTOR 信号通路也参与调节多种细胞的增殖。在本研究中，当牛乳腺上皮细胞培养于 60 μmol/L 的丁酸钠中时，mTOR 信号通路也被激活。当以 Rap 阻断 mTOR 信号通路时，逆转了 60 μmol/L 的丁酸钠促进的细胞活力，并改变了增殖标志物（PCNA、CCNA 和 CCND）的 mRNA 和蛋白表达。但未逆转凋亡标志物（BCL2、BAX、Caspase-3 和 Caspase-9）的 mRNA 和蛋白表达。而且，p-mTOR/mTOR 蛋白表达比值的逆转说明 Rap 可阻断 mTOR 的磷酸化过程。这些结果表明 mTOR 信号通路可能参与了丁酸钠调控的促牛乳腺上皮细胞增殖作用。在本研究中，Akt-IN-1阻断了p-Akt/Akt和p-mTOR/mTOR蛋白表达的比值。同时，Rap可阻断p-mTOR/mTOR蛋白的表达。然而，Rap对p-Akt/Akt的比值没有阻断作用。综上所述，这些结果表明丁酸钠通过调节Akt-mTOR信号通路刺激牛乳腺上皮细胞增殖。

研究表明GPR41主要在脂肪组织中表达，可以被短链脂肪酸激活，从而调控脂质代谢（成基，2021）。还有研究表明GPR41在牛乳腺上皮细胞中也可以高表达（Wang等，2009）。丁酸钠是GPR41的配体，通过结合并激活GPR41调节细胞凋亡和炎症（Zhou等，2021）。此外，添加丁酸钠可通过PI3K/Akt信号通路减少LPS诱导的MAC-T细胞的凋亡（Li等，2019）。在本研究中，添加60 μmol/L的丁酸钠提高了GPR41的mRNA和蛋白的表达，说明丁酸钠能够激活牛乳腺上皮细胞中GPR41的表达。当以GPR41 siRNA沉默GPR41表达后，逆转了60 μmol/L的丁酸钠促进的细胞活力，以及增殖标志物（PCNA、CCNA和CCND）和凋亡标志物（BCL2、BAX、Caspase-3和Caspase-9）的mRNA和蛋白表达。而且，p-Akt/Akt和p-mTOR/mTOR蛋白表达比值的逆转说明GPR41 siRNA可通过干扰GPR41逆转Akt和mTOR的磷酸化过程。这一结果说明丁酸钠通过GPR41介导Akt-mTOR信号通路参与了牛乳腺上皮细胞的增殖调控。

在本研究中，60μmol/L的丁酸钠培养泌乳前期奶牛乳腺上皮细胞，通过结合并激活GPR41，进一步介导Akt和mTOR的磷酸化，刺激增殖标志物的基因和蛋白表达，抑制凋亡标志物的基因和蛋白表达，从而促进了牛乳腺上皮细胞的增殖。但是丁酸钠是否会影响围产期和泌乳中后期奶牛牛乳腺上皮细胞的增殖需要进一步研究，是否会通过影响牛乳腺上皮细胞的分化刺激乳蛋白的合成也有待进一步研究。

本章小结

在奶牛饲粮中添加丁酸钠，可通过刺激营养物质消化、瘤胃发酵和乳腺脂肪酸合成来提高产奶量和饲料效率。此外，丁酸钠激活了Akt/mTOR通路，促进了增殖标志物的表达。体外细胞试验结果表明，丁酸钠通过调节 Akt-mTOR 信号通路，促进增殖标志物 mRNA 和蛋白的表达，抑制凋亡标志物，从而刺激牛乳腺上皮细胞增殖。

第五章　月桂酸对奶牛乳腺发育和泌乳的影响

月桂酸可以从椰子、棕榈仁和巴巴索籽油中提取。与其他饱和脂肪酸相比，对健康有各种有益影响。以前的研究发现，月桂酸能增加青春期小鼠乳腺导管的扩张和刺激小鼠乳腺上皮细胞的增殖。因此，月桂酸有望作为一种营养调节添加剂，调节奶牛乳腺发育和乳脂合成。

第一节　月桂酸对奶牛泌乳性能和乳脂组成的影响

一、月桂酸对奶牛泌乳性能的影响

由表 5-1 可知，奶牛干物质采食量随着月桂酸添加量的增加呈线性下降（$P<0.05$）。相反，鲜奶产量、乳脂校正乳和能量校正乳则随月桂酸添加量的增加呈二次曲线增长（$P<0.05$）。乳脂含量随着月桂酸添加量的增加呈线性增加（$P<0.05$），而乳蛋白和乳糖含量在月桂酸添加后没有显著变化。因此，乳脂产量随月桂酸添加量的增加呈线性增加（$P<0.05$）；乳蛋白和乳糖的产量不随月桂酸添加量的增加而变化。饲料效率也随着月桂酸添加量的增加而线性增加（$P<0.05$）。

表 5-1　月桂酸添加对奶牛采食量、泌乳性能和饲料效率的影响

项目	处理[1]				SEM	P 值		
	Control	LLA	MLA	HLA		Control vs LA	Linear	Quadratic
干物质采食量（kg/d）	22.0	21.5	21.2	20.7	0.14	0.02	0.04	0.98

（续表）

项目	处理[1]				SEM	P 值		
	Control	LLA	MLA	HLA		Control vs LA	Linear	Quadratic
奶产量（kg/d）								
鲜奶	34.6	35.4	36.4	35.4	0.24	0.04	0.62	0.04
乳脂校正乳[2]	31.2	32.5	34.0	33.1	0.26	0.04	0.47	0.04
能量校正乳[3]	34.3	35.1	36.7	36.1	0.24	0.03	0.52	0.04
乳脂	1.16	1.22	1.29	1.26	0.016	0.03	0.04	0.43
乳蛋白	1.09	1.13	1.17	1.19	0.011	0.72	0.76	0.31
乳糖	1.85	1.87	1.95	1.89	0.017	0.65	0.77	0.33
乳成分（g/kg）								
乳脂	33.5	34.5	35.4	35.6	0.04	0.06	0.01	0.93
乳蛋白	31.6	31.8	32.2	33.5	0.03	0.03	0.96	0.01
乳糖	53.4	52.7	53.4	53.4	0.04	0.89	0.86	0.63
饲料效率（kg/kg）								
产奶量/采食量	1.58	1.65	1.72	1.71	0.005	0.02	0.03	0.20
能量校正乳/采食量	1.56	1.64	1.73	1.74	0.006	0.02	0.02	0.51

注：[1] Control、LLA、MLA 和 HLA 组分别在基础日粮中补充月桂酸 0 g/d、100 g/d、200 g/d 和 300 g/d。

[2] 4.0% FCM＝0.4×牛奶产量（kg/d）＋15×脂肪产量（kg/d）。

[3] ECM＝0.327×牛奶（kg/d）＋12.95×脂肪（kg/d）＋7.65×蛋白质（kg/d）。

奶牛干物质采食量的线性降低与 Dohme 等（2004）研究结果一致，他们发现月桂酸的添加比 C14：0 和 C18：0 的添加更能降低干物质采食量。Külling 等（2002）也观察到加入月桂酸后干物质采食量降低。此外，在基础饲粮中添加 1.3% 的月桂酸对干物质采食量没有影响（Faciola 和 Broderick，2014）；然而，日粮中较大添加量的月桂酸（480 g/d 和 720 g/d）可显著降低干物质采食量（Faciola 和 Broderick，2013）。添加月桂酸后干物质采食量的降低可能是由于月桂酸的适口性差（Külling 等，2002）或纤维在瘤胃的降解受损（Dohme 等，2004）。以前的研究表明，补充月桂酸后牛奶产量和乳成分不受影响（Hristov 等，2009；Faciola 等，2013）或降低（Hristov 等，2011；Faciola 和 Broderick，2014；Klop 等，2017b）。相反，本研究中发现添加月桂酸可二次曲线提高鲜奶、乳脂校正乳和能量校正乳的产量，并线性提高乳脂产量和含量。这主要是由于月桂酸添加量的不同，Faciola 和 Broderick（2014）使用的月桂酸添加量为饲粮干物质的 1.3%，而本研究中月桂酸添加量为饲粮干物质的 0.46%（LLA）、0.94%（MLA）和 1.45%（HLA）。此外，在没有进一步提高产奶量的情况下，添加月桂酸的二次曲线响应表明，月桂酸添加量从饲粮干物质的 0.94%增加到 1.45%不利于提高泌乳性能。添加月桂酸后牛奶产量的二次曲线响应可能是由于干物质、有机物质、中性洗涤纤维和酸性洗涤纤维消化率的线性和二次曲线变化，这需要进一步研究来验证。

二、月桂酸对奶牛乳脂组成的影响

由表 5-2 可知，补充月桂酸对从头合成脂肪酸分别提高了 6.61%、12.8%和 15.7%（$P<0.05$）。从头合成脂肪酸的增加是由于牛奶中 C12：0 比例的增加（$P<0.05$），因为每头奶牛每天添加 100 g、200 g 和 300 g 月桂酸时，添加月桂酸的比例分别提高了 35.0%、68.0%和 102%。然而，由于牛奶中 C16：0 的比例呈线性下降（$P<0.05$），牛奶中混合来源脂肪酸的比例分别降低了 4.62%、10.1%和 12.8%（$P<0.05$）。虽然添加月桂酸提高了牛奶中 C18：1 和 C20：1 的比例（$P<0.05$），但对预成形脂肪酸的比例无显著影响。

表 5-2　月桂酸添加对奶牛乳脂中乳脂肪酸组成（g/100 g 总脂肪酸）的影响

项目	处理[1]				SEM	P 值		
	Control	LLA	MLA	HLA		Control vs LA	Linear	Quadratic
丁酸 C4：0	2.89	2.98	3.11	3.18	0.028	0.22	0.31	0.54
己酸 C6：0	2.34	2.26	2.25	2.12	0.039	0.62	0.22	0.44
辛酸 C8：0	1.32	1.29	1.29	1.25	0.018	0.23	0.33	0.54
葵酸 C10：0	2.97	2.83	2.78	2.70	0.051	0.30	0.29	0.45
月桂酸 C12：0	3.31	4.47	5.56	6.69	0.108	0.02	0.02	0.54
肉豆蔻酸 C14：0	10.9	11.5	11.8	11.4	0.11	0.09	0.08	0.62

（续表）

项目	处理[1]				SEM	P值		
	Control	LLA	MLA	HLA		Control vs LA	Linear	Quadratic
十五碳酸 C15：0	2.46	2.40	2.33	2.30	0.178	0.19	0.09	0.50
棕榈酸 C16：0	34.4	32.8	30.9	29.8	0.19	0.03	0.05	0.47
十七碳酸 C17：0	2.01	1.97	1.99	2.04	0.041	0.34	0.34	0.49
硬脂酸 C18：0	7.08	6.94	6.97	6.89	0.227	0.11	0.16	0.78
花生酸 C20：0	0.53	0.51	0.51	0.48	0.013	0.22	0.37	0.61
二十碳一烯酸 C21：0	0.08	0.07	0.08	0.09	0.005	0.39	0.45	0.91
二十二碳酸 C22：0	0.14	0.13	0.14	0.14	0.006	0.44	0.54	0.67
二十三碳酸 C23：0	0.06	0.06	0.06	0.07	0.005	0.62	0.57	0.76
二十四碳酸 C24：0	0.12	0.14	0.13	0.14	0.006	0.39	0.49	0.38
肉豆蔻一烯酸 C14：1	0.41	0.47	0.55	0.62	0.087	0.05	0.05	0.12
十五碳一烯酸 C15：1	0.55	0.55	0.56	0.55	0.004	0.09	0.58	0.44
棕榈一烯酸 C16：1	2.44	2.35	2.25	2.30	0.158	0.16	0.31	0.13
油酸 C18：1	18.4	18.7	19.4	19.9	0.73	0.03	0.03	0.93
二十碳一烯酸 C20：1	0.14	0.16	0.17	0.18	0.008	0.04	0.03	0.45
芥酸 C22：1	0.08	0.08	0.08	0.09	0.005	0.15	0.11	0.25
二十四碳一烯酸 C24：1	0.09	0.09	0.09	0.10	0.005	0.18	0.27	0.43
亚油酸 C18：2	4.12	4.12	3.99	3.98	0.226	0.13	0.24	0.29
亚麻酸 C18：3	1.28	1.25	1.27	1.15	0.012	0.60	0.53	0.59
二十碳二烯酸 C20：2	0.14	0.13	0.13	0.12	0.006	0.56	0.20	0.45
二十碳三烯酸 C20：3	0.70	0.68	0.63	0.60	0.012	0.33	0.28	0.52
花生四烯酸 C20：4	0.31	0.26	0.25	0.27	0.021	0.46	0.54	0.12
二十碳五烯酸 C20：5	0.11	0.11	0.13	0.13	0.006	0.63	0.39	0.82
二十二碳酸二烯酸 C22：2	0.03	0.03	0.03	0.05	0.004	0.16	0.11	0.15
二十二碳酸三烯酸 C22：3	0.03	0.04	0.03	0.05	0.004	0.15	0.22	0.35
二十二碳酸四烯酸 C22：4	0.22	0.25	0.26	0.26	0.008	0.15	0.15	0.91
二十二碳酸五烯酸 C22：5	0.29	0.30	0.32	0.30	0.009	0.45	0.40	0.22
二十二碳酸六烯酸 C22：6	0.05	0.07	0.06	0.05	0.005	0.11	0.27	0.10
从头合成脂肪酸 de novo FA[2]	24.2	25.8	27.3	28.0	0.35	0.04	0.04	0.70
混合来源脂肪酸 MSFA[3]	36.8	35.1	33.1	32.1	0.51	0.04	0.03	0.68

（续表）

项目	处理[1]				SEM	P 值		
	Control	LLA	MLA	HLA		Control vs LA	Linear	Quadratic
预成形脂肪酸 PFA[4]	33.8	34.0	34.6	34.9	0.51	0.39	0.22	0.52
饱和脂肪酸 SFA	70.6	70.4	69.8	69.3	0.94	0.48	0.19	0.33
单不饱和脂肪酸 MUFA	22.1	22.4	23.1	23.7	0.23	0.17	0.09	0.50
多不饱和脂肪酸 PUFA	7.28	7.22	7.09	6.96	0.186	0.15	0.08	0.55

注：[1]Control、LLA、MLA 和 HLA 组分别在基础日粮中补充月桂酸 0 g/d、100 g/d、200 g/d 和 300 g/d。

[2]从头合成脂肪酸：小于 C16：0 的脂肪酸。

[3] 混合来源脂肪酸：C16：0 脂肪酸的总和。

[4] 预成型脂肪酸：大于 C18：0 的脂肪酸总和。

正如预期的那样，增加饲料中月桂酸的供应会增加 C12：0 的比例，从而增加从头合成脂肪酸的比例。同样，Dohme 等（2004）发现添加月桂酸后奶牛乳脂中 C12：0 的比例高于 C14：0 和 C18：0。混合来源脂肪酸比例的降低主要是由于奶牛乳脂中 C16：0 比例的降低和干物质采食量的降低。之前的其他研究也观察到添加月桂酸后，乳脂中 C12：0 的比例增加，C16：0的比例降低（Hristov 等，2011；Klop 等，2017ab）。预成形脂肪酸主要来源于饲料和饲料脂肪酸的生物加氢。在目前的研究中，添加月桂酸后奶牛乳脂中 C18：1 和 C20：1 比例的增加是由于粗脂肪的表观消化率的增加，这与 Klop 等（2017）的报道一致，他们报道了饲用以 65 g/kg 比例添加月桂酸的干物质时，奶牛乳脂中几种 C18：1 脂肪酸的比例增加。添加月桂酸后预成形脂肪酸、饱和脂肪酸、单不饱和脂肪酸或多不饱和脂肪酸的比例不变，与 Klop 等（2017a）研究结果一致，这可能是由于添加月桂酸后干物质采食量降低和营养物质消化率提高的综合效应。

三、月桂酸对奶牛血液指标的影响

由表 5-3 可知，随着月桂酸添加量的增加，血糖、甘油三酯、雌二醇、促乳素和胰岛素样生长因子-1 水平呈线性升高（$P<0.05$）。此外，随着月桂酸添加量的增加，血液白蛋白和总蛋白浓度呈二次曲线升高（$P<0.05$）。

相反，随着月桂酸添加量的增加，血液中尿素氮浓度呈二次曲线下降（$P<0.05$）。此外，随着月桂酸添加量的增加，血液非酯化脂肪酸浓度呈线性下降（$P<0.05$）。

表 5-3　月桂酸添加对泌乳奶牛血液代谢产物的影响

项目	处理[1]				SEM	P 值		
	Control	LLA	MLA	HLA		Control vs LA	Linear	Quadratic
葡萄糖（mmol/L）	7.61	8.42	9.02	8.98	0.23	0.04	0.03	0.43
总蛋白（g/L）	84.3	98.7	102	96.2	2.34	0.03	0.51	0.02
白蛋白（g/L）	42.9	47.9	54.4	51.7	1.29	0.03	0.41	0.02
尿素氮（mmol/L）	7.47	7.27	6.62	6.90	0.21	0.04	0.23	0.01
甘油三酯（mmol/L）	1.97	2.10	2.35	2.50	0.08	0.03	0.01	0.39
非酯化脂肪酸（μmol/L）	862	843	816	802	10.1	0.04	0.02	0.28
雌二醇（pg/mL）	48.4	52.6	65.1	66.4	1.72	0.04	0.03	0.41
促乳素（mIU/L）	569	588	647	675	16.1	0.03	0.02	0.50
胰岛素样生长因子-1（ng/mL）	202	216	238	235	3.9	0.03	0.02	0.68

注：[1]Control、LLA、MLA 和 HLA 组分别在基础日粮中补充月桂酸 0 g/d、100 g/d、200 g/d 和 300 g/d。

瘤胃发酵产生的丙酸被运输到肝脏，随后转化为葡萄糖。添加月桂酸后血糖呈线性升高，这与以往研究结果一致（Wang 等，2009a；Li 等，2016b），可能归因于瘤胃丙酸产量的增加（Foley 等，2009）。总蛋白、白蛋白和尿素氮浓度是蛋白质利用效率的指标，我们观察到补充月桂酸后白蛋白和总蛋白水平升高，尿素氮浓度降低，这可能表明提高了牛奶蛋白质分泌的饲料蛋白质利用效率或机体蛋白质动员（Lee 等，2011）。补充月桂酸后非酯化脂肪酸浓度的线性下降和甘油三酯浓度的线性增加表明，体脂动员受到抑制，脂肪酸合成得到促进（Coleman 等，2021）。众所周知，胰岛素样生长因子-1、促乳素和雌二醇对乳腺导管发育至关重要（Rosen，2012）。卵巢来源的胰岛素样生长因子-1、促乳素和雌二醇刺激上皮细胞增殖（Mallepell 等，2006）。此外，胰岛素样生长因子-1 通过其受体激活 PI3K/Akt 信号通路，促进上皮细胞增殖（Zhou 等，2017）。因此，我们的研究结果显示，月桂酸添加诱导血清胰岛素样生长因子-1、促乳素和雌二醇水平升高，这支持了月桂酸刺激乳腺发育的观点。

第二节　月桂酸对奶牛养分消化和瘤胃代谢的影响

一、月桂酸对奶牛养分消化的影响

由表 5-4 可知，随着月桂酸添加量的增加，饲粮干物质、有机物、中性洗涤纤维和酸性洗涤纤维的全消化道消化率呈二次曲线增加（$P<0.05$），粗蛋白质和粗脂肪的消化率呈线性增加（$P<0.05$）。

表 5-4　月桂酸添加对奶牛营养物质消化率的影响　　单位：%

项目	处理[1]				SEM	*P* 值		
	Control	LLA	MLA	HLA		Control vs LA	Linear	Quadratic
干物质	67.9	71.2	72.7	72.2	0.52	0.03	0.01	0.02
有机物	68.9	72.1	73.6	73.2	0.51	0.04	0.03	0.03
粗蛋白质	71.8	75.3	76.6	77.8	0.78	0.03	0.02	0.35
粗脂肪	75.7	78.2	79.5	79.0	0.53	0.03	0.02	0.29
中性洗涤纤维	54.1	59.3	60.7	59.2	0.82	0.04	0.03	0.04
酸性洗涤纤维	42.2	47.8	50.5	48.9	1.11	0.04	0.03	0.02

注：[1] Control、LLA、MLA 和 HLA 组分别在基础日粮中补充月桂酸 0 g/d、100 g/d、200 g/d 和 300 g/d。

先前的研究表明，饲粮中干物质、有机物和粗蛋白质的全肠道消化率不受影响，饲粮中中性洗涤纤维和酸性洗涤纤维的肠道和瘤胃表观消化率在添加月桂酸后均有所降低（Faciola 和 Broderick，2013；Faciola 等，2013；Faciola 和 Broderick，2014）。然而，在本研究中，添加月桂酸后营养物质消化率的提高，这是由于随着月桂酸剂量的增加，瘤胃细菌数量和酶活性增加，并导致瘤胃挥发性脂肪酸浓度增加，支持二次曲线提高产奶量的结果。此外，月桂酸对饲粮干物质、有机物、中性洗涤纤维和酸性洗涤纤维消化率的二次曲线效应可能是由于瘤胃白色球菌、瘤胃黄色球菌和嗜淀粉瘤胃杆菌的二次曲线响应所致。

二、月桂酸对奶牛瘤胃代谢的影响

（一）瘤胃发酵

由表5-5可知，虽然瘤胃pH值没有降低，但瘤胃总挥发性脂肪酸含量随着月桂酸添加量的增加呈二次曲线增加（$P<0.05$）。乙酸的摩尔百分比不受月桂酸添加量的影响，而丙酸的摩尔百分比随月桂酸添加量的增加呈线性增加（$P<0.05$）。此外，随着月桂酸添加量的增加，乙酸与丙酸的比值呈线性下降（$P<0.05$）。相反，丁酸、戊酸、异丁酸和异戊酸的摩尔百分比不受月桂酸的影响。随着月桂酸添加量的增加，瘤胃氨氮含量呈线性下降（$P<0.05$）。

表5-5　月桂酸添加对奶牛瘤胃发酵的影响

项目	处理[1]				SEM	P值		
	Control	LLA	MLA	HLA		Control vs LA	Linear	Quadratic
pH值	6.71	6.68	6.64	6.69	0.019	0.59	0.52	0.27
总挥发酸（mmol/L）	85.6	92.6	93.8	92.7	4.02	0.04	0.04	0.03
摩尔百分比								
乙酸	61.2	59.6	59.0	58.0	0.56	0.22	0.10	0.48
丙酸	20.7	21.4	22.5	22.2	0.25	0.04	0.02	0.70
丁酸	14.5	15.1	14.6	15.8	0.36	0.09	0.67	0.12
戊酸	1.72	1.72	1.85	2.02	0.093	0.72	0.26	0.67
异丁酸	0.281	0.343	0.334	0.332	0.012 1	0.51	0.21	0.33
异戊酸	1.61	1.81	1.76	1.69	0.074	0.87	0.81	0.42
乙酸/丙酸	2.97	2.79	2.63	2.61	0.087	0.03	0.02	0.71
氨态氮（mg/100 mL）	15.8	14.7	13.0	12.7	0.10	0.05	0.02	0.23

注：[1]Control、LLA、MLA和HLA组分别在基础日粮中补充月桂酸0 g/d、100 g/d、200 g/d和300 g/d。

本研究证明瘤胃pH值不受月桂酸添加量增加的影响，这与之前的观察结果一致（Faciola和Broderick，2013；Faciola和Broderick，2014）。同样，Kim等（2018）发现，添加月桂酸不会影响阉牛瘤胃pH值。总挥发性脂肪酸浓度的升高与饲粮干物质消化率的升高一致，提示添加月桂酸后瘤胃细菌数量和酶活性升高。此外，乙酸与丙酸比例的线性降低是由于乙酸摩尔百分比未改变和丙酸摩尔百分比的线性升高所致。这表明在月桂酸添加量增加的条件下，瘤胃发酵模式倾向于丙酸的形成。相应的，Kim 等（2018）发现，饲喂 6 h 后，添加月桂酸的肉牛总挥发性脂肪酸和丙酸浓度高于对照组。丙酸是合成葡萄糖和乳糖不可缺少的底物，补充月桂酸可能通过这种机制提高牛奶产量。然而，在 Kim 等（2018）的研究中乙酸与丙酸的比例没有显著差异。Faciola 和 Broderick（2014）证明，在奶牛饲粮干物质的基础上添加 1.3%的月桂酸会导致总挥发性脂肪酸浓度的小幅降低，尽管乙酸与丙酸的比例有所降低。瘤胃氨氮含量的线性降低主要归因于添加月桂酸后瘤胃原生动物数量的线性减少。由于月桂酸减少了瘤胃原生动物的数量，从而减少了细菌蛋白和饲料蛋白的分解，产生较少的氨（Williams 和 Coleman，1992）。

（二）瘤胃酶活

由表 5-6 可知，虽然月桂酸对羧甲基纤维素酶和纤维二糖酶活性没有影响，但木聚糖酶活性随月桂酸添加量的增加呈线性增加（$P<0.05$），果胶酶和 α-淀粉酶活性随月桂酸添加量的增加呈线性增加（$P<0.05$）。蛋白酶活性随月桂酸添加量的增加呈二次曲线增加（$P<0.05$）。

表 5-6　月桂酸添加对奶牛瘤胃微生物酶活性的影响

项目[2]	处理[1]				SEM	P 值		
	Control	LLA	MLA	HLA		Control vs LA	Linear	Quadratic
羧甲基纤维素酶	0.167	0.219	0.223	0.228	0.023 1	0.37	0.13	0.39
纤维二糖酶	0.173	0.198	0.205	0.194	0.014 2	0.19	0.41	0.36
木聚糖酶	0.384	0.598	0.592	0.616	0.030 1	0.02	0.01	0.04
果胶酶	0.445	0.493	0.556	0.557	0.018 3	0.04	0.02	0.95
α-淀粉酶	0.517	0.542	0.552	0.587	0.013 2	0.04	0.01	0.37
蛋白酶	0.605	0.632	0.724	0.689	0.041 5	0.26	0.47	0.03

注：[1]Control、LLA、MLA 和 HLA 组分别在基础日粮中补充月桂酸 0 g/d、100 g/d、200 g/d 和 300 g/d。

[2]酶活力单位：羧甲基纤维素酶［μmol 葡萄糖/（min · mL）］；纤维二糖酶［μmol 葡萄糖/（min · mL）］；木聚糖酶［μmol 木聚糖/（min · mL）］；果胶酶［D-半乳糖醛酸/（min · mL）］；α-淀粉酶［μmol 葡萄糖/（min · mL）］；蛋白酶［μmol 水解蛋白/（min · mL）］。

（三）瘤胃菌群

由表 5-7 可知，随着月桂酸用量的增加，细菌总数和厌氧真菌数量呈线性增加（$P<0.05$）。但总原生动物和产甲烷菌种群数量随月桂酸用量的增加呈线性下降（$P<0.05$）。白色瘤胃球菌、黄色瘤胃球菌和嗜淀粉瘤胃杆菌的数量随着月桂酸用量的增加呈二次曲线增长（$P<0.05$）。然而，产琥珀丝状杆菌、溶纤维丁酸弧菌和栖瘤胃普雷沃氏菌的数量不受月桂酸添加的影响。

表 5-7 月桂酸添加对奶牛瘤胃菌群的影响

项目	处理[1]				SEM	P 值		
	Control	LLA	MLA	HLA		Control vs LA	Linear	Quadratic
总菌，×10^11	3.65	4.73	5.71	5.24	0.315	0.04	0.04	0.52
总厌氧真菌，×10^7	1.70	2.23	2.58	2.51	0.132	0.04	0.04	0.30
总原虫，×10^5	7.12	6.54	5.26	4.95	0.223	0.03	0.02	0.43
总产甲烷菌，×10^9	8.64	8.05	7.03	6.70	0.294	0.04	0.02	0.82
白色瘤胃球菌，×10^8	3.42	5.77	7.75	5.01	0.253	0.03	0.51	0.02
黄色瘤胃球菌，×10^9	2.17	3.27	3.76	3.38	0.193	0.03	0.27	0.02
产琥珀丝状杆菌，×10^10	1.77	2.40	3.99	2.74	0.527	0.58	0.37	0.40
溶纤维丁酸弧菌，×10^9	4.22	4.80	5.46	4.57	0.321	0.31	0.38	0.11
栖瘤胃普雷沃氏菌，×10^9	2.30	3.88	4.41	4.05	0.427	0.40	0.15	0.27
嗜淀粉瘤胃杆菌，×10^8	2.08	3.15	3.62	3.06	0.081	0.04	0.18	0.04

注：[1]Control、LLA、MLA 和 HLA 组分别在基础日粮中补充月桂酸 0 g/d、100 g/d、200 g/d 和 300 g/d。

在奶牛体内，日粮纤维被瘤胃细菌、原生动物和分泌纤维素分解酶的真菌降解为乙酸酯。饲料木质纤维素组织可以被瘤胃真菌降解，大约 30% 的纤维消化和 10% 的挥发性脂肪酸的产生可以归因于瘤胃原生动物（Wang 和 Mcallister，2002）。因此，随着月桂酸用量的增加，瘤胃木聚糖酶活性呈线性增加，这是总细菌、总厌氧真菌、白色瘤胃球菌和黄色瘤胃球菌数量增加的结果。此外，这一结果支持了瘤胃总挥发性脂肪酸的增加和饲粮中性洗涤纤维和酸性洗涤纤维消化率的提高。总细菌、总厌氧真菌、白色瘤胃球菌和黄色瘤胃球菌的数量增加可能主要是由于可降解月桂酸提供了能量，因为过瘤胃脂肪的有效脂肪降解率约为 86%（Soren 等，2022）。总产甲烷菌和原生动物数量的线性降低表明，添加月桂酸抑制了瘤胃甲烷的产生（Soliva 等，2003）。相应的，Kim 等（2018）观察到，月桂酸的补充减少了甲烷菌和产琥珀丝状杆菌的数量，显著增加了黄色瘤胃球菌数量。通过瘤胃插管提供 160 g/d 的月桂酸，可使瘤胃原生动物比例在处理后 2 d 内降低 90%（Faciola 等，2013）。原生动物数量的减少导致原生动物吞噬细菌的能力降低，从而改变了菌群结构（Hristov 等，2012），增加了总细菌和总厌氧真菌的数量，促进了瘤胃发酵（Wang 等，2009B）。α-淀粉酶和果胶酶活性均呈线性增加，与嗜淀粉瘤胃杆菌的增加一致，说明添加月桂酸促进了瘤胃淀粉降解。这些结果进一步证实了丙酸摩尔百分比随月桂酸用量的增加而增加。瘤胃蛋白酶活性未改变主要与栖瘤胃普雷沃氏菌的数量没有显著变化有关。

第三节 月桂酸对奶牛乳腺发育和乳脂合成的影响

一、月桂酸对奶牛乳腺增殖和凋亡的影响

CCNA2 和 *CCND1* 基因分别编码 Cyclin A2 和 D1。与对照组相比，添加 200 g/d 月桂酸可显著提高细胞增殖基因 *CCNA2*、*CCND1* 和 *PCNA* 的表达（$P<0.05$；图 5-1A），以及细胞周期蛋白 A1 和 PCNA 的蛋白表达（$P<$

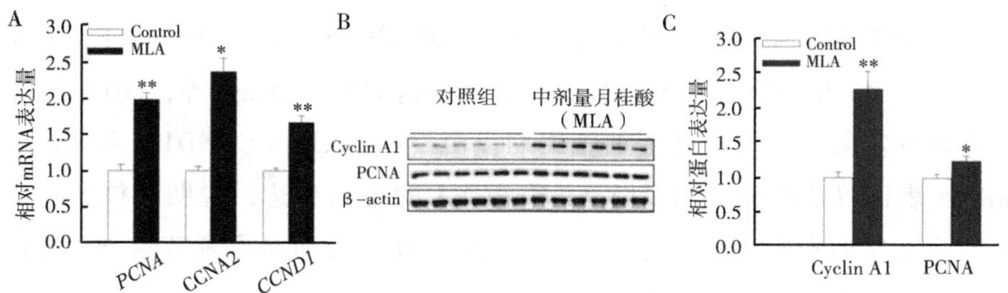

图 5-1 月桂酸（LA）添加对牛乳腺增殖相关 mRNA 和蛋白表达的影响

A. 月桂酸处理的牛乳腺 *PCNA*、*CCNA2* 和 *CCND1* mRNA 表达水平（每头牛每天 0 g 和 200 g 月桂酸），GAPDH 作为内参基因，每组 $n=10$，数值为平均值±SEM；B. Western blotting 检测牛乳腺组织中的 PCNA 和 Cyclin A1，β-actin 作为参照，每组 $n=6$；C. PCNA 和 Cyclin A1Western blotting 分析条带的均值±SEM。* 表示 $P<0.05$ 和 ** 表示 $P<0.01$ 与对照组相比。

0.05；图5-1 B、C）。此外，我们还评估了Akt/mTOR信号通路（图5-2），200 g/d的月桂酸极显著提高了月桂酸受体GPR84蛋白表达（$P<0.01$），Akt和mTOR的磷酸化率也极显著升高（$P<0.01$；图5-2A、B）。

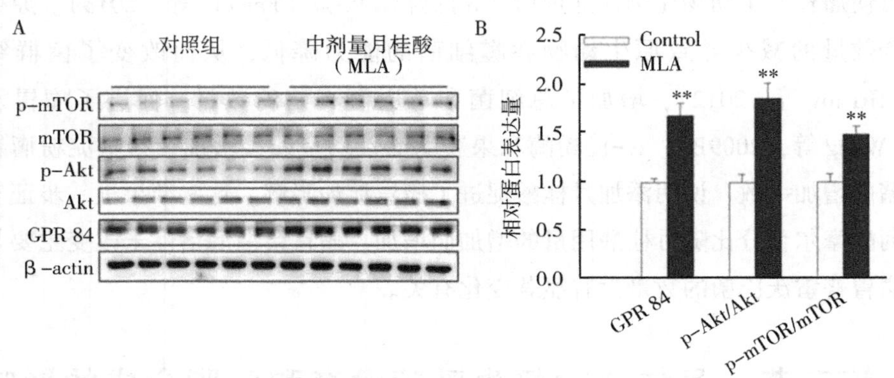

图5-2 月桂酸（MLA）添加对牛乳腺Akt-mTOR信号通路的影响

A. 月桂酸处理过的牛乳腺中p-Akt、Akt、p-mTOR和mTOR的Western blotting分析（每头牛每天0 g和200 g月桂酸），β-actin作为参照，每组$n=6$；B. GPR84、p-Akt/Akt和p-mTOR/mTOR Western blotting分析条带的均值±SEM。* 表示$P<0.05$和 ** 表示$P<0.01$与对照组相比。

刺激乳腺细胞增殖是促进奶牛泌乳持久的关键控制点。细胞周期蛋白D调节细胞周期从G1期到S期的转变，而细胞周期蛋白A被认为是在S期启动和完成DNA复制的必要条件（Lim和Kaldis，2013）。此外，PCNA是DNA复制和修复不可缺少的组成部分（Park等，2016）。以往研究证实细胞周期蛋白D3和PCNA参与调节乳腺上皮细胞增殖（Zhang等，2018）。本研究发现月桂酸的加入提高了细胞周期蛋白（CCNA2和CCND1）和*PCNA*的mRNA表达以及细胞周期蛋白A1和PCNA的蛋白表达，说明月桂酸促进了牛乳腺上皮细胞的增殖。先前的研究表明Akt信号通路可调节各种细胞的增殖和凋亡，如乳腺癌细胞（Huang等，2021）和HC11细胞（Meng等，2017）。此外，mTOR信号通路参与调节各种细胞的增殖（Li等，2017）。现有研究表明，月桂酸强烈激活GPR84（Miyamoto等，2016；Wang等，2006），调节免疫反应（Alvarez-Curto和Milligan，2016）和MCFA味觉转导（Liu，2016）。此外，月桂酸的添加增加了GPR84和Cyclin D1的表达，并激活了青春期和哺乳期小鼠乳腺中的PI3K/Akt信号通路（Meng等，2017；

Yang 等，2020）。在本研究中，月桂酸的加入提高了 GPR84 的表达，随后通过 GPR84 激活了 Akt 和 mTOR 的磷酸化。这些发现提示 Akt-mTOR 信号通路的激活可能会刺激增殖标志物的表达。

二、月桂酸对奶牛乳腺脂肪酸合成的影响

在脂肪酸合成方面，与对照组相比，添加 200 g/d 月桂酸显著提高了 *PPARγ*、*SREBPF1*、*ACACA*、*FASN*、*SCD* 和 *FABP3* 的 mRNA 表达水平（$P<0.05$；图 5-3 A）。与对照组相比，添加 200 g/d 月桂酸后 PPARγ、SREBPF1、FASN、SCD1 蛋白水平和 ACACA 磷酸化率均升高（$P<0.05$；图 5-3 B、C）。

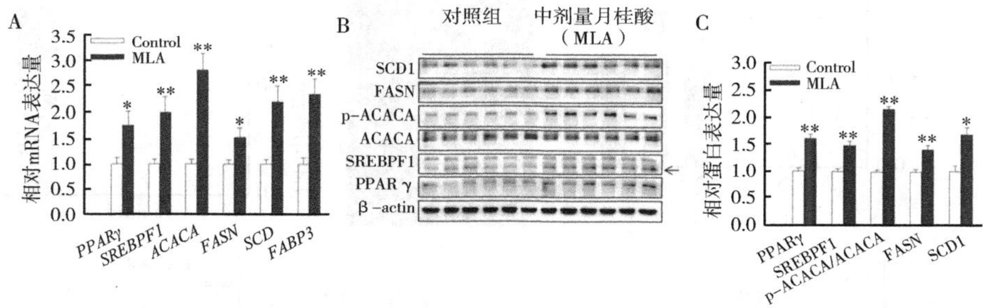

图 5-3 月桂酸（MLA）添加对牛乳腺脂肪酸合成相关基因和蛋白质表达的影响

A. 月桂酸处理的牛乳腺 *PPARγ*、*SREBPF1*、*ACACA*、*FASN*、*SCD* 和 *FABP3* 的 mRNA 表达水平（每头牛每天 0 g 和 200 g 月桂酸），*GAPDH* 作为内参基因，每组 $n=10$，数值为平均值±SEM；B. Western blotting 分析牛乳腺组织 PPARγ、SREBPF1、ACACA、p-ACACA、FASN 和 SCD1 ，β-actin 作为参照；C. PPARγ、SREBPF1、ACACA、p-ACACA、FASN 和 SCD1 Western blotting 分析条带的均值±SEM。* 表示 $P<0.05$ 和 ** 表示 $P<0.01$ 与对照组相比。

在乳腺中，*PPARγ* 和 *SREBPF1* 都调控 *ACACA*、*FASN*、*SCD* 和 *FABP3* 的 mRNA 表达（Bionaz 和 Loor，2008；Ma 和 Corl，2012）。此外，FASN 和 ACACA 都参与了乳腺中乙酸和 BHBA 的合成（Bionaz 和 Loor，2008），并与 C4-16 脂肪酸的分泌呈正相关（Bernard 等，2008）。SCD 蛋白催化饱和脂肪酸合成单不饱和脂肪酸（Sheng 等，2015）。此外，FABP3 蛋白在牛乳腺上皮细胞中参与长链脂肪酸（LCFA）的吸收和转运（Sheng 等，2015）。添加月桂酸后，*FASN*、*ACACA*、*PPARγ* 和 *SREBPF1* 的 mRNA 和蛋白水平升高，

表明与新生脂肪酸和MCFA合成相关的基因和蛋白水平上调，支持乳脂产量的提高。*FABP3* mRNA表达升高表明月桂酸的添加刺激了牛乳腺LCFA合成、吸收和运输相关基因。

第四节　月桂酸对奶牛乳腺上皮细胞增殖的影响

一、月桂酸对奶牛乳腺上皮细胞增殖的影响

如图5-4所示，CCK-8检测结果表明月桂酸对牛乳腺上皮细胞增殖呈

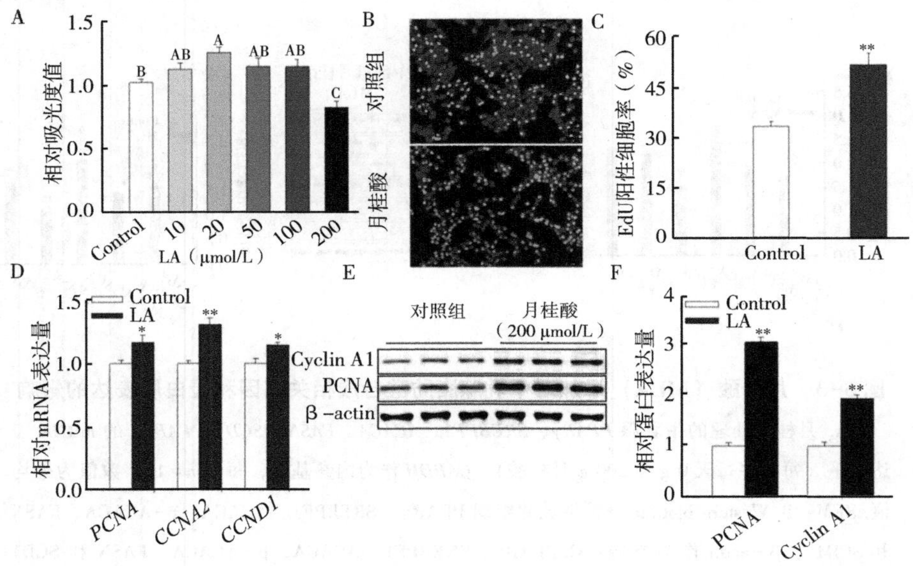

图5-4　月桂酸（LA）对牛乳腺上皮细胞增殖的影响

A. 不同浓度月桂酸（0 μmol/L、10 μmol/L、20 μmol/L、50 μmol/L、100 μmol/L和200 μmol/L）培养3 d的牛乳腺上皮细胞，CCK-8检测相对吸光度值（$n=8$）统计图；B、C. EdU检测不同浓度月桂酸（0 μmol/L和20 μmol/L）培养3 d牛乳腺上皮细胞处于DNA复制期的细胞比例统计图；D. 不同浓度月桂酸（0 μmol/L和20 μmol/L）培养3 d对牛乳腺上皮细胞的*PCNA*、*CCNA2*和*CCND1* mRNA表达量的影响；E. 牛乳腺上皮细胞培养3 d后PCNA、Cyclin A1和β-actin的Western blotting分析条带；F. 牛乳腺上皮细胞培养3 d后PCNA和Cyclin A1 Western blotting分析条带统计图。不同大写字母的条带存在显著差异（$P<0.01$）。* 和 ** 分别表示$P<0.05$和$P<0.01$，均与对照组相比较。

二次曲线变化（$P<0.01$），20 μmol/L 的月桂酸显著刺激牛乳腺上皮细胞的增殖（$P<0.01$；图 5-4A）。因此，选择月桂酸的适宜浓度为 20 μmol/L。同时，EdU 检测结果表明，20 μmol/L 的月桂酸显著增加了牛乳腺上皮细胞处于 S 期细胞的阳性率（$P<0.01$；图 5-4B、C）。20 μmol/L 的月桂酸显著增加了牛乳腺上皮细胞增殖相关基因 *PCNA*（$P<0.05$）、*CCNA2*（$P<0.01$）和 *CCND1*（$P<0.05$）mRNA 的表达（图 5-4D），以及显著增加了牛乳腺上皮细胞增殖相关蛋白 PCNA 和 Cyclin A1 的表达（$P<0.01$；图 5-4E、F）。

促进泌乳奶牛泌乳持续的关键控制点之一在于刺激牛乳腺上皮细胞的增殖。本研究中月桂酸促进了牛乳腺上皮细胞的增殖相关基因 mRNA 或蛋白的表达，这一结果与文献中月桂酸促进小鼠乳腺细胞的增殖的结果是一致的（Meng 等，2017；Yang 等，2020）。本研究中添加 20 μmol/L 的月桂酸促进了牛乳腺上皮细胞的增殖，但 200 μmol/L 的月桂酸却抑制了牛乳腺上皮细胞的增殖，说明月桂酸促进牛乳腺上皮细胞的增殖呈二次曲线变化。这个结果也验证了我们的科研假设：低浓度月桂酸可以促进牛乳腺上皮细胞的增殖。由此得出月桂酸的适宜水平为 20 μmol/L。

Cyclin D 主要调节细胞周期从 G1 期向 S 期的转变，而 Cyclin A 则被认为是 S 期 DNA 合成起始和终止所必需的（Zhang 等，2018；Lim 和 Kaldis，2013）。Cyclin A2 在所有增殖细胞中均普遍表达，在 S 期和有丝分裂中均发挥作用（Bertoli 等，2013）。此外，PCNA 是参与 DNA 复制和蛋白质修复必不可少的辅助因子（Park 等，2016）。且有文献报道，PCNA 和 Cyclin D3 均参与调控乳腺上皮细胞的增殖（Li 等，2020）。为此，我们通过检测 *PCNA* 和细胞周期蛋白增殖标志物 *CCNA2* 和 *CCND1* 的基因表达量，说明月桂酸对牛乳腺上皮细胞增殖的调控作用。本研究中添加 20 μmol/L 的月桂酸增加了 *CCNA2*、*CCND1* 和 *PCNA* 等基因的 mRNA 表达，以及 Cyclin A1 和 PCNA 的蛋白表达，说明 20 μmol/L 的月桂酸能够促进牛乳腺上皮细胞的增殖。

二、月桂酸调控奶牛乳腺上皮细胞增殖的信号通路

（一）月桂酸对牛乳腺上皮细胞 Akt-mTOR 信号通路的影响

由图 5-5 可知，20 μmol/L 的月桂酸显著提高了 p-Akt/Akt（$P<$

0.01）和 p-mTOR/mTOR（$P<0.05$）比值。

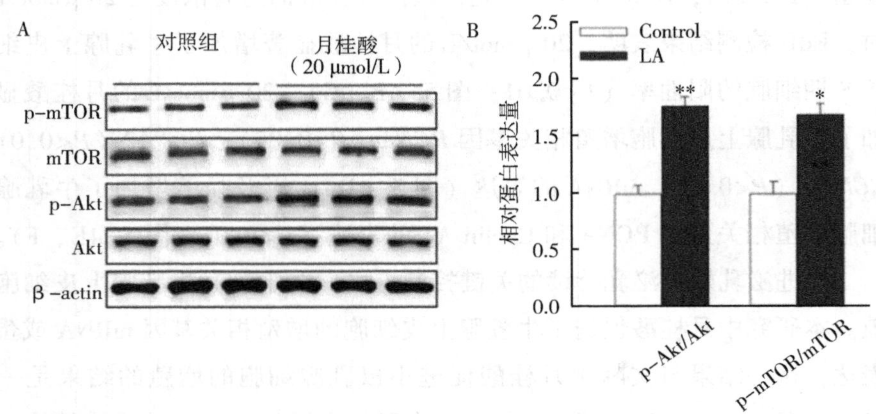

图 5-5　月桂酸（LA）对牛乳腺上皮细胞 Akt-mTOR 信号通路的影响

A. 不同浓度月桂酸（0 μmol/L 和 20 μmol/L）培养 3 d 对牛乳腺上皮细胞的 p-Akt、Akt、p-mTOR、mTOR 和 β-actin 的 Western blotting 分析条带；B. p-Akt/Akt 和 p-mTOR/mTOR 统计图。* 和 ** 分别表示与对照组相比 $P<0.05$ 和 $P<0.01$。

（二）阻断 Akt 信号通路对牛乳腺上皮细胞增殖相关蛋白的影响

用 Akt 阻断剂（Akt-IN-1）进行阻断，研究月桂酸是否通过 Akt 信号通路促进牛乳腺上皮细胞增殖。阻断剂 Akt-IN-1 对牛乳腺上皮细胞的增殖无显著影响，且 Akt-IN-1 可以阻断月桂酸对牛乳腺上皮细胞增殖的促进作用（$P<0.01$；图 5-6A）。Akt-IN-1 逆转了月桂酸对牛乳腺上皮细胞增殖相关基因 *PCNA*（$P<0.01$）、*CCND1*（$P<0.05$）和 *CCNA2*（$P<0.05$）mRNA 表达的促进作用（图 5-6B）。同样，Akt-IN-1 逆转了月桂酸对牛乳腺上皮细胞增殖相关蛋白 PCNA（$P<0.05$）和 Cyclin A1（$P<0.01$）表达的促进作用；Akt-IN-1 逆转了月桂酸对牛乳腺上皮细胞增殖相关通路 p-Akt/Akt 和 p-mTOR/mTOR 比值的促进作用（$P<0.05$；图 5-6C、D）。

（三）阻断 mTOR 信号通路对牛乳腺上皮细胞增殖相关蛋白的影响

用 mTOR 阻断剂 Rapamycin（Rap）进行阻断，研究月桂酸是否通过 mTOR 信号通路促进牛乳腺上皮细胞增殖。Rap 对牛乳腺上皮细胞增殖无影

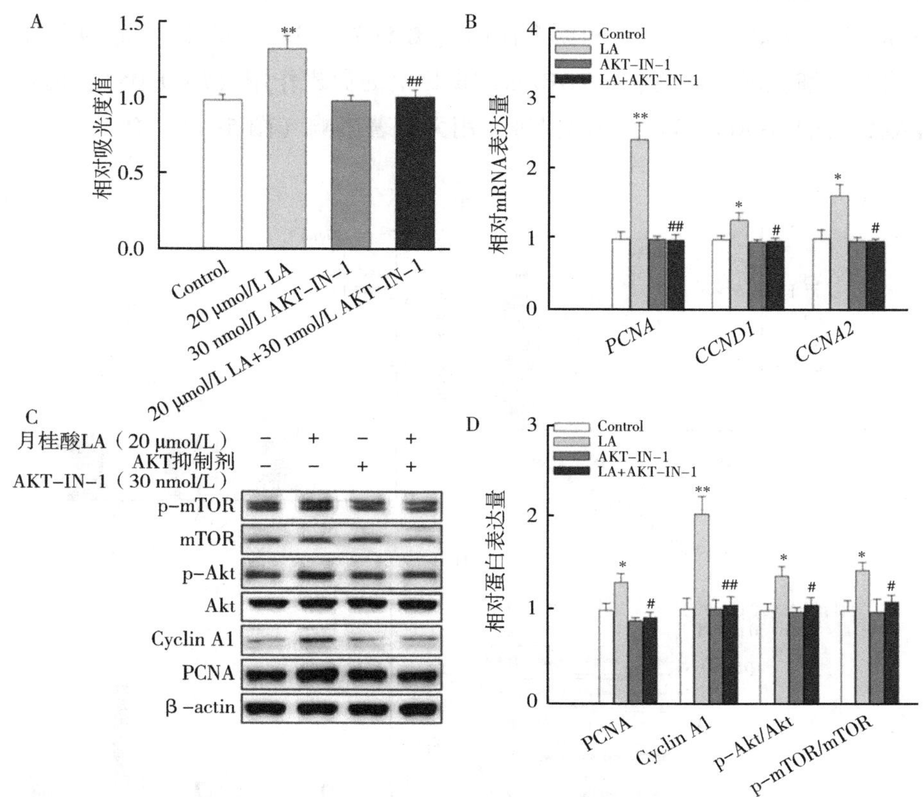

图 5-6　阻断 Akt 信号通路逆转了月桂酸（LA）对牛乳腺上皮细胞增殖相关基因及蛋白表达的影响

A. 20 μmol/L 的月桂酸或/和 30 nmol/L Akt 抑制剂（Akt-IN-1）对牛乳腺上皮细胞 CCK-8 检测增殖的相对吸光值统计图（$n=8$）；B. 20 μmol/L 的月桂酸和/或 30 nmol/L Akt 抑制剂对牛乳腺上皮细胞基因 *PCNA*、*CCNA2* 和 *CCND1* 的 mRNA 表达的影响；C. 20 μmol/L 的月桂酸和/或 30 nmol/L Akt 抑制剂对牛乳腺上皮细胞蛋白 PCNA、Cyclin A1、p-Akt、Akt、p-mTOR、mTOR 和 β-actin 的 Western blotting 分析条带；D. Western blotting 分析条带统计图。* 和 ** 分别表示 $P<0.05$ 和 $P<0.01$，均与对照组相比较；#和##分别表示与 20 μmol/L 的月桂酸组相比 $P<0.05$ 和 $P<0.01$。

响，且可以阻断月桂酸对牛乳腺上皮细胞增殖的促进作用（$P<0.01$；图 5-7A）。Rap 逆转了月桂酸对牛乳腺上皮细胞增殖相关基因 *PCNA*（$P<0.01$）、*CCND1*（$P<0.05$）和 *CCNA2*（$P<0.05$）mRNA 表达的促进作用（图 5-

7B)，也逆转了月桂酸对牛乳腺上皮细胞增殖相关蛋白 PCNA（$P<0.05$）和 Cyclin A1（$P<0.05$）表达的促进作用（图 5-7C、D）。而且，Rap 逆转了牛乳腺上皮细胞增殖通路 p-mTOR/mTOR 比值的促进作用（$P<0.05$），但对月桂酸激活的 p-Akt/Akt 比值的促进作用无显著影响（图 5-7C、D）。

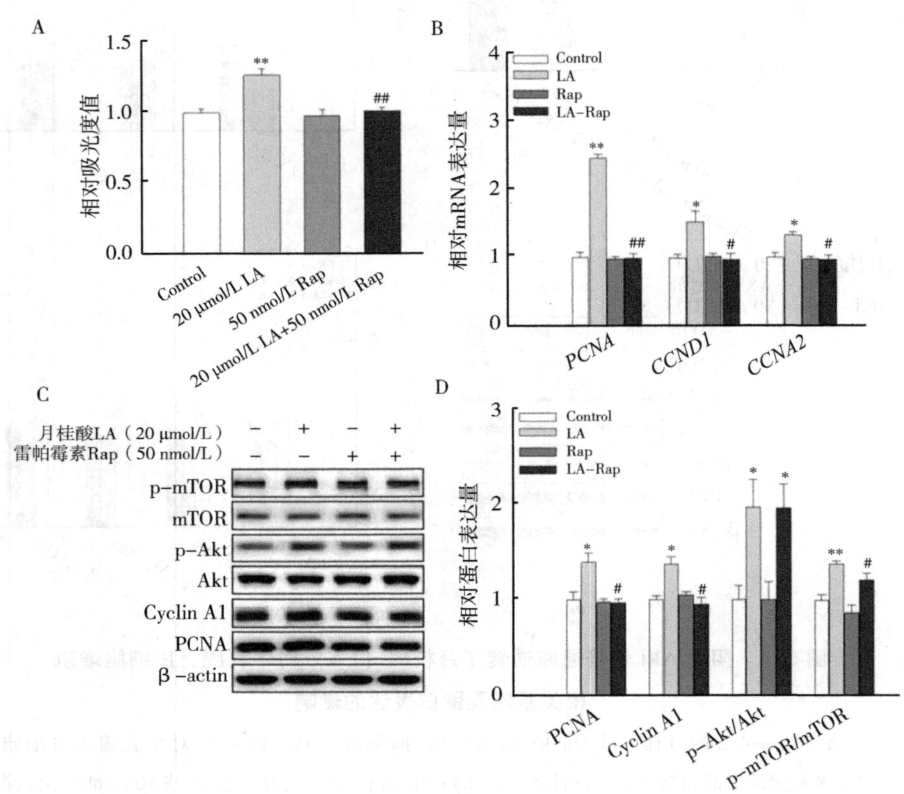

图 5-7 阻断 mTOR 信号通路逆转了月桂酸（LA）对牛乳腺上皮细胞增殖相关基因及蛋白表达的影响

A. 20 μmol/L 的月桂酸或/和 50 pmol/L Rap 对牛乳腺上皮细胞 CCK-8 检测增殖的相对吸光值统计图（$n=8$）；B. 20 μmol/L 的月桂酸和/或 50 pmol/L Rap 对牛乳腺上皮细胞基因 *PCNA*、*CCNA2* 和 *CCND1* 的 mRNA 表达的影响；C. 20 μmol/L 的月桂酸和/或 50 pmol/L Rap 对牛乳腺上皮细胞蛋白 PCNA、Cyclin A1、p-Akt、Akt、p-mTOR、mTOR 和 β-actin 的 Western blotting 分析条带；D. Western blotting 分析条带统计图。* 和 ** 分别表示 $P<0.05$ 和 $P<0.01$，均与对照组相比较；#和##分别表示与 20 μmol/L 的月桂酸组相比 $P<0.05$ 和 $P<0.01$。

（四）月桂酸对受体 *GPR84* 基因和蛋白表达的影响

20 μmol/L 的月桂酸显著提高了牛乳腺上皮细胞中月桂酸受体 *GPR84* 基因的 mRNA 表达（$P<0.01$；图 5-8A），显著提高了牛乳腺上皮细胞中月桂酸受体 GPR84 蛋白的表达（$P<0.01$；图 5-8B、C）。

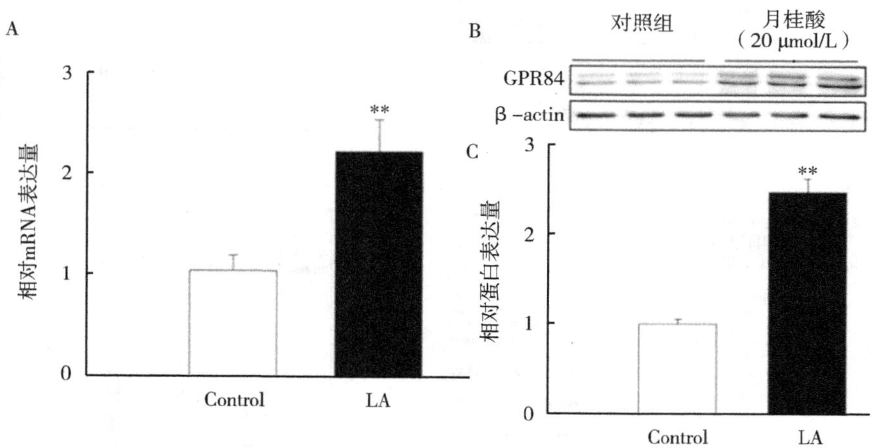

图 5-8 月桂酸（LA）对 *GPR84* 基因和蛋白表达的影响

A. 20 μmol/L 的月桂酸对牛乳腺上皮细胞中 *GPR84* 的 mRNA 表达的影响；B. 20 μmol/L 的月桂酸对牛乳腺上皮细胞中 GPR84 蛋白的 Western blotting 分析条带；C. Western blotting 分析条带统计图。** 表示 $P<0.01$，与对照组相比较。

（五）GPR84 antagonist 对月桂酸促进牛乳腺上皮细胞增殖相关蛋白表达的影响

通过 GPR84 antagonist 进行沉默试验，研究月桂酸是否通过受体 GPR84 调控牛乳腺上皮细胞增殖。GPR84 antagonist 对牛乳腺上皮细胞增殖无影响，且可以沉默月桂酸对牛乳腺上皮细胞增殖的促进作用（$P<0.01$；图 5-9A）。GPR84 antagonist 逆转了月桂酸对牛乳腺上皮细胞增殖相关基因 *PCNA*、*CCND1* 和 *CCNA2* mRNA 表达的促进作用（$P<0.05$；图 5-9B）。同样，GPR84 antagonist 逆转了月桂酸对牛乳腺上皮细胞增殖相关蛋白 PCNA 和 Cyclin A1 表达的促进作用（$P<0.05$）；GPR84 antagonist 逆转了月桂酸对牛乳腺上皮细胞增殖相关通路 p-Akt/Akt 和 p-mTOR/mTOR 比值（$P<0.05$）以及 GPR84 蛋白表达（$P<0.01$）的促进作用（图 5-9C、D）。

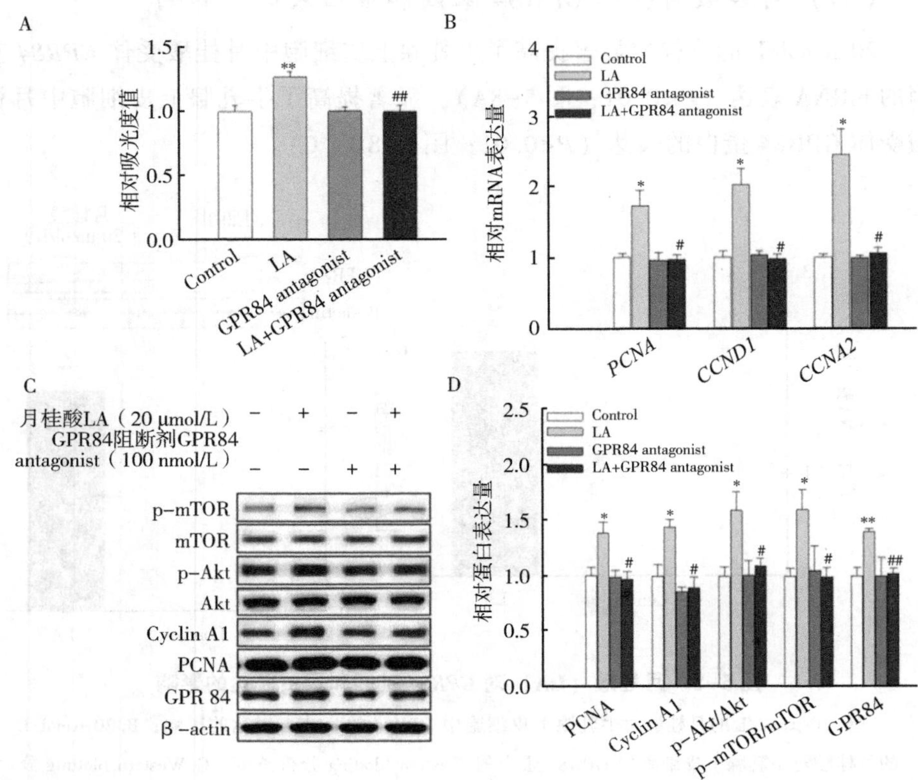

图 5-9　GPR84 antagonist 逆转了月桂酸（LA）对牛乳腺上皮细胞增殖相关基因及蛋白表达的影响

A. 20 μmol/L 的月桂酸或/和 GPR84 antagonist 对牛乳腺上皮细胞 CCK-8 检测增殖的相对吸光值统计图（$n=8$）；B. 20 μmol/L 的月桂酸和/或 GPR84 antagonist 对牛乳腺上皮细胞基因 *PCNA*、*CCNA2* 和 *CCND1* 的 mRNA 表达的影响；C. 20 μmol/L 的月桂酸和/或 GPR84 antagonist 对牛乳腺上皮细胞蛋白 PCNA、Cyclin A1、p-Akt、Akt、p-mTOR、mTOR 和 β-actin 的 Western blotting 分析条带；D. Western blotting 分析条带统计图。* 和 ** 分别表示 $P<0.05$ 和 $P<0.01$，均与对照组相比较；#和##分别表示与 20 μmol/L 的月桂酸组相比 $P<0.05$ 和 $P<0.01$。

Akt 信号通路在细胞增殖中发挥着重要的调节作用，如猪乳腺上皮细胞、乳腺癌细胞、HC11 细胞和成纤维细胞（Zhang 等，2016；Meng 等，2017）。本研究中 20 μmol/L 的月桂酸激活了牛乳腺上皮细胞增殖过程中 Akt 信号通路。当以 Akt-IN-1 阻断 Akt 信号通路后，逆转了 20 μmol/L 的月桂酸促进的细胞活力，以及 PCNA、CCNA 和 CCND 的 mRNA 和蛋白表达。而且，p-Akt/Akt 和 p-mTOR/mTOR 蛋白表达比值的逆转也说明 Akt-IN-1 可阻断 Akt 和 mTOR 的磷酸化过程，这说明 Akt-mTOR 信号通路可能参与了月桂酸促进牛乳腺上皮细胞的增殖。

mTOR 信号通路也参与多种细胞增殖的调节（Li 等，2017）。本研究中 20 μmol/L 的月桂酸激活了牛乳腺上皮细胞增殖过程中的 mTOR 信号通路。当以 Rap 阻断 mTOR 信号通路时，逆转了 20 μmol/L 的月桂酸促进的细胞活力，并改变了 PCNA、CCNA 和 CCND 的 mRNA 和蛋白表达。而且，p-mTOR/mTOR 蛋白表达比值的逆转也说明 Rap 可阻断 mTOR 的磷酸化过程，说明 mTOR 信号通路可能参与了月桂酸调控的促牛乳腺上皮细胞增殖作用。本研究中 Akt-IN-1 阻断了 p-Akt/Akt 和 p-mTOR/mTOR 蛋白表达的比值，Rap 可阻断 p-mTOR/mTOR 蛋白的表达，然而 Rap 对 p-Akt/Akt 的比值没有阻断作用。因此，月桂酸通过调节 Akt-mTOR 信号通路刺激牛乳腺上皮细胞增殖。

GPR84 作为碳链长度为 9～14 的中链游离脂肪酸的受体（刘阳等，2016），参与细胞增殖过程。已有研究表明，月桂酸能通过激活 GPR84 调节免疫反应和 MCFA 味觉转导（Alvarez-curto 和 Milligan，2016）。本研究中 20 μmol/L 的月桂酸提高了 GPR84 的 mRNA 和蛋白的表达，说明月桂酸能够激活牛乳腺上皮细胞中 GPR84 的表达。当以 GPR84 antagonist 沉默 GPR84 的表达以后，逆转了 20 μmol/L 的月桂酸对细胞活力，以及 PCNA、CCNA 和 CCND 的 mRNA 和蛋白的表达的促进作用。而且，p-Akt/Akt 和 p-mTOR/mTOR 蛋白表达比值的逆转也说明 GPR84 antagonist 可通过沉默 GPR84 逆转 20 μmol/L 的月桂酸对 Akt 和 mTOR 磷酸化的促进作用。这说明补充月桂酸能够通过增加 GPR84 的表达进一步激活 Akt-mTOR 信号通路，进而参与牛乳腺上皮细胞的增殖调控。其他研究也表明月桂酸通过增加 GPR84 的表达进而激活 PI3K/Akt 信号通路促进青春期小鼠乳腺的发育（Meng 等，2017）。而且，mTOR 信号通路的激活会促进乳的形成（Li 等，2017）。本研究中 20 μmol/L 的月桂酸对于泌乳早期奶牛牛乳腺上皮细胞，通过增加 GPR84 表达激活 Akt 和 mTOR 的磷酸化，刺激增殖标志物的基因和蛋白表达，从而促进了牛乳腺上皮细胞的增殖，这将预示月桂酸能够促进泌乳早期奶牛乳腺的发育和乳的形成。但是月桂酸是否会影响围产期和泌乳中后期奶牛牛乳腺上皮细胞的增殖需要进一步研究。

本章小结

体内试验结果表明，在奶牛饲粮中添加月桂酸可通过促进营养物质消化、瘤胃发酵和乳腺脂肪酸合成来提高产奶量和饲料效率。而且，月桂酸激活了乳腺 GPR84 - Akt/mTOR 通路，促进了细胞周期蛋白（CCNA2 和 CCND1）和 PCNA 的 mRNA 表达以及细胞周期蛋白 A1 和 PCNA 的蛋白表达。体外细胞试验进一步验证了月桂酸通过 GPR84 激活 Akt/mTOR 通路，促进乳腺上皮细胞增殖标志物的基因和蛋白质表达，促进乳腺发育。

第六章　油酸对奶牛乳腺发育和泌乳的影响

油酸是一种单不饱和脂肪酸，几乎存在于所有的动物脂肪和植物油中，是动物日粮中不可缺少的营养素。油酸作为饲料添加剂时，有着绿色、高效、安全等优点，能够促进瘤胃对碳水化合物的降解，提高饲料利用率，为机体提供较多的能量，降低体脂分解，缓解泌乳早期奶牛能量负平衡。油酸参与细胞膜的磷脂结构的构建，在脂质代谢中，油酸通过对脂肪和胆固醇代谢以及在多种组织中的调节来促进健康。油酸也能改善动物胃肠道的微生物菌群结构，促进生长和发育；油酸还可以通过调节机体内胆固醇含量和降低血糖水平来提高动物的生产性能。在奶牛日粮中少量使用油酸，可增加瘤胃液纤毛虫数量，对瘤胃发酵有一定的积极影响，并能提高乳脂率及其生产量，对于乳品质的改善有积极作用。泌乳早期的奶牛能量摄入量与其生理活动和泌乳的能量需求之间存在着不平衡，补充脂肪酸可增加能量摄入，有利于改善奶牛的泌乳、代谢和繁殖性能。然而，大量的不饱和脂肪酸可能会破坏瘤胃发酵，来自日粮或瘤胃氢化的油酸，可能会抑制乳脂合成。关于反刍动物生产中使用不饱和脂肪酸的研究较少，因此，我们有必要去探究油酸添加剂在奶牛生产性能上的应用。

第一节　油酸对奶牛泌乳性能和乳脂组成的影响

一、油酸对奶牛泌乳性能的影响

由表 6-1 可知，随日粮油酸添加水平的增加，干物质采食量呈线性降低（$P<0.01$），HOA 组显著低于对照组和 LOA 组（$P<0.05$）。乳脂校正乳产量

呈线性增加（P<0.05），MOA 组显著高于对照组（P< 0.05）。乳脂产量及乳脂含量呈线性增加（P<0.05），MOA 组和 HOA 组显著高于对照组和 LOA 组（P<0.05）。乳蛋白产量呈二次曲线增加（P<0.05），LOA 组和 MOA 组显著高于对照组（P<0.05）。乳蛋白含量呈二次曲线增加（P<0.05），LOA 组、MOA 组以及 HOA 组显著高于对照组（P<0.05）。饲料效率呈线性提升（P<0.05），各处理组均显著高于对照组（P<0.05）。对鲜奶产量、乳糖产量及乳糖含量无显著影响（P>0.05）。

表 6-1　补充油酸添加剂对奶牛采食量、奶产量和乳成分的影响

项目	处理[1]				SEM	P 值		
	Control	LOA	MOA	HOA		Treatment	Linear	Quadratic
干物质采食量（kg/d）	23.46[a]	23.12[a]	22.81[ab]	21.04[b]	0.187	0.038	0.008	0.469
奶产量（kg/d）								
鲜奶	36.92	37.74	38.05	37.92	0.368	0.217	0.438	0.061
乳脂校正乳	33.32[b]	34.91[ab]	37.31[a]	37.81[ab]	0.415	0.018	0.026	0.082
乳脂	1.24[c]	1.32[bc]	1.47[a]	1.51[a]	0.034	0.002	0.011	0.151
乳蛋白	1.10[b]	1.22[a]	1.24[a]	1.22[ab]	0.027	0.017	0.353	0.013
乳糖	1.87	1.97	1.96	1.96	0.028	0.229	0.805	0.351
乳成分（g/kg）								
乳脂	3.35[b]	3.50[b]	3.87[a]	3.98[a]	0.062	0.011	0.008	0.830
乳蛋白	2.98[b]	3.24[a]	3.26[a]	3.21[a]	0.037	0.023	0.035	0.033
乳糖	5.06	5.22	5.15	5.16	0.045	0.637	0.527	0.341
饲料效率（kg/kg）	1.57[c]	1.63[a]	1.67[a]	1.80[b]	0.008	0.011	0.003	0.022

注：[1]Control、LOA、MOA 和 HOA 组分别在基础日粮中补充油酸 0 g/d、50 g/d、100 g/d 和 150 g/d。

[a,b,c]每行不同上标字母表示差异显著（P< 0.05）。

由于奶牛在泌乳早期产奶量迅速增加，采食量滞后于泌乳量，为了维持较高产奶量，奶牛动用体脂肪来供给能量，泌乳早期奶牛体重降低，机体处于能量负平衡，为了解决泌乳早期奶牛能量负平衡的问题，提高日粮能量浓度是解决方法之一。在日粮中添加油酸，降低了干物质的采食量，这可能是因为油酸是通过钙盐输送的，而钙盐具有瘤胃微生物氢化作用，大部分会在小肠中被吸收（Burch 等，2021）。虽然干物质采食量降低，但是油酸能提升日粮中养分的表观消化率，促进机体对养分的吸收并能够满足机体生长所需（Souza 等，2018）。本试验在日粮中添加油酸后，提高了乳脂校正乳、乳脂和乳蛋白产量以及乳脂和乳蛋白含量，表明添加油酸能够提高奶牛的泌乳性能；饲料效率提升，表明了油酸的添加有利于提升奶牛的生产性能。

二、油酸对奶牛血液指标的影响

由表 6-2 可知，随日粮油酸添加水平的增加，泌乳奶牛血液中葡萄糖含量呈线性提升（$P<0.05$），MOA 组和 HOA 组显著高于对照组（$P<0.05$）；对奶牛总蛋白、白蛋白、尿素氮、甘油三酯、总胆固醇含量和胰岛素样生长因子-1 浓度没有显著影响（$P>0.05$）。

表 6-2 补充油酸添加剂对泌乳奶牛血液生化参数的影响

项目	处理[1]				SEM	P 值		
	Control	LOA	MOA	HOA		Treatment	Linear	Quadratic
葡萄糖（μmol/L）	323.2^{b}	333.3^{ab}	356.3^{a}	351.1^{a}	5.21	0.024	0.025	0.480
总蛋白（μg/mL）	708.3	767.2	774.1	758.3	10.86	0.131	0.083	0.121
白蛋白（μg/mL）	326.1	364.6	361.2	363.5	6.46	0.237	0.230	0.130
尿素氮（μmol/L）	217.4	208.8	203.9	211.7	3.54	0.569	0.366	0.315
甘油三酯（mmol/L）	9.01	8.23	7.76	8.20	0.234	0.350	0.289	0.177
总胆固醇（mmol/L）	7.37	7.46	7.52	7.69	0.167	0.371	0.134	0.462
胰岛素样生长因子-1（ng/mL）	275.4	272.3	277.0	282.1	4.39	0.338	0.125	0.287

注：[1]Control、LOA、MOA 和 HOA 组分别在基础日粮中补充油酸 0 g/d、50 g/d、100 g/d 和 150 g/d。

[a,b,c]每行不同上标字母表示差异显著（$P<0.05$）。

葡萄糖在小肠被吸收，随后进入肝脏再经血液循环到达各个组织，供全身利用。血糖的高低反应机体的能量代谢（高鹏，2016），日粮中随着油酸含量的增加，血液中葡萄糖的含量也随之提升，保证了奶牛的能量需要。血清总蛋白反映机体对蛋白质的吸收和代谢，是衡量动物营养水平和免疫能力的重要指标。此外，血清总蛋白还参与组织蛋白的合成，维持血浆胶体渗透压并且还充当氨基酸和激素等物质的载体。但随着日粮中油酸的增加，除了葡萄糖含量之外，其余的成分含量都没有显著的变化。可能是因为反刍动物体内调节能量代谢水平的主要激素是胰岛素和糖皮质激素，而泌乳早期的奶牛大部分处于能量负平衡状态，体脂肪的动员增加了葡萄糖的含量，促进了胰岛素的分泌（许鹏等，2022）。胰岛素浓度升高会通过抑制脂肪分解或增加脂肪生成来降低血浆 NEFA。虽然还未在奶牛身上进行研究，但之前的大鼠研究已经观察到油酸刺激胰腺 β 细胞分泌胰岛素。而胰岛素分泌的增加可以将循环中的甘油三酯分配到其他组织中，减少脂肪组织的脂肪分解（Souza 等，2018）。因此，在日粮中添加油酸能够提高血液中葡萄糖含量，而对其他成分的含量并未有显著的影响。

第二节　油酸对奶牛养分消化和瘤胃代谢的影响

一、油酸对奶牛养分消化的影响

由表 6-3 可知，随日粮油酸添加水平的增加，泌乳奶牛干物质和有机物表观消化率呈二次曲线提升（$P<0.05$），MOA 组和 HOA 组显著高于对照组（$P<0.05$）。泌乳奶牛粗蛋白质消化率呈二次项提升（$P<0.05$），MOA 组显著高于对照组、LOA 组和 HOA 组（$P<0.05$）。泌乳奶牛中性洗涤纤维的表观消化率线性提升（$P<0.05$），LOA 组、MOA 组和 HOA 组显著高于对照组（$P<0.05$）。酸性洗涤纤维的表观消化率线性提升（$P<0.01$），LOA 组、MOA 组和 HOA 组显著高于对照组（$P<0.05$）。非纤维碳水化合物的表观消化率呈二次曲线提升（$P<0.01$），LOA 组、MOA 组和 HOA 组显著高于对照组（$P<0.01$）。

表 6-3　补充油酸添加剂对泌乳奶牛养分消化率的影响　　单位：%

项目	处理[1]				SEM	P 值		
	Control	LOA	MOA	HOA		Treatment	Linear	Quadratic
干物质	67.32[b]	70.71[ab]	72.25[a]	71.67[a]	0.213	0.007	0.008	0.009
有机物	69.41[b]	72.64[ab]	73.88[a]	73.36[a]	0.204	0.005	0.007	0.011
粗蛋白质	63.66[b]	64.85[b]	68.21[a]	65.48[b]	0.401	0.003	0.012	0.013

（续表）

项目	处理[1]				SEM	P值		
	Control	LOA	MOA	HOA		Treatment	Linear	Quadratic
粗脂肪	83.32	82.06	85.76	84.14	0.535	0.123	0.222	0.816
中性洗涤纤维	55.58[c]	59.02[b]	61.72[a]	61.57[a]	0.357	0.006	0.006	0.009
酸性洗涤纤维	45.60[c]	51.17[b]	53.42[a]	53.39[a]	0.511	0.004	0.005	0.007
非纤维碳水化合物（NFC）	81.49[b]	85.59[a]	84.72[a]	84.55[a]	0.250	0.003	0.002	0.008

注：[1]Control、LOA、MOA 和 HOA 组分别在基础日粮中补充油酸 0 g/d、50 g/d、100 g/d 和 150 g/d。

[a,b,c]每行不同上标字母表示差异显著（$P<0.05$）。

表观消化率是反映奶牛对各种养分吸收利用率的重要指标。瘤胃是奶牛主要的消化器官，瘤胃中起消化作用的主要是各种瘤胃微生物。因此，瘤胃微生物的稳定性是影响奶牛各种养分消化率的主要原因。氢化过程主要由瘤胃微生物完成，起氢化作用的主要为细菌。能氢化不饱和脂肪酸的细菌分为A、B 两类，A 类细菌不能彻底氢化脂肪酸，所以其氢化终产物仍是不饱和脂肪酸，并且不能氢化只含一个烯键的油酸。B 类细菌可彻底氢化脂肪酸，除一些不饱和中间产物外，还产生完全饱和的硬脂酸，并且此类细菌是唯一已知的能氢化油酸成为硬脂酸的微生物群落。在日粮中添加一定量的油酸，能够提升干物质、有机物、粗蛋白质、中性洗涤纤维、酸性洗涤纤维和非纤维碳水化合物的表观消化率，这可能是因为油酸具有提高脂肪酸消化率的能力，且油酸具有胶束溶解性，肠细胞能够更快地吸收和再酯化（Prom 和 Lock，2021）。但是日粮中油酸含量过多时，干物质、有机物、粗蛋白质、中性洗涤纤维、酸性洗涤纤维和非纤维碳水化合物的表观消化率反而会降低，这可能是因为部分的油酸逃避了瘤胃微生物的氢化作用，改善了脂肪酸的胶束形成和吸收。因此，在奶牛饲粮中添加适量油酸，可使奶牛对日粮中的营养物质吸收利用得更加充分，使奶牛更好地生长。

二、油酸对奶牛瘤胃代谢的影响

（一）瘤胃发酵

由表 6-4 可知，随日粮中油酸添加水平的增加，瘤胃 pH 值呈二次曲线降低（$P<0.05$），MOA 组显著低于对照组、LOA 组和 HOA 组（$P<0.05$）。总挥发性脂肪酸浓度呈二次曲线提高（$P<0.05$），MOA 组显著高于对照组和 HOA 组（$P<0.05$）。丙酸摩尔百分比呈线性提高（$P<0.05$），MOA 组显著高于对照组（$P<0.05$）。丁酸摩尔百分比呈线性降低（$P<0.05$），MOA 组显著低于对照组和 LOA 组（$P<0.05$）。异丁酸摩尔百分比呈二次曲线降低（$P<0.05$），MOA 组显著低于对照组及 HOA 组（$P<0.05$）。异戊酸摩尔百分比和氨态氮（NH_3-N）浓度均呈二次曲线降低（$P<0.05$），MOA 组显著低于对照组、LOA 组和 HOA 组（$P<0.05$）。但日粮添加油酸对乙酸、戊酸、乙酸/丙酸摩尔百分比无显著影响（$P>0.05$）。

表 6-4 补充油酸（OA）添加剂对泌乳奶牛瘤胃发酵的影响

项目	处理[1]				SEM	P 值		
	Control	LOA	MOA	HOA		Treatment	Linear	Quadratic
pH 值	6.85^{a}	6.63^{b}	6.36^{c}	6.81^{a}	0.035	0.025	0.403	0.028
总挥发酸（mmol/L）	141.7^{b}	145.9^{ab}	152.3^{a}	148.0^{b}	1.12	0.023	0.492	0.029
摩尔百分比								
乙酸	62.19	61.68	61.86	61.26	0.514	0.827	0.444	0.715
丙酸	22.16^{b}	23.34^{ab}	25.25^{a}	23.35^{ab}	0.352	0.043	0.045	0.182
丁酸	11.75^{a}	11.32^{a}	9.72^{b}	10.64^{ab}	0.242	0.027	0.041	0.136
戊酸	1.61	1.49	1.38	1.62	0.035	0.271	0.865	0.081
异丁酸	0.84^{a}	0.77^{ab}	0.67^{b}	0.83^{a}	0.026	0.029	0.176	0.026
异戊酸	1.37^{a}	1.32^{a}	1.05^{b}	1.38^{a}	0.046	0.024	0.242	0.049
乙酸/丙酸	2.83	2.70	2.50	2.64	0.049	0.052	0.051	0.426
氨态氮（mg/100 mL）	18.92^{a}	17.25^{a}	14.71^{b}	17.75^{a}	0.401	0.026	0.112	0.025

注：[1]Control、LOA、MOA 和 HOA 组分别在基础日粮中补充油酸 0 g/d、50 g/d、100 g/d 和 150 g/d。

[a,b,c]每行不同上标字母表示差异显著（$P<0.05$）。

奶牛日粮中添加油酸会影响奶牛瘤胃的发酵参数，瘤胃液 pH 值、挥发性脂肪酸和 NH_3-N 是反映瘤胃内环境的关键指标。瘤胃液 pH 值的正常范围在 5.5~7.5（Hoover 等，1984），本次试验的四组瘤胃液 pH 值都在范围内，说明日粮中添加油酸对奶牛瘤胃内环境酸碱度没有太大影响。油酸的添加，降低了瘤胃液 NH_3-N 的浓度，说明添加油酸能促使瘤胃微生物蛋白的合成，

提高 NH_3-N 的利用率，从而有效降低瘤胃内 NH_3-N 的浓度。试验中随着油酸添加量提高，丁酸摩尔百分比降低，这可能与纤毛虫数量有关，因为原生动物是丁酸的生产者（Newbold 等，2015）。丙酸是合成葡萄糖的前体，碳水化合物发酵后产生挥发性脂肪酸，为奶牛机体活动提供能量和前体物质，本试验添加油酸后瘤胃液的总挥发性脂肪酸浓度和丙酸摩尔百分比提高，其中添加 100 g/d 的油酸组效果最为显著。综上所述，奶牛日粮中添加适量的油酸可以改善瘤胃发酵，促进蛋白质的合成和碳水化合物的降解，提高饲料的转化率，为奶牛提供更多的能量，这与 Desouza 等（2021）在饲粮中提高油酸比例可缓解奶牛围产后期体重损失的研究结果一致。

（二）瘤胃酶活

由表 6-5 可知，随日粮中油酸添加水平的增加，羧甲基纤维素酶、纤维二糖酶以及木聚糖酶的活性呈线性提高（$P<0.05$），MOA 组和 HOA 组显著高于 LOA 组和对照组（$P<0.05$）。果胶酶的活性呈线性提高（$P<0.05$），HOA 组显著高于 LOA 组和对照组（$P<0.05$）。α-淀粉酶的活性呈二次曲线提高（$P<0.05$），MOA 组和 LOA 组均显著高于对照组（$P<0.05$）。蛋白酶的活性呈二次曲线提高（$P<0.05$），MOA 组显著高于 LOA 组、HOA 组和对照组（$P<0.05$）。

表 6-5　补充油酸（OA）添加剂对泌乳奶牛瘤胃微生物酶活性的影响

项目[2]	处理[1]				SEM	P 值		
	Control	LOA	MOA	HOA		Treatment	Linear	Quadratic
羧甲基纤维素酶	0.181[b]	0.196[b]	0.242[a]	0.243[a]	0.016	0.032	0.033	0.421
纤维二糖酶	0.168[b]	0.176[b]	0.219[a]	0.223[a]	0.025	0.036	0.034	0.354
木聚糖酶	0.699[b]	0.718[b]	0.826[a]	0.828[a]	0.021	0.037	0.038	0.628
果胶酶	0.569[c]	0.585[b]	0.654[a]	0.667[a]	0.027	0.034	0.032	0.382
α-淀粉酶	0.611[b]	0.649[a]	0.655[a]	0.639[ab]	0.017	0.060	0.112	0.037
蛋白酶	0.668[b]	0.690[b]	0.798[a]	0.652[b]	0.018	0.034	0.128	0.042

注：[1]Control、LOA、MOA 和 HOA 组分别在基础日粮中补充油酸 0 g/d、50 g/d、100 g/d 和 150 g/d。

[2]酶活力单位：羧甲基纤维素酶［μmol 葡萄糖/（min · mL）］；纤维二糖酶［μmol 葡萄糖/（min · mL）］；木聚糖酶［μmol 木聚糖/（min · mL）］；果胶酶［D-半乳糖醛酸/（min · mL）］；α-淀粉酶［μmol 葡萄糖/（min · mL）］；蛋白酶［μmol 水解蛋白/（min · mL）］。

[a,b,c] 每行不同上标字母表示差异显著（$P<0.05$）。

(三) 瘤胃菌群

由表6-6可知，随日粮中油酸添加水平的增加，总菌和栖瘤胃普雷沃氏菌的数量均呈二次曲线提高（$P<0.05$），HOA组和MOA组显著高于LOA组和对照组（$P<0.05$）。总厌氧真菌、黄色瘤胃球菌以及嗜淀粉瘤胃杆菌的数量均呈二次曲线提高（$P<0.05$），MOA组显著高于LOA组、HOA组和对照组（$P<0.05$）。总原虫的数量呈线性降低（$P<0.05$），HOA组和MOA组显著低于LOA组和对照组（$P<0.05$）。总产甲烷菌的数量呈线性降低（$P<0.05$），HOA组显著低于LOA组、MOA组和对照组（$P<0.05$）。白色瘤胃球菌和产琥珀丝状杆菌的数量均呈线性提高（$P<0.05$），HOA组和MOA组显著高于LOA组和对照组（$P<0.05$）。溶纤维丁酸弧菌的数量呈二次曲线提高（$P<0.05$），MOA组显著高于LOA组、HOA组和对照组（$P<0.05$）。

表6-6　补充油酸添加剂对奶牛瘤胃微生物区系和纤维素分解菌的影响

单位：拷贝数/mL

项目	处理[1]				SEM	P值		
	Control	LOA	MOA	HOA		Treatment	Linear	Quadratic
总菌，$\times10^{11}$	5.10^{c}	6.20^{b}	7.51^{a}	6.27^{a}	0.192	0.024	0.023	0.026
总厌氧真菌，$\times10^{7}$	2.27^{c}	3.15^{b}	4.05^{a}	3.35^{b}	0.131	0.027	0.024	0.023
总原虫，$\times10^{5}$	3.08^{a}	2.26^{b}	1.60^{c}	1.40^{c}	0.136	0.022	0.032	0.379
总产甲烷菌，$\times10^{9}$	2.07^{a}	1.60^{b}	1.34^{bc}	1.01^{d}	0.093	0.037	0.045	0.512
白色瘤胃球菌，$\times10^{8}$	1.18^{c}	1.81^{b}	2.27^{a}	2.28^{a}	0.061	0.031	0.022	0.127
黄色瘤胃球菌，$\times10^{9}$	1.63^{c}	2.24^{b}	3.01^{a}	2.85^{b}	0.114	0.034	0.103	0.047
产琥珀丝状杆菌，$\times10^{10}$	4.38^{c}	5.12^{b}	6.03^{a}	6.08^{a}	0.153	0.039	0.024	0.115
溶纤维丁酸弧菌，$\times10^{9}$	2.16^{b}	2.35^{b}	2.66^{a}	2.54^{b}	0.100	0.041	0.112	0.035
栖瘤胃普雷沃氏菌，$\times10^{9}$	4.92^{c}	5.76^{b}	6.43^{a}	6.34^{a}	0.202	0.027	0.115	0.026
嗜淀粉瘤胃杆菌，$\times10^{8}$	2.87^{c}	3.20^{b}	4.05^{a}	3.58^{b}	0.051	0.029	0.133	0.028

注：[1]Control、LOA、MOA和HOA组分别在基础日粮中补充油酸0 g/d、50 g/d、100 g/d和150 g/d。

[a,b,c]每行不同上标字母表示差异显著（$P<0.05$）。

奶牛日粮添加油酸可以提高瘤胃内微生物酶的活性。其中纤维二糖酶、羧甲基纤维素酶、木聚糖酶和果胶酶活性的提高可以分解更多的纤维素和植物细胞壁多糖，α-淀粉酶和蛋白酶活性的提高促进了饲粮中淀粉和蛋白质的分解，这些酶有利于饲料在瘤胃内更好地消化和吸收，保证了瘤胃正常的功能，起到防病和促生长的作用。随着日粮中油酸添加量的增多，瘤胃内总细菌数量和其中的厌氧真菌数量随之增多，这与户其林等（2022）的试验结果一致，而厌氧真菌通过分泌多种生物酶，比如纤维素酶和淀粉酶等来降解碳水化合物和蛋白质。白色瘤胃球菌、黄色瘤胃球菌、产琥珀丝状杆菌和溶纤维丁酸弧菌是纤维降解细菌，其中溶纤维丁酸弧菌还能降解蛋白质。栖瘤胃普雷沃氏菌和嗜淀粉瘤胃杆菌具有降解淀粉和蛋白质的能力。在日粮中逐量添加油酸，这些细菌的数量在奶牛瘤胃内显著提高，从而提高了纤维素、碳水化合物和蛋白质的降解率。此外，总原虫和总产甲烷菌数量减少，丁酸摩尔百分比的降低与总原虫数量减少有关。总产甲烷菌数量减少会导致甲烷生成减少，这与 Czerkawski 等（1969）向绵羊瘤胃中分别灌注油酸、亚油酸和亚麻酸后发现甲烷产量降低的研究结果一致，这对提高饲料能量利用率和改善环境具有重要意义。总的来说，在日粮中添加油酸可以提高饲料利用率，增强动物对营养物质的吸收利用，最终起到促进奶牛生产性能和增加经济效益的作用。

第三节　油酸对奶牛乳腺上皮细胞增殖的影响

一、油酸对奶牛乳腺上皮细胞增殖的影响

CCK-8 试验结果表明，油酸对牛乳腺上皮细胞增殖呈线性变化（$P<0.01$），10 μmol/L 的油酸显著刺激牛乳腺上皮细胞的增殖（$P<0.01$；图 6-1A）。因此，选择 10 μmol/L 的油酸，并在后续试验中使用。同时，EdU 检测结果表明，10 μmol/L 的油酸显著提高了牛乳腺上皮细胞处于 S 期细胞的阳性率（$P<0.01$；图 6-1B、C）。10 μmol/L 的油酸显著提高了牛乳腺上皮细胞增殖相关基因 *PCNA*、*CCNA2* 和 *CCND1* 的 mRNA 表达（$P<0.05$；图 6-1D），以及显著提高了牛乳腺上皮细胞增殖相关蛋白 PCNA 和 Cyclin A1 的表达（$P<0.01$；图 6-1E、F）。

在本研究中，油酸促进了牛乳腺上皮细胞的增殖标志物 mRNA 或蛋白的表达，这一结果支持了他人研究中油酸促进小鼠乳腺上皮细胞的增殖的结论（Meng 等，2017；Yang 等，2020）。本研究中测定了不同剂量油酸对牛乳腺上皮细胞增殖的影响，添加 10～80 μmol/L 的油酸线性促进了牛乳腺上皮细

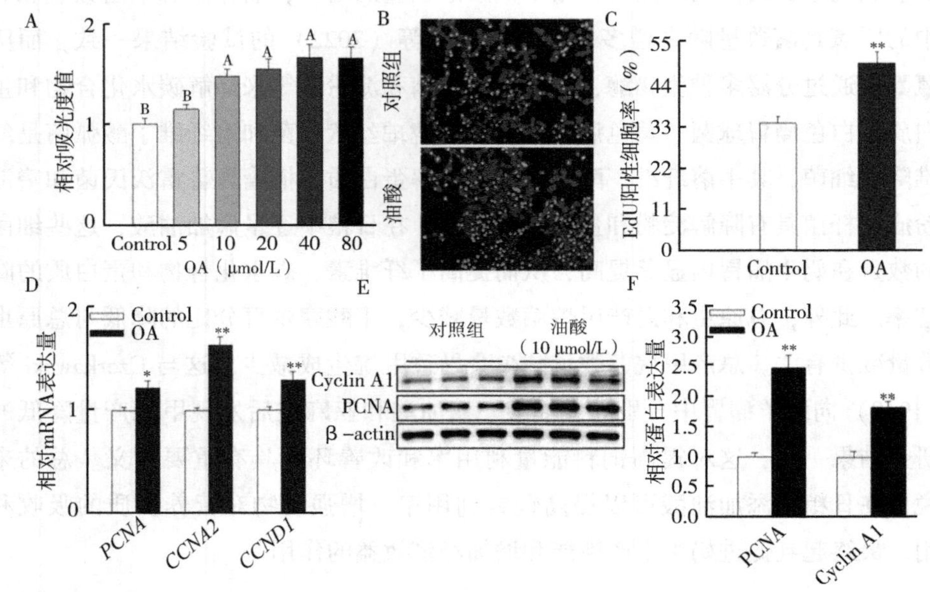

图 6-1 油酸（OA）对牛乳腺上皮细胞增殖的影响

A. 不同浓度 OA（0 μmol/L、5 μmol/L、10 μmol/L、20 μmol/L、40 μmol/L 和 80 μmol/L）培养 3 d 的牛乳腺上皮细胞，CCK-8 检测相对吸光度值（$n=8$）统计图；B、C. EdU 检测不同浓度 OA（0 μmol/L 和 10 μmol/L）培养 3 d 牛乳腺上皮细胞处于 DNA 复制期的细胞比例统计图；D. 不同浓度 OA（0 μmol/L 和 10 μmol/L）培养 3 d 对牛乳腺上皮细胞的 *PCNA*、*CCNA2* 和 *CCND1* mRNA 表达量的影响；E. 牛乳腺上皮细胞培养 3 d 后 PCNA 和 Cyclin A1 的 Western blotting 分析条带；F. 牛乳腺上皮细胞培养 3 d 后 PCNA 和 Cyclin A1 Western blotting 分析条带统计图。不同大写字母的条带存在显著差异（$P<0.01$）。* 和 ** 分别表示 $P<0.05$ 和 $P<0.01$，均与对照组相比较。

胞的增殖，但 20~80 μmol/L 的油酸与 10 μmol/L 没有显著差异，说明油酸促进牛乳腺上皮细胞增殖的适宜水平为 10 μmol/L。

刺激牛乳腺上皮细胞增殖和抑制细胞凋亡是促进泌乳奶牛泌乳持续的关键控制点。通过检测含有 *PCNA* 和细胞周期蛋白的增殖标志物 *CCNA2* 和 *CCND1* 的基因表达量，说明油酸对牛乳腺上皮细胞增殖的调控作用。Cyclin D 主要调节细胞周期从 G1 期向 S 期的转变。Cyclin A 被认为是 S 期 DNA 合成起始和终止所必需的（Zhang 等，2018；Lim 和 Kaldis，2013）。细胞周期蛋白 A2 在所有增殖细胞中普遍表达，在 S 期和有丝分裂中均发挥作用（Bertoli 等，2013）。此外，PCNA 是参与 DNA 复制和蛋白质修复不可或缺的辅助因子（Park 等，2016）。还有文献报道，PCNA 和 Cyclin D3 均参与乳腺上皮细胞增殖的调控（Zhang 等，2018；Li 等，2020）。在本研究中，添加 10 μmol/L 的油酸提高了细胞周期蛋白（CCNA2 和 CCND1）和 PCNA 的 mRNA 表达，以及 Cyclin A1 和 PCNA 的蛋白表达，说明 10 μmol/L 的油酸促进了牛乳腺上皮细胞的增殖。

二、油酸调控奶牛乳腺上皮细胞增殖的信号通路

（一）油酸对牛乳腺上皮细胞 Akt-mTOR 信号通路的影响

由图 6-2 可知，10 μmol/L 的油酸显著提高了 p-Akt/Akt 和 p-mTOR/mTOR 比值（$P<0.05$）。

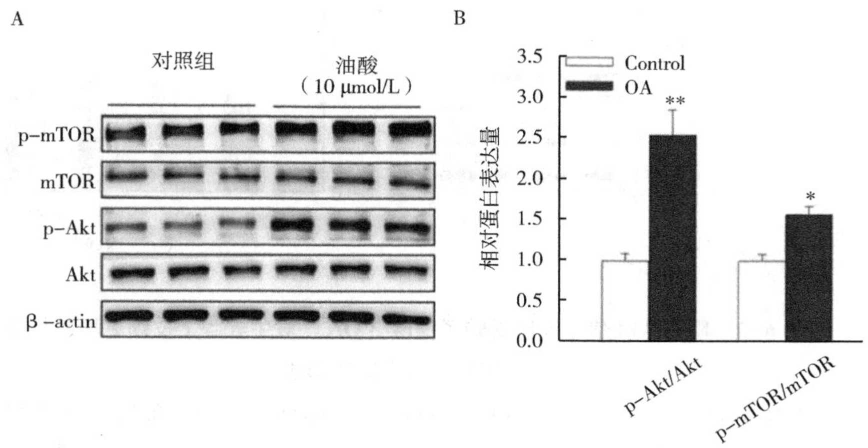

图 6-2　油酸（OA）对牛乳腺上皮细胞 Akt-mTOR 信号通路的影响

A. 不同浓度 OA（0 μmol/L 和 10 μmol/L）培养 3 d 对牛乳腺上皮细胞的 p-Akt、Akt、p-mTOR 和 mTOR 的 Western blotting 分析条带；B. p-Akt/Akt 和 p-mTOR/mTOR 统计图。* 和 ** 分别表示与对照组相比 $P<0.05$ 和 $P<0.01$。

（二）阻断 Akt 信号通路对牛乳腺上皮细胞增殖相关蛋白的影响

为研究油酸是否通过 Akt 信号通路促进牛乳腺上皮细胞增殖，我们使用 Akt 阻断剂（Akt-IN-1）进行了阻断试验。30 nmol/L 的 Akt-IN-1 对牛乳腺上皮细胞的增殖无影响，且 Akt-IN-1 可以完全阻断 10 μmol/L 的油酸对牛乳腺上皮细胞增殖的促进作用（$P<0.01$；图 6-3A）。30 nmol/L 的 Akt-IN-

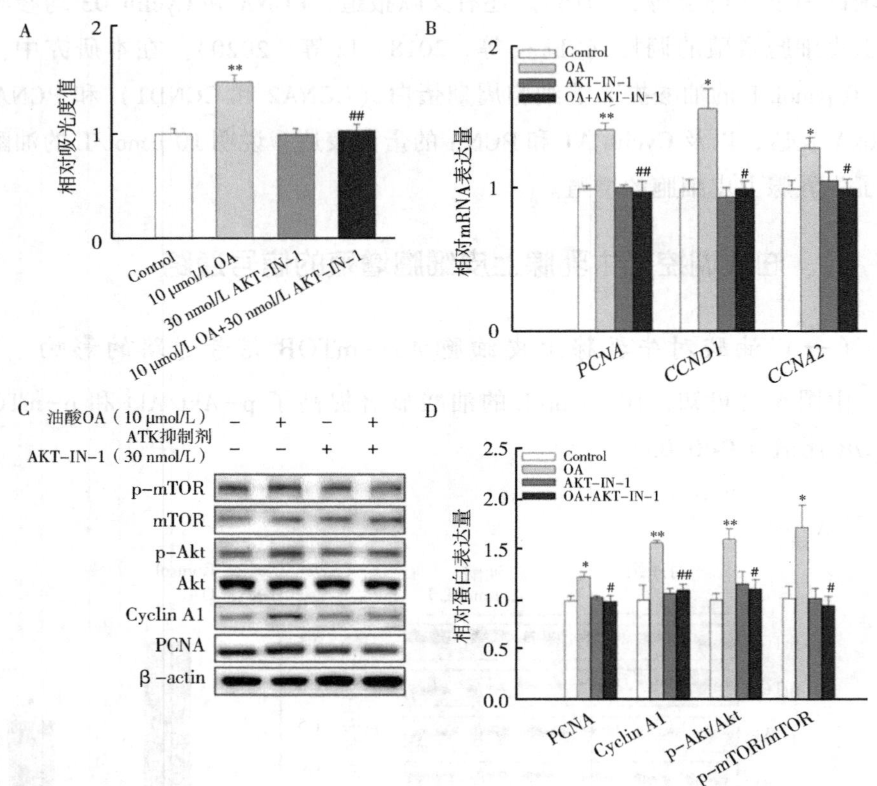

图 6-3　阻断 Akt 信号通路逆转了油酸（OA）对牛乳腺上皮细胞增殖相关基因及蛋白表达的影响

A. 10 μmol/L 的 OA 或/和 30 nmol/L Akt 抑制剂（Akt-IN-1）对牛乳腺上皮细胞 CCK-8 检测增殖的相对吸光值统计图（$n=8$）；B. 10 μmol/L 的 OA 和/或 30 nmol/L Akt 抑制剂对牛乳腺上皮细胞基因 *PCNA*、*CCNA2* 和 *CCND1* 的 mRNA 表达的影响；C. 10 μmol/L 的 OA 和/或 30 nmol/L Akt 抑制剂对牛乳腺上皮细胞蛋白 PCNA、Cyclin A1、p-Akt、Akt、p-mTOR 和 mTOR 的 Western blotting 分析条带；D. Western blotting 分析条带统计图。* 和 ** 分别表示 $P<0.05$ 和 $P<0.01$，均与对照组相比较；#和##分别表示与 10 μmol/L 的 OA 组相比 $P<0.05$ 和 $P<0.01$。

1 逆转了 10 μmol/L 的油酸对牛乳腺上皮细胞增殖相关基因 *PCNA*、*CCND1* 和 *CCNA2* mRNA 表达的促进作用（$P<0.05$；图 6-3B）。同样，30 nmol/L 的 Akt-IN-1 逆转了 10 μmol/L 的油酸对牛乳腺上皮细胞增殖相关蛋白 PCNA 和 Cyclin A1 表达的促进作用（$P<0.05$）；30 nmol/L 的 Akt-IN-1 逆转了 10 μmol/L 的油酸对牛乳腺上皮细胞增殖相关通路 p-Akt/Akt 和 p-

mTOR/mTOR 比值的促进作用（$P<0.05$；图 6-3C、D）。

（三）阻断 mTOR 信号通路对牛乳腺上皮细胞增殖相关蛋白的影响

为研究油酸是否通过 mTOR 信号通路促进牛乳腺上皮细胞增殖，我们使用 mTOR 阻断剂 Rapamycin（Rap）进行了阻断试验。50 pmol/L 的 Rap 对牛乳腺上皮细胞的增殖无影响，且 Rap 可以完全阻断 10 μmol/L 的油酸对牛乳腺上皮细胞增殖的促进作用（$P<0.01$；图 6-4A）。50 pmol/L 的 Rap 逆转了

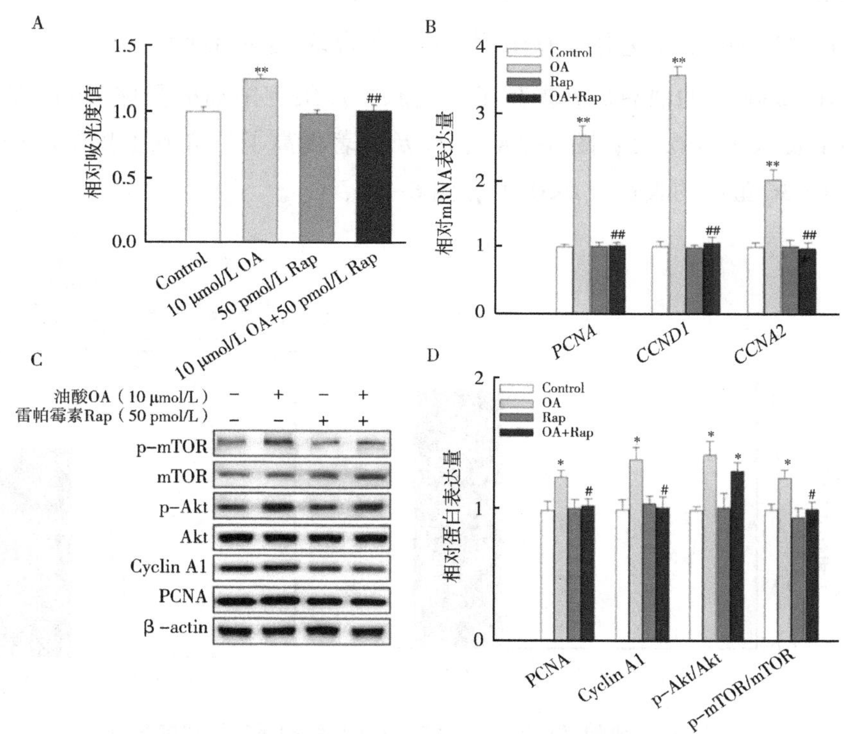

图 6-4　阻断 mTOR 信号通路逆转了油酸（OA）对牛乳腺上皮细胞增殖相关基因及蛋白表达的影响

A. 10 μmol/L 的 OA 或/和 50 pmol/L Rap 对牛乳腺上皮细胞 CCK-8 检测增殖的相对吸光值统计图（$n=8$）；B. 10 μmol/L 的 OA 和/或 50 pmol/L Rap 对牛乳腺上皮细胞基因 *PCNA*、*CCNA2* 和 *CCND1* 的 mRNA 表达的影响；C. 10 μmol/L 的 OA 和/或 50 pmol/L Rap 对牛乳腺上皮细胞蛋白 PCNA、Cyclin A1、p-Akt、Akt、p-mTOR、mTOR 和 β-actin 的 Western blotting 分析条带；D. Western blotting 分析条带统计图。* 和 ** 分别表示 $P<0.05$ 和 $P<0.01$，均与对照组相比较；# 和## 分别表示与 10 μmol/L 的 OA 组相比 $P<0.05$ 和 $P<0.01$。

10 μmol/L 的油酸对牛乳腺上皮细胞增殖相关基因 *PCNA*、*CCND1* 和 *CCNA2* mRNA 表达的促进作用（P<0. 01；图 6-4B），也逆转了 10 μmol/L 的油酸对牛乳腺上皮细胞增殖相关蛋白 PCNA 和 Cyclin A1 表达的促进作用（P<0. 05；图 6-4C、D）。而且，50 pmol/L 的 Rap 逆转了牛乳腺上皮细胞增殖通路 p-mTOR/mTOR 比值的促进作用（P<0. 05；图 4C、D）。值得注意的是，50 pmol/L 的 Rap 抑制 mTOR 但对油酸激活的牛乳腺上皮细胞增殖相关通路 p-Akt/Akt 无显著影响（图 6-4B、C、D）。

（四）油酸对受体 *CD36* 基因和蛋白表达的影响

10 μmol/L 的油酸显著提高了牛乳腺上皮细胞中油酸受体 *CD36* 基因的 mRNA 表达（P<0. 01；图 6-5A），以及显著提高了牛乳腺上皮细胞中油酸受体 CD36 蛋白的表达（P<0. 01；图 6-5B、C）。

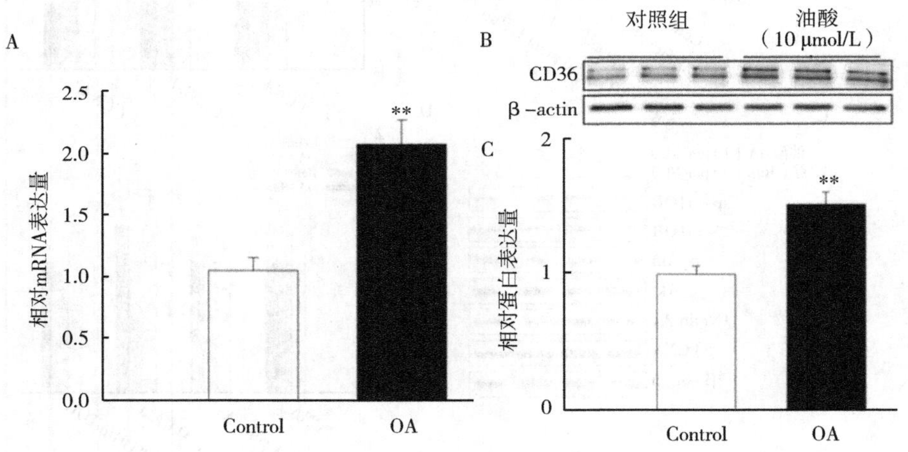

图 6-5　油酸（OA）对受体 *CD36* 基因和蛋白表达的影响

A. 10 μmol/L 的 OA 对牛乳腺上皮细胞中 *CD36* 的 mRNA 表达的影响；B. 10 μmol/L 的 OA 对牛乳腺上皮细胞中 CD36 蛋白的 Western blotting 分析条带；C. Western blotting 分析条带统计图。** 表示 P<0. 01，与对照组相比较。

（五）CD36 6-Thionosine 对油酸促进牛乳腺上皮细胞增殖及相关蛋白表达的影响

为研究油酸是否通过受体 CD36 调控牛乳腺上皮细胞增殖，我们通过 6-Thionosine 进行阻断试验。6-Thionosine 对牛乳腺上皮细胞的增殖无影响，且

6-Thionosine 可以完全沉默 10 μmol/L 的油酸对牛乳腺上皮细胞增殖的促进作用（$P<0.01$；图 6-6A）。6-Thionosine 逆转了 10 μmol/L 的油酸对牛乳腺上皮细胞增殖相关基因 *PCNA*、*CCND1* 和 *CCNA2* mRNA 表达的促进作用（$P<0.05$；图 6-6B）。同样，6-Thionosine 逆转了 10 μmol/L 的油酸对牛乳

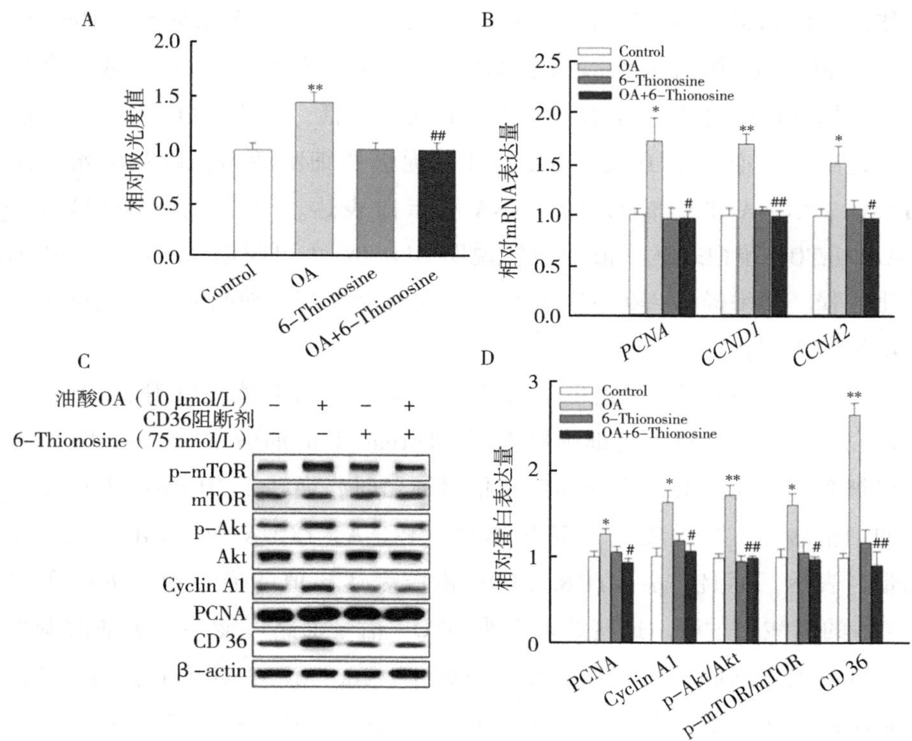

图 6-6　6-Thionosine 逆转了油酸（OA）对牛乳腺上皮细胞增殖相关基因及蛋白表达的影响

A. 10 μmol/L 的 OA 或/和 75 nmol/L 的 6-Thionosine 对牛乳腺上皮细胞 CCK-8 检测增殖的相对吸光值统计图（$n=8$）；B. 10 μmol/L 的 OA 和/或 75 nmol/L 的 6-Thionosine 对牛乳腺上皮细胞基因 *PCNA*、*CCNA2* 和 *CCND1* 的 mRNA 表达的影响；C. 10 μmol/L 的 OA 和/或 75 nmol/L 的 6-Thionosine 对牛乳腺上皮细胞蛋白 PCNA、Cyclin A1、p-Akt、Akt、p-mTOR、mTOR 和 β-actin 的 Western blotting 分析条带；D. Western blotting 分析条带统计图。* 和 ** 分别表示 $P<0.05$ 和 $P<0.01$，均与对照组相比较；#和##分别表示与 10 μmol/L 的 OA 组相比 $P<0.05$ 和 $P<0.01$。

腺上皮细胞增殖相关蛋白 PCNA 和 Cyclin A1 表达的促进作用（$P<0.05$）；6-Thionosine 逆转了 10 μmol/L 的油酸对牛乳腺上皮细胞增殖相关通路 p-Akt/Akt 和 p-mTOR/mTOR 比值以及 CD36 蛋白表达的促进作用（$P<0.05$；图 6-6C、D）。

最近，有很多研究表明 Akt 信号通路在多种细胞的增殖和凋亡中发挥调节作用，例如猪乳腺上皮细胞（Zhang 等，2018）、乳腺癌细胞（Huang 等，2021）和 HC11 细胞（Meng 等，2017）。在本研究中，Akt 信号通路在牛乳腺上皮细胞增殖过程中被 10 μmol/L 的油酸激活。当以 Akt-IN-1 阻断 Akt 信号通路后，逆转了 10 μmol/L 的油酸促进的细胞活力，以及增殖标志物（PCNA、CCNA 和 CCND）的 mRNA 和蛋白表达。而且，p-Akt/Akt 和 p-mTOR/mTOR 蛋白表达比值的逆转说明 Akt-IN-1 可阻断 Akt 和 mTOR 的磷酸化过程。结果提示 Akt-mTOR 信号通路可能参与了油酸促进牛乳腺上皮细胞增殖的作用。

此外，mTOR 信号通路也参与调节多种细胞的增殖（Li 等，2017）。在本研究中，当牛乳腺上皮细胞培养于 10 μmol/L 的油酸中时，mTOR 信号通路也被激活。当以 Rap 阻断 mTOR 信号通路时，逆转了 10 μmol/L 的油酸促进的细胞活力，并改变了增殖标志物（PCNA、CCNA 和 CCND）的 mRNA 和蛋白表达。而且，p-mTOR/mTOR 蛋白表达比值的逆转说明 Rap 可阻断 mTOR 的磷酸化过程。这些结果表明 mTOR 信号通路可能参与了油酸调控的促牛乳腺上皮细胞增殖作用。在本研究中，Akt-IN-1 阻断了 p-Akt/Akt 和 p-mTOR/mTOR 蛋白表达的比值。同时，Rap 可阻断 p-mTOR/mTOR 蛋白的表达。然而，Rap 对 p-Akt/Akt 的比值没有阻断作用。因此，补充油酸通过调节 Akt-mTOR 信号通路刺激牛乳腺上皮细胞增殖。综上所述，这些结果表明油酸通过调节 Akt-mTOR 信号通路刺激牛乳腺上皮细胞增殖。

已有研究表明，脂肪酸转位酶（FAT/CD36）是长链脂肪酸的受体和转运蛋白（Pepino 等，2014；Martin 等，2011），参与了油酸介导的多种功能，如味觉传导（Ozdener 等，2014）、肠道和大脑中的脂质感知（Sundaresan 和 Abumrad，2015）、卵巢血管生成和卵泡生成（Osz 等，2014）以及细胞增殖（Schlich 等，2015；Meng 等，2018）。在本研究中，添加 10 μmol/L 的油酸提高了 CD36 的 mRNA 和蛋白的表达，说明油酸能够激活牛乳腺上皮细胞中

CD36 的表达。当以 6-Thionosine 沉默 CD36 表达后，逆转了 10 μmol/L 的油酸促进的细胞活力，以及增殖标志物（PCNA、CCNA 和 CCND）和凋亡标志物（BCL2、BAX、Caspase-3 和 Caspase-9）的 mRNA 和蛋白表达。而且，p-Akt/Akt 和 p-mTOR/mTOR 蛋白表达比值的逆转说明 6-Thionosine 可通过干扰 CD36 逆转 Akt 和 mTOR 的磷酸化过程。这一结果说明油酸通过 CD36 介导 Akt-mTOR 信号通路参与了牛乳腺上皮细胞的增殖调控。

在本研究中，添加 10 μmol/L 的油酸培养泌乳前期奶牛牛乳腺上皮细胞，通过结合并激活 CD36，进一步介导 Akt 和 mTOR 的磷酸化，刺激增殖标志物的基因和蛋白表达，从而促进了牛乳腺上皮细胞的增殖。但是，油酸是否会影响围产期和泌乳中后期奶牛牛乳腺上皮细胞的增殖需要进一步研究，是否会通过影响牛乳腺上皮细胞的分化刺激乳蛋白的合成也有待进一步研究。

本章小结

饲粮补充油酸可以刺激瘤胃微生物生长，增加微生物酶的分泌，促进瘤胃消化，提高营养物质消化率，提高乳脂、乳蛋白及乳脂校正乳的产量，以及乳脂和乳蛋白含量。体外细胞试验结果表明，油酸通过结合并激活 CD36，进一步介导 Akt 和 mTOR 的磷酸化，刺激增殖标志物的基因和蛋白表达，从而促进牛乳腺上皮细胞的增殖。

第七章 精氨酸对奶牛乳腺发育和泌乳的影响

精氨酸（Arg）作为一种氨基酸，是许多重要化合物的前体，包括一氧化氮（NO）、尿素、多胺、脯氨酸、谷氨酸和同型精氨酸，并在动物的生长、繁殖和哺乳等多种生理功能中发挥重要作用。特别是通过调节血管舒张、血管生成和血管通透性参与血流调节的NO可能对营养吸收、繁殖和哺乳有积极的系统影响。同时，精氨酸也可以通过氨基酸受体作用于乳腺组织，促进乳腺增殖以及乳脂、乳蛋白的合成，从而改善泌乳性能。但目前精氨酸影响奶牛乳腺发育和泌乳的机制尚不清楚。

第一节 精氨酸对奶牛泌乳性能、消化代谢和血液指标的影响

一、精氨酸对奶牛泌乳性能的影响

尽管增加过瘤胃精氨酸添加量对干物质采食量没有影响（表7-1），但鲜奶、乳脂校正乳、能量校正乳、乳脂和乳蛋白产量均呈线性增加（$P<0.05$），乳糖产量呈线性增加趋势（$P=0.09$）。乳蛋白率线性增加（$P<0.01$），而添加过瘤胃精氨酸对乳脂率和乳糖率无显著影响。饲料效率，即产奶量/干物质采食量或能量校正乳产量/干物质采食量，也呈线性增加（$P<0.01$）。随着过瘤胃精氨酸添加量的增加，乳中尿素氮呈线性降低（$P<0.05$）。

表 7-1　添加精氨酸对奶牛干物质采食量、泌乳性能和饲料效率的影响

项目	处理[1]				SEM	P 值	
	Control	LArg	MArg	HArg		Linear	Quadratic
干物质采食量（kg/d）	21.9	21.9	22.2	21.9	0.16	0.82	0.63
奶产量（kg/d）							
鲜奶	35.2	36.2	37.9	37.0	0.35	0.03	0.20
乳脂校正乳[2]	33.6	34.6	36.3	35.3	0.37	0.04	0.17
能量校正乳[3]	37.1	38.4	40.6	39.2	0.40	0.02	0.10
乳脂	1.30	1.34	1.40	1.36	0.015	0.04	0.19
乳蛋白	1.14	1.19	1.30	1.23	0.014	<0.01	0.06
乳糖	1.92	1.94	2.02	2.03	0.028	0.09	0.86
乳成分（g/kg）							
乳脂	3.68	3.70	3.71	3.69	0.025	0.92	0.69
乳蛋白	3.24	3.30	3.44	3.34	0.020	<0.01	0.07
乳糖	5.44	5.38	5.32	5.49	0.027	0.56	0.21
饲料效率（kg/kg）							
产奶量/采食量	1.60	1.64	1.70	1.68	0.004	<0.01	0.05
能量校正乳/采食量	1.69	1.74	1.82	1.78	0.008	<0.01	0.06
乳尿素氮（g/d）	9.86	8.43	7.56	7.89	0.031	0.03	0.49

注：[1] Control、LArg、MArg 和 HArg 组分别在基础日粮中补充过瘤胃精氨酸 0 g/d、20 g/d、40 g/d 和 60 g/d。

[2] 4.0% FCM＝0.4×牛奶产量（kg/d）+15×脂肪产量（kg/d）。

[3] ECM＝0.327×牛奶（kg/d）+12.95×脂肪（kg/d）+7.65×蛋白质（kg/d）。

奶牛补充过瘤胃精氨酸后干物质采食量未见明显差异，这验证了其他研究结果（Zhao 等，2018；Ding 等，2019、2022）。饲喂过瘤胃精氨酸后，奶牛的鲜乳、乳脂校正乳、能量校正乳、乳脂和乳蛋白产量及饲料效率均呈线性增加，而乳脂率没有变化。这个结果与其他研究一致（Chew 等，1984；Ding 等，2022），这也说明日粮添加过瘤胃精氨酸可提高乳腺的产乳能力以及脂肪和蛋白质生成能力，从而提高乳脂和乳蛋白的产量。同样，Ding 等（2019）发现颈静脉注射 37.68 g/d 精氨酸 1 周，可提高泌乳早期奶牛的产奶量（28.16 kg/d *vs* 25.45 kg/d）、乳蛋白含量（3.17% *vs* 3.04%）和饲料效率（1.30 kg/kg *vs* 1.12 kg/kg）。此外，与颈静脉输注混合氨基酸相比，从混合氨基酸中去除精氨酸（11.9 g/d）后，产奶量（5.7%）和乳蛋白产量降低（8.2%），但对干物质采食量没有影响（Tian 等，2017b）。

泌乳性能的线性提高可能部分是由于血清 NO 含量的增加，NO 是一种有效的乳腺血管松弛剂（Lacasse 等，1996），可能导致乳腺血流量增加（Jobgen 等，2006；Ding 等，2018）。奶牛乳蛋白率和乳蛋白产量均呈线性增加，说明提供过瘤胃精氨酸可促进乳腺酪蛋白合成（Zhao 等，2018）。体外研究表明，在乳腺上皮细胞中加入精氨酸可以通过激活 mTOR 通路（Wang 等，2014）和 Jak2-Stat5 通路（Xu，2012）上的细胞信号机制来增强酪蛋白的合成。因此，过瘤胃精氨酸对产奶量和蛋白质合成的积极影响可能是通过 NO 增加血流量，以及精氨酸和多胺对 mTOR 和 Jak2-Stat5 途径的直接影响（Wang 等，2017；Kong 等，2014；Xu，2012）。

二、精氨酸对奶牛牛乳脂肪酸产量的影响

由表 7-2 可知，添加过瘤胃精氨酸可线性提高从头合成脂肪酸（小于 C16：0 的脂肪酸）和混合来源脂肪酸（C16：0 脂肪酸）的产量（$P<0.01$），但线性降低了预成型脂肪酸（大于 C18：0 的脂肪酸）的产量（$P<0.01$）。随着过瘤胃精氨酸添加量的增加，C4：0、C6：0、C8：0、C10：0、C12：0、C14：0 和 C16：0 脂肪酸产量呈线性增加（$P<0.01$），而 C18：0、C18：2n6c、C18：3、C20：3 和 C22：6 则呈线性下降（$P<0.01$）。其他脂肪酸的产量无显著差异（$P>0.05$）。

表 7-2　添加精氨酸对泌乳奶牛牛乳脂肪酸的影响

项目	处理[1]				SEM	P 值	
	Control	LArg	MArg	HArg		Linear	Quadratic
丁酸 C4：0	33.3	38.6	42.5	40.9	0.45	<0.01	0.08
己酸 C6：0	25.1	26.0	27.1	27.3	0.17	<0.01	0.26
辛酸 C8：0	0.9	1.3	1.5	1.3	0.02	<0.01	0.05
葵酸 C10：0	38.1	40.7	45.9	45.0	0.46	<0.01	0.06
十一碳酸 C11：0	0.99	0.94	0.93	0.99	0.02	0.86	0.17
月桂酸 C12：0	51.2	56.9	63.6	63.3	0.84	<0.01	0.07
十三碳酸 C13：0	0.9	0.9	0.8	0.7	0.03	0.08	0.32

（续表）

项目	处理[1]				SEM	P 值	
	Control	LArg	MArg	HArg		Linear	Quadratic
肉豆蔻酸 C14：0	149.9	168.7	194.7	187.8	2.01	<0.01	0.09
肉豆蔻一烯酸 C14：1	17.0	16.9	16.2	16.5	0.14	0.24	0.18
十五碳酸 C15：0	11.4	12.9	13.7	13.3	0.23	0.11	0.23
棕榈酸 C16：0	380.2	401.4	427.8	408.9	2.62	<0.01	0.06
棕榈一烯酸 C16：1	23.7	24.5	24.1	24.3	0.52	0.74	0.78
十七碳酸 C17：0	5.9	5.6	5.8	5.7	0.09	0.73	0.87
硬脂酸 C18：0	157.2	142.0	147.4	134.9	1.13	<0.01	0.38
油酸 C18：1n9c	202.0	202.2	197.1	204.5	2.42	0.91	0.46
亚油酸 C18：2n6c	97.2	97.4	94.0	93.8	0.42	<0.01	0.79
亚麻酸 C18：3	3.9	3.5	3.2	3.0	0.16	0.04	0.69
花生酸 C20：0	1.4	1.4	1.4	1.4	0.01	0.50	0.27
二十碳三烯酸 C20：3	1.4	1.1	1.1	1.1	0.04	0.02	0.11
花生四烯酸 C20：4	2.6	2.6	2.5	2.6	0.05	0.92	0.45
二十二碳酸六烯酸 C22：6	32.2	28.9	25.5	20.5	0.55	<0.01	0.21
脂肪酸来源							
从头合成脂肪酸 de novo FA[2]	329.1	364.3	408.3	395.8	3.69	<0.01	0.07
混合来源脂肪酸 MSFA[3]	404.0	425.7	451.8	433.0	2.67	<0.01	0.09
预成形脂肪酸 PFA[4]	503.9	484.8	478.3	467.9	3.01	<0.01	0.44

注：[1]Control、LArg、MArg 和 HArg 组分别在基础日粮中补充过瘤胃精氨酸 0 g/d、20 g/d、40 g/d 和 60 g/d。

[2]从头合成脂肪酸：小于 C16：0 的脂肪酸。

[3]混合来源脂肪酸：C16：0 脂肪酸的总和。

[4]预成型脂肪酸：大于 C18：0 的脂肪酸总和。

随着过瘤胃精氨酸添加量的增加，牛奶和乳脂产量均呈线性增加，但乳脂率、干物质采食量和营养物质消化率没有变化，这与 Ding 等（2022）的研究结果一致。灌注精氨酸可提高日产奶量和乳脂产量，但乳脂率、干物质采食量和营养物质消化率没有变化（Ding 等，2022）。鉴于添加过瘤胃精氨酸后干物质采食量和营养物质消化率不变，乳脂产量的增加应该是由于营养物质的利用效率提高，通过增加营养物质向乳腺的输送，而不是在其他地方储存或代谢

（Ding 等，2022）。在本研究中，添加过瘤胃精氨酸后血清 NO 浓度的线性增加必然是血流量增加的一个因素（Jobgen 等，2006；Ding 等，2018），从而增强乳腺中葡萄糖、氨基酸、脂肪酸和脂蛋白的供应。已经有研究证明，抑制乳腺 NO 的产生会减少血流量和能量代谢物向乳腺的输送（Madsen 等，2015；Tian 等，2017a）。此外，添加精氨酸的哺乳期山羊，循环 NO 增加了血流量以及乳腺中葡萄糖和氨基酸的供应（Lacasse 等，1996）。

三、精氨酸对奶牛牛乳氨基酸产量的影响

由表 7-3 可知，各处理对 Ile、Leu、Lys、Val、Ala、Gly 和 Pro 日产量均无显著影响。但添加过瘤胃精氨酸可线性提高 His、Met、Phe、Thr、色氨酸（Trp）、精氨酸（Arg）、Asp、Cys、Glu、Ser 和 Tyr 的产量（$P<0.05$）。

表 7-3　添加精氨酸对泌乳奶牛牛乳氨基酸产量的影响

项目	处理[1]				SEM	*P* 值	
	Control	LArg	MArg	HArg		Linear	Quadratic
组氨酸（His）	87.4	94.9	115.4	102.8	1.60	<0.01	0.06
异亮氨酸（Ile）	37.9	39.6	37.6	36.0	0.50	0.08	0.10
亮氨酸（Leu）	78.3	76.0	77.1	79.3	1.04	0.66	0.30
赖氨酸（Lys）	83.9	85.6	91.3	87.2	1.13	0.12	0.20
蛋氨酸（Met）	11.1	15.6	19.3	16.2	0.37	<0.01	0.05
苯丙氨酸（Phe）	25.0	26.5	29.3	27.5	0.42	0.03	0.07
苏氨酸（Thr）	42.0	46.9	56.8	54.1	0.85	<0.01	0.08
色氨酸（Trp）	19.9	21.1	22.9	21.4	0.20	<0.01	0.06
缬氨酸（Val）	66.1	65.4	65.6	62.2	0.61	0.06	0.26
丙氨酸（Ala）	124.1	122.2	123.8	124.5	0.49	0.53	0.20
精氨酸（Arg）	55.5	61.6	66.9	64.7	0.47	<0.01	0.07
天冬氨酸（Asp）	73.1	78.2	86.4	81.3	0.62	<0.01	0.09
半胱氨酸（Cys）	6.99	7.22	7.89	7.78	0.10	<0.01	0.41
谷氨酸（Glu）	205.2	230.9	265.0	244.0	2.75	<0.01	0.06
甘氨酸（Gly）	23.7	21.9	23.9	23.3	0.56	0.88	0.60

（续表）

项目	处理[1]				SEM	P 值	
	Control	LArg	MArg	HArg		Linear	Quadratic
脯氨酸（Pro）	117.0	116.7	117.9	117.1	0.57	0.81	0.80
丝氨酸（Ser）	41.7	43.6	47.0	45.5	0.22	<0.01	0.08
酪氨酸（Tyr）	45.4	42.7	43.2	40.6	0.51	<0.01	0.95

注：[1] Control、LArg、MArg 和 HArg 组分别在基础日粮中补充过瘤胃精氨酸 0 g/d、20 g/d、40 g/d 和 60 g/d。

乳蛋白的产生不仅仅是由于乳腺对氨基酸的吸收，这取决于小肠对氨基酸的吸收和乳腺对氨基酸的运输（Volden，1999；Ding 等，2019），但也与乳腺合成乳蛋白的能力有关。在本研究中，虽然未观察到添加过瘤胃精氨酸对 Ile、Leu、Lys、Val、Ala、Gly 和 Pro 产量的影响，但添加过瘤胃精氨酸可线性提高 Arg、His、Met、Phe、Thr、Trp、Asp、Cys、Glu、Ser 和 Tyr 日产量。Ding 等（2019）也证实了这一结果，他们发现输注精氨酸导致乳腺对 His、Thr、Glu 以及 Met 和 Arg 的摄取增加。精氨酸可以通过多种作用导致乳蛋白合成的增加。除了血清 NO 浓度升高刺激的血流量增加（Jobgen 等，2006；Ding 等，2018），添加过瘤胃精氨酸后精氨酸和多胺对 mTOR 和 Jak2－Stat5 通路的直接影响（Wang 等，2017；Kong 等，2014；Xu，2012）也是不容忽视的。

四、精氨酸对奶牛养分消化的影响

由表 7-4 可知，虽然饲粮中性洗涤纤维、酸性洗涤纤维和粗脂肪的消化率无显著差异（$P>0.05$），但饲粮干物质、有机物质和粗蛋白质随着过瘤胃精氨酸添加量的增加呈线性增加趋势。

表 7-4　添加精氨酸对泌乳奶牛营养物质消化率的影响　　单位：%

项目	处理[1]				SEM	P 值	
	Control	LArg	MArg	HArg		Linear	Quadratic
干物质	72.9	74.4	73.9	74.4	0.22	0.07	0.12
有机物	75.1	76.4	75.7	76.2	0.21	0.09	0.16

（续表）

项目	处理[1]				SEM	P 值	
	Control	LArg	MArg	HArg		Linear	Quadratic
粗蛋白质	67. 1	68. 3	70. 7	69. 9	0. 32	0. 05	0. 44
粗脂肪	88. 8	87. 3	88. 1	87. 5	0. 44	0. 41	0. 64
中性洗涤纤维	60. 6	62. 0	62. 9	63. 8	0. 36	0. 18	0. 58
酸性洗涤纤维	50. 1	53. 9	54. 2	55. 2	0. 40	0. 11	0. 36

注：[1] Control、LArg、MArg 和 HArg 组分别在基础日粮中补充过瘤胃精氨酸 0 g/d、20 g/d、40 g/d 和 60 g/d。

研究表明，饲粮中干物质、有机物、粗蛋白质、粗脂肪、酸性洗涤纤维或中性洗涤纤维的表观消化率不受精氨酸输注的影响（Ding 等，2019；Ding 等，2022）。饲喂过瘤胃精氨酸增加了小肠精氨酸流量，对瘤胃发酵及有机物质和纤维的全消化道消化率影响较小（Meyer 等，2018）。然而，在本研究中，饲粮干物质、有机物和粗蛋白质的消化率在添加过瘤胃精氨酸后呈线性增加趋势。这种不一致的效果是由于精氨酸的不同给予方式和持续时间引起的。灌注精氨酸对营养物质表观消化率的影响不大，说明短期灌注精氨酸不足以刺激奶牛胰腺或空肠消化酶的合成。

五、精氨酸对奶牛血液指标的影响

由表 7-5 可知，添加过瘤胃精氨酸后，血中葡萄糖、总蛋白、白蛋白和一氧化氮含量线性增加（$P<0.05$）。相反，尿素氮浓度随着过瘤胃精氨酸添加量的增加呈二次曲线下降（$P<0.05$）。随着过瘤胃精氨酸添加量的增加，血液中雌二醇、促乳素和胰岛素样生长因子-1 浓度呈二次曲线升高（$P<0.01$）。随着过瘤胃精氨酸的添加，甘油三酯浓度呈线性升高趋势（$P=0.06$）。

表 7-5　添加精氨酸对泌乳奶牛血液代谢产物的影响

项目	处理[1]				SEM	P 值	
	Control	LArg	MArg	HArg		Linear	Quadratic
葡萄糖（mmol/L）	3. 89	4. 05	4. 49	4. 24	0. 036	<0. 01	0. 08

（续表）

项目	处理[1]				SEM	P 值	
	Control	LArg	MArg	HArg		Linear	Quadratic
总蛋白（g/L）	73.8	79.1	80.6	79.9	0.57	<0.01	0.07
白蛋白（g/L）	33.5	37.0	38.4	37.5	0.36	0.02	0.11
尿素氮（mmol/L）	6.58	6.41	6.33	6.63	0.049	0.89	0.02
甘油三酯（mmol/L）	2.05	2.16	2.28	2.18	0.029	0.06	0.12
雌二醇（pg/mL）	49.6	52.5	62.9	51.9	0.56	0.19	<0.01
促乳素（mIU/L）	586	634	720	674	8.0	0.08	<0.01
胰岛素样生长因子-1（ng/mL）	201	235	246	210	2.0	0.32	<0.01
一氧化氮（μmol/L）	15.7	19.2	26.9	27.8	0.54	<0.01	0.56

注：[1] Control、LArg、MArg 和 HArg 组分别在基础日粮中补充过瘤胃精氨酸 0 g/d、20 g/d、40 g/d 和 60 g/d。

瘤胃发酵产生的丙酸被运送到肝脏，随后转化为葡萄糖（Chan 和 Freedland，1972）。在添加过瘤胃精氨酸后，血液葡萄糖呈线性增加，这与 Edwards（2014）的报告一致。Edwards 报告称，过瘤胃精氨酸产生的血浆葡萄糖浓度高于未添加精氨酸的奶牛。这一结果可以解释为精氨酸是一种糖原氨基酸，它可以提供额外的糖原前体，从而促进循环葡萄糖浓度的增加。总蛋白、白蛋白和尿素氮浓度是蛋白质利用效率的指标，我们观察到在补充过瘤胃精氨酸后血清白蛋白和总蛋白水平升高，尿素氮浓度降低。此外，作为蛋白质利用效率的另一项指标，乳中尿素氮的产量在添加过瘤胃精氨酸后也呈线性下降（Hynes 等，2016）。该结果与 Ding 等（2019）的研究结果不一致，他们发现输注精氨酸可提高氮的利用率，降低血浆尿素氮水平和尿氮输出。众所周知，胰岛素样生长因子-1、促乳素和雌二醇对乳腺导管发育至关重要（Rosen，2012）。卵巢来源的胰岛素样生长因子-1、促乳素和雌二醇刺激上皮细胞增殖（Mallepell 等，2006）。此外，胰岛素样生长因子-1 通过其受体激活 PI3K/Akt 信号通路，促进上皮细胞增殖（Zhou 等，2017）。因此，本研究结果显示添加过瘤胃精氨酸诱导血清胰岛素样生长因子-1、促乳素和雌二醇水平升高，支持了过瘤胃精氨酸刺激乳腺发育的观点。据以前研究报道，奶牛静脉注射精氨酸会增加血浆促乳素浓度（Chew 等，

1984)。同样，Matsuda 等（2016）也发现，饲喂精氨酸的牛血清胰岛素样生长因子-1 水平升高。其他研究也描述了添加过瘤胃的精氨酸后血清 NO 的线性升高（Ding 等，2018；2022），给奶牛灌注精氨酸，通过增加血流量来支持泌乳性能的提高。

第二节 精氨酸对奶牛乳腺增殖、乳脂和乳蛋白合成的影响

一、精氨酸对奶牛乳腺增殖的影响

由图 7-1 可知，饲粮中以过瘤胃精氨酸的形式添加 40 g/d 的精氨酸极显著提高了细胞周期蛋白 D1 和 PCNA 的蛋白表达（$P<0.01$）。同时，与抑制细胞凋亡相关的蛋白，如 BCL2 的蛋白表达，以及 BCL2/BAX 的比值极显著升高（$P<0.01$）。然而，与促进细胞凋亡相关的蛋白，如 BAX、Caspase-3 和 Caspase-9 的蛋白表达均显著降低（$P<0.01$）。

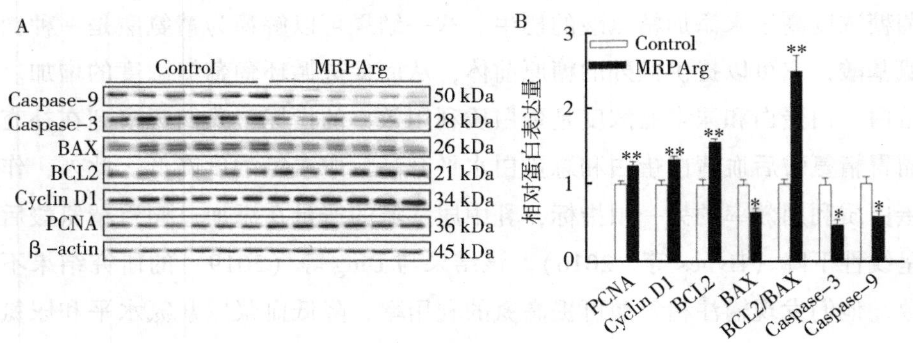

图 7-1 日粮添加精氨酸（RPArg）对牛乳腺增殖和凋亡相关蛋白表达的影响

A. 添加 0 g/d 精氨酸（Control）和 40 g/d 精氨酸（MRPArg）处理的牛乳腺组织中 Cyclin D1、PCNA、BCL2、BAX、β-actin、Caspase-3 和 Caspase-9 的 Western blotting 分析条带，β-actin 作为参照，每组 $n=6$；B. Cyclin D1、PCNA、BCL2、BAX、BCL2/BAX、Caspase-3 和 Caspase-9 Western blotting 分析条带的均值±SEM。* $P<0.05$ 和 ** $P<0.01$，与对照组相比。

由图 7-2 可知，精氨酸受体 G 蛋白耦联受体 C 家族 6 组 A

(GPRC6A) 的蛋白表达极显著增加 ($P<0.01$), p-Akt/Akt 之比、p-mTOR/mTOR 之比也极显著升高 ($P<0.01$)。

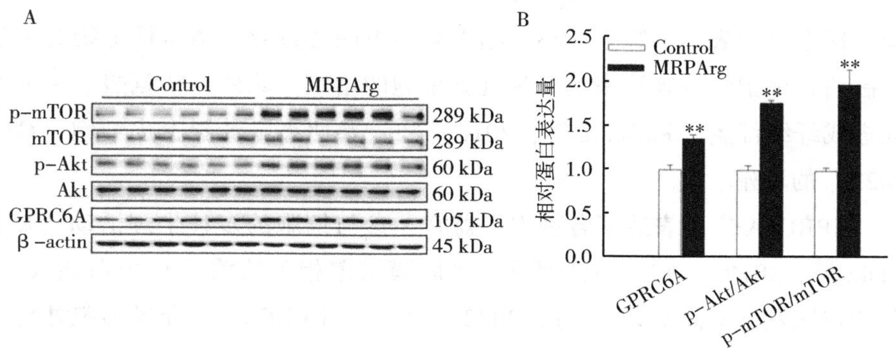

图 7-2　日粮添加精氨酸 (RPArg) 对牛乳腺 Akt-mTOR 信号通路的影响

A. 添加 0 g/d 精氨酸 (Control) 和 40 g/d 精氨酸 (MRPArg) 处理的牛乳腺组织中 GPRC6A、p-Akt、Akt、p-mTOR、mTOR 和 β-actin 的 Western blotting 分析条带，β-actin 作为参照，每组 $n=6$；B. GPRC6A、p-Akt/Akt 和 p-mTOR/mTOR 的 Western blotting 分析条带的均值±SEM。* 表示 $P<0.05$ 和 ** 表示 $P<0.01$，与对照组相比。

乳腺的发育主要依赖乳腺上皮细胞的增殖，刺激乳腺上皮细胞增殖是促进奶牛泌乳性能的关键点。影响乳腺上皮细胞增殖的标志物包括增殖标志物 (Cyclin、PCNA 等) 和凋亡标志物 (BCL2、BAX、Caspase 等)。细胞周期蛋白 D 调节细胞周期从 G1 期到 S 期的转变，而细胞周期蛋白 A 被认为是启动和完成 S 期 DNA 复制的必要条件 (Lents 和 Piszczatowski，2023)。此外，PCNA 是 DNA 复制和修复不可或缺的组成部分 (Wang 等，2023)。此外，其他研究表明细胞周期蛋白和 PCNA 参与调节乳腺上皮细胞增殖 (Zhang 等，2023)。我们发现，添加精氨酸可以提高细胞周期蛋白 D1 和 PCNA 的蛋白表达，表明精氨酸可以刺激乳腺上皮细胞的增殖。同样，体外研究表明，精氨酸上调增殖相关蛋白如 Cyclin D1、Cyclin D3、Cyclin A1 和 PCNA 的水平 (Ge 等，2022)。BCL2 家族蛋白包括抗凋亡 (如 BCL2) 和促凋亡 (如 BAX) 成员，参与细胞凋亡过程的调控 (Van Delft 和 Dewson，2023)。由于 BCL2 通过抑制 BAX 的活性来阻止细胞凋亡，高 BCL2/BAX 比值表明细胞凋亡受到抑制。因此，BCL2/BAX 比值可以反映乳腺上皮细胞凋亡状况。Caspase-9 是参与细胞凋亡内在通路的启动物，最终激活在细胞凋亡执行阶段起最后作用的关键酶 Caspase-3（Khodajouu-Mmasouleh 等，2022）。在本研究中，添加精氨酸后，BCL2 蛋白表达和 BCL2/BAX 比值升高，BAX、Caspase-3 和 Caspase-9 蛋白表达降低，表明添加精氨酸抑制了牛乳腺细胞凋亡标志物的表达。综上所述，精氨酸很可能通过刺激增殖标记物的表达和抑制凋亡标记物的表达来调节牛乳腺细胞的增殖。此外，精氨酸已被证明能促进成纤维细胞（Fujiwara 等，2014）和青春期小鼠乳腺上皮细胞（Ge 等，2022）的增殖。

GPRC6A 广泛表达于各种组织器官，参与细胞的多种生理活动（Kalyvianaki 等，2019）。它已被证明是与细胞膜增殖相关的关键 G 蛋白偶联受体，并被碱性氨基酸激活（Ge 等，2022）。此外，GPRC6A 是介导细胞外精氨酸与细胞内 Akt/mTOR 信号通路之间通信的桥梁。众所周知，Akt 信号通路与细胞增殖、分化、凋亡等多种细胞功能密切相关（Fujiwara 等，2014；Li 等，2020）。雌二醇、生长因子和孕酮可通过 Akt 信号通路促进乳腺上皮细胞和乳腺癌细胞的增殖。此外，p-Akt 可以激活 mTOR 信号分子并调节细胞增殖（Bilanges 等，2019；Qiao 等，2021）。此外，添加 0.4 mmol/L 精氨酸可提高小鼠乳腺上皮细胞中 GPRC6A 和 p-Akt 的蛋白水平，但在沉默 GPRC6A 后，精氨酸对 PI3K/Akt 信号通路的激活被显著抑制（Ge 等，2022）。随后，p-Akt 激活 mTOR 参与增殖和生物合成活动（Bilanges 等，2019）。在本研究中，精氨酸的加入提高了 GPRC6A 的表达，随后通过激活 GPRC6A 刺激了 Akt 和 mTOR 的磷酸化。这些发现提示 Akt-mTOR 信号通路的激活可能会刺激增殖标志物的表达。同样，Ge 等（2022）发现精氨酸通过激活 GPRC6A-PI3K/Akt/mTOR 信号通路，刺激小鼠乳腺上皮细胞增殖和青春期小鼠乳腺发育。精氨酸通过激活 GPRC6A 和 PI3K/Akt 通路刺激成纤维细胞增殖和抗凋亡作用（Fujiwara 等，2014）。结果表明，精氨酸通过 GPRC6A 提高 Akt-mTOR 信号通路的活性，从而刺激奶牛乳腺上皮细胞的增殖。

二、精氨酸对奶牛乳腺脂肪酸合成的影响

以过瘤胃精氨酸形式在日粮中补充 40 g/d 的精氨酸，可显著提高 PPARγ（$P < 0.05$）、SREBP1（$P < 0.01$）、FASN（$P < 0.01$）和 SCD1

（$P<0.01$）蛋白的表达（图 7-3A、B）。此外，40 g/d 精氨酸组的 p-ACACA/ACACA 蛋白表达比极显著高于对照组（$P<0.01$），说明过瘤胃精氨酸促进了奶牛乳腺 ACACA 的磷酸化。0 g/d 精氨酸组的 p-AMPK/AMPK 的蛋白表达比极显著低于对照组（$P<0.01$），表明 40 g/d 的保护瘤胃精氨酸可抑制 AMPK 的磷酸化。

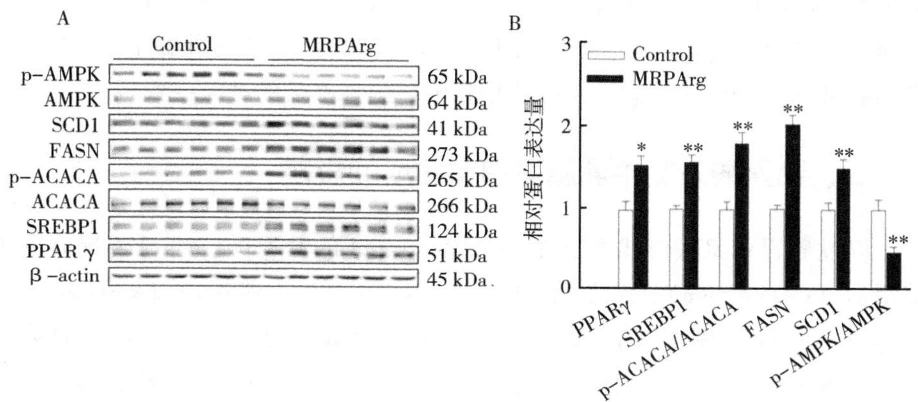

图 7-3　日粮添加精氨酸（RPArg）对牛乳腺脂肪酸合成相关 mRNA 和蛋白表达的影响

A. 添加 0 g/d 精氨酸（Control）和 40 g/d 精氨酸（MRPArg）处理的牛乳腺组织中磷酸腺苷活化蛋白激酶（AMPK）、p-AMPK、过氧化物酶体增殖物活化受体（PPARγ）、甾醇调节元件结合蛋白 1（SREBP1）、乙酰辅酶 A 羧化酶-α（ACACA）、p-ACACA、脂肪酸合成酶（FASN）、硬脂酰辅酶 A 去饱和酶 1（SCD1）的 Western blotting 分析条带，β-actin 作为参照；B. PPARγ、SREBP1、p-ACACA/ACACA、FASN、SCD1 和 p-AMPK/AMPK 的 Western blotting 分析条带的均值±SEM。* 表示 $P<0.05$ 和 ** 表示 $P<0.01$，与对照组相比。

在奶牛乳腺中，PPARγ 和 SREBP1 都被认为是脂肪生成的激活因子（Kadegowda 等，2009；Abdelatty 等，2017），调控 ACACA、FASN 和 SCD1 的表达（Abdelatty 等，2017；Faulconnier 等，2019）。FASN 和 ACACA 均参与乳腺中利用乙酸和 β-羟丁酸进行脂肪酸的生物合成（Tian 等，2022），并与 C4-16 脂肪酸的分泌呈正相关（Abdelatty 等，2017；Tian 等，2022）。SCD 蛋白催化饱和脂肪酸合成单不饱和脂肪酸（Conte 等，2010）。添加过瘤胃精氨酸后，PPARγ、SREBP1、p-ACACA/ACACA、FASN 和 SCD1 蛋白表达增加，表明乳腺中脂肪酸的从头合成和饱和脂肪酸的去饱和作用增强。

这些与乳脂肪生成相关的蛋白质表达的变化支持了乳腺中从头合成脂肪酸和混合型脂肪酸的增加。在另一项研究中，颈静脉输注精氨酸增加了 PPARγ、ACACA 和 SCD 的基因表达，促进了脂肪酸的从头合成（Ding 等，2022）。

AMPK 作为能量水平传感器（Inoki 等，2012；Ding 等，2022），当细胞处于正能量平衡与高葡萄糖时（Huang 等，2020）、高精氨酸（Ding 等，2022；Guo 等，2024）时其表达被抑制。在本研究中，过瘤胃精氨酸的添加抑制了 AMPK 蛋白的磷酸化。这一结果与 Ding 等（2022）报道的乳腺中 AMPK 最丰富的亚型 PRKAB1 基因表达在灌注精氨酸后出现降低的结果一致。

三、精氨酸对奶牛乳腺蛋白质合成的影响

以过瘤胃精氨酸形式在日粮中补充 40 g/d 的精氨酸，可显著提高 αs1-酪蛋白（αs1-casein）、β-酪蛋白（β-casein）和 κ-酪蛋白（κ-casein）的表达（$P<0.01$；图 7-4A、B）。此外，40 g/d 精氨酸组的 p-JAK2/JAK2 和 p-STAT5/STAT5 的蛋白表达比显著高于对照组（$P<0.01$；图 7-4A、B），说明过瘤胃精氨酸的补充促进了 JAK2 和 STAT5 的磷酸化。

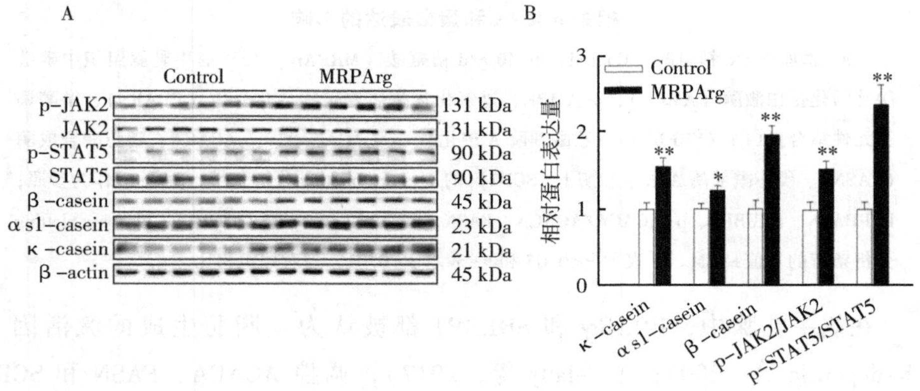

图 7-4　日粮添加精氨酸（RPArg）对牛乳腺乳蛋白合成的影响

A. 添加 0 g/d 精氨酸（Control）和 40 g/d 精氨酸（MRPArg）处理的牛乳腺组织中酪氨酸蛋白激酶 2（JAK2）、p-JAK2、信号转导和转录激活因子 5（STAT5）、p-STAT5、αs1-casein、β-casein 和 κ-casein 的 Western blotting 分析条带，β-actin 作为参照。C. p-JAK2/JAK2、p-STAT5/STAT5、αs1-casein、β-casein 和 κ-casein 的 Western blotting 分析条带的均值±SEM。* 表示 $P<0.05$ 和 ** 表示 $P<0.01$，与对照组相比。

乳腺必需氨基酸的供应在乳蛋白的合成中起着重要作用，充足的精氨酸对乳腺发育和乳蛋白合成至关重要（Ding 等，2019；Zhang 等，2020）。然而，精氨酸对乳蛋白合成的影响是由多种因素引起的。研究表明，精氨酸通过调节细胞增殖、蛋白质周转、酪蛋白基因表达，以及酪氨酸激酶 2（JAK2）/信号转导和转录激活因子 5（STAT5）或雷帕霉素靶蛋白（mTOR）信号通路的激活来促进乳蛋白合成（Ma 等，2018；Wang 等，2014）。在本研究中，以过瘤胃精氨酸形式补充 40 g/d 的精氨酸可促进乳腺细胞增殖、酪蛋白表达和 JAK2/STAT5 信号通路的激活。酪蛋白是由 αs1-casein、αs2-casein、β-casein 和 κ-casein 组成的蛋白簇，分别由 CSN1S1、CSN1S2、CSN2 和 CSN3 基因编码（Zhang 等，2020）。目前，研究主要集中在精氨酸对乳腺上皮细胞中酪蛋白基因表达的影响。精氨酸通过调节酪蛋白基因的转录在乳腺上皮细胞的酪蛋白合成中发挥重要作用（Wang 等，2014）。同样，Sun 等（2023）发现 2.8 mmol/L 的 Arg 对 αs1-酪蛋白合成的影响最大。然而，关于精氨酸对奶牛乳蛋白合成影响的体内研究很少。在本研究中，以过瘤胃精氨酸形式补充 40 g/d 的精氨酸，αs1-casein、β-casein 和 κ-casein 的表达增加可能与提高精氨酸可利用率和激活 JAK2/STAT5 信号通路有关，从而增加乳腺对精氨酸的摄取和蛋白质合成。同样，其他研究表明精氨酸输注可促进乳蛋白含量、酪蛋白产量以及 CSN1S1 和 CSN1S2 的表达（Zhang 等，2020）。此外，精氨酸缺乏导致奶牛乳蛋白产量和 αs1-casein、β-casein 和 κ-casein 含量显著降低（Tian 等，2017a）。早先的研究证实酪蛋白基因的转录受 STAT5 调控，STAT5 将细胞因子和生长因子受体的信号传递给核靶基因（Levy 和 Darnell，2002）。而 STAT5 被 JAK2 磷酸化，转运到细胞核并与特定序列结合（Devi 和 Halperin，2014）。在牛体内，STAT5 响应催乳素和其他产乳因子，其活性在泌乳期间增加（Yang 等，2000）。精氨酸不仅作为细胞信号分子，还作为基因表达和蛋白磷酸化级联的调节因子（Wu，2009）。本研究中补充精氨酸增加了 JAK2 和 STAT5 的蛋白表达，这可能提示了蛋白质合成受精氨酸的刺激（Burgos 等，2010；Wang 等，2014）。Zhang 等（2020）也发现灌注精氨酸增加了 JAK2 和 STAT5 的 mRNA 表达。虽然本研究未测定 mTOR 的表达，但在乳腺上皮细胞中的其他研究发现，精氨酸通过激活 mTOR 促进酪蛋白合成（Wang 等，

2014；Sun 等，2023）。

本章小结

在奶牛饲粮中添加过瘤胃精氨酸可通过刺激营养物质消化和乳腺脂肪酸及蛋白质合成，对奶牛产奶量和饲料效率产生积极影响。此外，瘤胃保护精氨酸的添加激活了 GPRC6A-Akt/mTOR 通路，促进了细胞增殖相关蛋白的表达，促进了乳脂肪酸和乳蛋白的合成。今后的研究应进一步确定乳脂肪酸和蛋白质合成的潜在机制。

第八章　叶酸对奶牛乳腺发育和泌乳的影响

叶酸在DNA合成、DNA修复、细胞增殖、发育和形态发生中发挥着重要作用。由于早期观察到叶酸是由瘤胃微生物在瘤胃中大量合成的，传统营养忽视了反刍动物叶酸的添加。然而，瘤胃合成的叶酸在16.5~21.0 mg/d，无法满足高产奶牛叶酸（35 mg/d）的需求。最近的研究发现，添加叶酸通过促进瘤胃发酵、微生物酶活性、纤维素分解细菌，提高了高产奶牛牛奶、乳脂和乳蛋白产量。高产奶牛除了瘤胃微生物合成叶酸外，还需要大量的叶酸来维持其健康状态和生产能力，特别是细胞分裂率高的组织，如乳腺细胞。截至目前，叶酸影响牛乳腺上皮细胞增殖的Akt和mTOR信号通路的影响尚不清楚。

第一节　叶酸对奶牛泌乳性能和血液指标的影响

一、添加叶酸和过瘤胃叶酸对奶牛泌乳性能的影响

由表8-1可知，虽然干物质摄入量无显著差异，但过瘤胃叶酸添加组的实际产奶量显著高于对照组（$P<0.05$）。乳脂率随叶酸添加有增加的趋势，过瘤胃叶酸添加组的乳脂校正乳产量最高，对照组最低（$P<0.05$）。牛奶乳蛋白含量也以过瘤胃叶酸添加组最高，对照组最低（$P<0.05$）。添加过瘤胃叶酸组的牛奶乳蛋白产量高于对照组（$P<0.05$）。然而，叶酸的添加对乳糖的含量和产量没有影响。

表 8-1　添加叶酸和过瘤胃叶酸对泌乳奶牛泌乳性能的影响

项目	处理[1]			SEM	P 值
	Control	FA	RPFA		
干物质采食量（kg/d）	20.7	20.9	20.8	0.45	0.171
奶产量（kg/d）					
鲜奶	35.6[b]	36.4[ab]	37.1[a]	0.83	0.029
乳脂校正乳	34.3[c]	35.6[b]	36.7[a]	0.92	0.034
乳脂	1.34	1.41	1.45	0.039	0.242
乳蛋白	1.14[b]	1.20[ab]	1.27[a]	0.024	0.025
乳糖	1.64	1.71	1.75	0.045	0.326
乳成分（g/kg）					
乳脂	37.5	38.6	39.2	0.96	0.088
乳蛋白	32.0[c]	32.9[b]	34.3[a]	0.33	0.039
乳糖	46.2	46.9	47.1	0.51	0.336
饲料效率（kg/kg）	1.72	1.74	1.78	0.015	0.066

注：[1] 对照组不添加 FA，FA 组添加 5.2 mg/kgDM 未保护 FA，RPFA 组添加 5.2 /kgDM 的 RPFA（过瘤胃叶酸）。

[a,b,c] 每行上标不同字母的均值差异显著（$P<0.05$）。

二、添加叶酸和过瘤胃叶酸对奶牛血液指标的影响

由表 8-2 可知，过瘤胃叶酸添加组血糖最高，对照组血液葡萄糖最低（$P<0.05$）。血液非酯化脂肪酸和 β-羟丁酸含量较低（$P<0.05$）。过瘤胃叶酸组血清叶酸浓度高于对照组（$P<0.05$），而过瘤胃叶酸组血液同型半胱氨酸含量低于对照组。过瘤胃叶酸组血清胰岛素样生长因子-1 浓度高于叶酸组和对照组（$P<0.05$）。与添加叶酸和对照组相比，过瘤胃叶酸显著提高了奶牛血清中雌二醇的浓度（$P<0.05$）。

表 8-2　添加叶酸和过瘤胃叶酸对泌乳奶牛血液代谢产物的影响

项目	处理[1]			SEM	P 值
	Control	FA	RPFA		
葡萄糖（mg/dL）	57.9[c]	59.5[b]	62.8[a]	1.69	0.019
非酯化脂肪酸（μEq/L）	221[a]	210[ab]	195[b]	19.8	0.023

（续表）

项目	处理[1]			SEM	P 值
	Control	FA	RPFA		
β-羟丁酸（mmol/L）	698[a]	682[ab]	667[b]	45.6	0.036
同型半胱氨酸（mol/L）	6.2[a]	5.8[ab]	5.3[b]	0.35	0.033
叶酸（ng/mL）	14.6[b]	15.9[ab]	16.7[a]	1.08	0.029
胰岛素样生长因子-1（ng/mL）	201.6[b]	213.8[b]	239.5[a]	4.27	0.034
雌二醇（pg/mL）	51.3[b]	53.4[b]	60.2[a]	1.13	0.026

注：[1] 对照组不添加 FA，FA 组添加 5.2 mg/kgDM 未保护 FA，RPFA 组添加 5.2 /kgDM 的 RPFA。

[a,b,c] 每行上标不同字母的均值差异显著（$P<0.05$）。

前期研究表明，饲粮中添加叶酸可以通过刺激瘤胃发酵和营养消化提高泌乳奶牛的产奶量（Wang 等，2019；Cheng 等，2020）。过瘤胃叶酸可以提高葡萄糖浓度表明脂肪酸被完全氧化，形成大量的乙酰辅酶 A，促进丙酮酸羧化酶，使丙酮酸最终通过糖异生代谢为葡萄糖（Graulet 等，2007）。过瘤胃叶酸降低血浆非酯化脂肪酸和 β-羟丁酸表明过瘤胃叶酸抑制了体脂动员，提高了能量平衡（Liu 等，2016）。其他研究发现，补充 2.6 g/d 的叶酸提高了血浆叶酸浓度（Liu 等，2016；Graulet 等，2007）。血清同型半胱氨酸的降低反映了蛋白质合成的需求（Zhao 等，2010），上述结果也证实了过瘤胃叶酸的添加促进了营养物质的消化。补充叶酸可提高血清胰岛素样生长因子-1 和雌二醇水平，促进牛乳腺上皮细胞增殖；众所周知，胰岛素样生长因子-1 和雌二醇对乳腺导管发育至关重要（Rosen，2012）。生长激素通过促进肝脏和乳腺中胰岛素样生长因子-1 的表达来刺激细胞增殖。此外，来自卵巢的胰岛素样生长因子-1 和雌二醇刺激上皮细胞增殖（Mallepell 等，2006）。其他研究也发现，胰岛素样生长因子-1 通过其受体激活 PI3K/Akt 信号通路，促进上皮细胞增殖（Zhou 等，2017）。因此，目前过瘤胃叶酸增加血清胰岛素样生长因子-1 和雌二醇水平的结果可能支持过瘤胃叶酸刺激乳腺发育的结果。此外，与叶酸相比，过瘤胃叶酸添加显著增加胰岛素样生长因子-1 和雌二醇水平也表明过瘤胃叶酸比叶酸更能有效地刺激牛乳腺上皮细胞增殖，因为过瘤胃叶酸的瘤胃通过率更高，避免了叶酸被瘤胃微生物降解。

第二节 叶酸对奶牛养分消化和瘤胃代谢的影响

一、添加叶酸和过瘤胃叶酸对奶牛养分消化的影响

由表 8-3 可知，过瘤胃叶酸添加组干物质、有机物、粗蛋白质和粗脂肪消化率最高，对照组干物质、有机物、粗蛋白质和粗脂肪消化率最低（$P<0.05$）。对于中性洗涤纤维和酸性洗涤纤维消化率，叶酸添加组显著高于过瘤胃叶酸添加组和对照组（$P<0.05$），而过瘤胃叶酸添加组与对照组之间无显著差异（$P>0.05$）。

表 8-3 添加叶酸和过瘤胃叶酸对泌乳奶牛营养物质消化率的影响 单位：%

项目	处理[1]			SEM	P 值
	Control	FA	RPFA		
干物质	68.23[c]	71.62[b]	73.07[a]	0.713	0.015
有机物	70.33[c]	73.56[b]	74.97[a]	0.688	0.032
粗蛋白质	72.00[c]	74.45[b]	76.67[a]	0.797	0.024
粗脂肪	81.70[c]	83.59[b]	84.54[a]	0.687	0.011
中性洗涤纤维	62.23[b]	65.02[a]	62.90[b]	0.655	0.013
酸性洗涤纤维	48.83[b]	54.96[a]	49.02[b]	0.746	0.012

注：[1] 对照组不添加 FA，FA 组添加 5.2 mg/kgDM 未保护 FA，RPFA 组添加 5.2 /kgDM 的 RPFA。
[a,b,c] 每行上标不同字母的均值差异显著（$P<0.05$）。

反刍动物营养物质消化的主要部位在瘤胃，其次是小肠，影响瘤胃养分消化的因素是微生物的生长状况和酶活性（Liu 等，2014）。日粮干物质和有机物的表观消化率提高，与瘤胃总挥发性脂肪酸浓度增加的结果一致，表明添加叶酸促进了饲料养分在瘤胃的降解。试验结果归因于，添加叶酸瘤胃微生物数量和酶活性的提高。体外试验发现，添加叶酸，瘤胃有机物降解率提高。此外，叶酸能够使得小肠绒毛的长度变长，进一步增大食糜与肠道的接触面积，促进营养物质在肠道的消化吸收。试验用过瘤胃叶酸添加剂约 85%在小肠中释放。因此，添加过瘤胃叶酸较叶酸显著促进了日粮养分在小

肠的消化。日粮粗蛋白质表观消化率提高，与瘤胃中蛋白酶活性和蛋白质分解细菌（嗜淀粉瘤胃杆菌、溶纤维丁酸弧菌和栖瘤胃普雷沃氏菌）数量增加有关，与血液中总蛋白和白蛋白浓度升高的结果一致。同样，中性洗涤纤维和酸性洗涤纤维表观消化率的提高，与瘤胃中乙酸浓度提高的结果一致，归因于添加叶酸，瘤胃羧甲基纤维素酶和果胶酶活性以及纤维分解菌（白色瘤胃球菌、黄色瘤胃球菌、产琥珀酸丝状杆菌和溶纤维丁酸弧菌）数量的增加。

二、添加叶酸和过瘤胃叶酸对奶牛瘤胃代谢的影响

（一）瘤胃发酵

由表 8-4 可知，叶酸的添加对瘤胃 pH 值无显著变化（$P>0.05$）；叶酸添加组瘤胃总挥发性脂肪酸浓度显著高于过瘤胃叶酸组和对照组（$P<0.05$）。叶酸组显著降低了瘤胃乙酸摩尔百分比（$P<0.05$）。过瘤胃叶酸组和叶酸组较对照组显著提高了丙酸摩尔百分比（$P<0.05$）。叶酸组较对照组显著降低了乙酸和丙酸比例以及 NH_3-N 浓度（$P<0.05$）。

表 8-4 添加叶酸和过瘤胃叶酸对泌乳奶牛瘤胃发酵参数的影响

项目	处理[1]			SEM	*P* 值
	Control	FA	RPFA		
pH 值	6.74	6.56	6.69	0.051	0.082
总挥发酸（mmol/L）	124.5[c]	135.0[a]	127.5[b]	1.17	0.001
摩尔百分比					
乙酸	55.84[a]	54.56[b]	55.24[ab]	0.429	0.025
丙酸	24.02[b]	26.05[a]	25.27[a]	0.308	0.021
丁酸	15.74	15.20	15.23	0.268	0.154
戊酸	1.96	1.92	1.86	0.063	0.248
异丁酸	0.48	0.40	0.44	0.029	0.174
异戊酸	1.93	1.95	1.94	0.064	0.376
乙酸/丙酸	2.38[a]	2.16[b]	2.26[ab]	0.046	0.023
氨态氮（mg/100 mL）	14.68[a]	11.30[b]	13.49[ab]	0.464	0.049

注：[1] 对照组不添加 FA，FA 组添加 5.2 mg/kgDM 未保护 FA，RPFA 组添加 5.2 /kgDM 的 RPFA。

[a,b,c] 每行上标不同字母的均值差异显著（$P<0.05$）。

日粮中添加叶酸后对瘤胃 pH 值无显著影响。瘤胃的 pH 值作为衡量瘤胃内环境稳态的重要指标，对瘤胃中菌群数量有重要的影响。研究证明，瘤胃最适 pH 值为 6.43~6.75（Russell 和 Wilson，1996），在这个范围中，瘤胃养分降解率最高，纤维分解菌的活力也最高，当 pH 值小于 6.2 时，会抑制纤维分解菌的活力。本试验中，各组奶牛瘤胃 pH 值处于正常范围。日粮添加叶酸显著增加了瘤胃总挥发性脂肪酸的浓度，归因于瘤胃中各消化酶活性以及瘤胃微生物数量的显著增加。

添加叶酸后，乙酸摩尔百分比与乙酸/丙酸下降，而瘤胃总挥发性脂肪酸浓度和丙酸摩尔百分比增加，使瘤胃发酵模式向产生更多的丙酸转移。瘤胃中的丙酸的主要来源是瘤胃中非纤维性碳水化合物（NFC）的降解，瘤胃丙酸摩尔百分比的增加表明饲料中 NFC 的降解增加，这与瘤胃中溶纤维丁酸弧菌、栖瘤胃普雷沃氏菌和嗜淀粉瘤胃杆菌这三类淀粉降解菌数量的增加相一致。

瘤胃中 NH_3-N 是蛋白质降解后的产物，为瘤胃微生物合成菌体蛋白（MCP）提供原料。日粮添加叶酸，瘤胃 NH_3-N 浓度显著下降。研究表明，利于瘤胃中微生物生长的理想 NH_3-N 浓度是 5~30 mg/dL（Reynolds 和 Kristensen，2008）。本试验中 NH_3-N 的浓度为 11.30~14.68 mg/dL。基于瘤胃总细菌和总挥发性脂肪酸浓度增加的结果，可以推断瘤胃 NH_3-N 浓度的降低归因于 MCP 合成量的增加，即添加叶酸促进了 MCP 的合成。

（二）瘤胃酶活

由表 8-5 可知，叶酸的添加较对照组显著提高了羧甲基纤维素酶、木聚糖酶、果胶酶和蛋白酶的活性（$P<0.05$），而过瘤胃叶酸组与对照组无显著差异（$P>0.05$）。

表 8-5　添加叶酸和过瘤胃叶酸对泌乳奶牛瘤胃微生物酶活的影响

项目[2]	处理[1]			SEM	P 值
	Control	FA	RPFA		
羧甲基纤维素酶	0.19[b]	0.32[a]	0.25[b]	0.022	0.003
纤维二糖酶	0.18	0.22	0.19	0.009	0.417
木聚糖酶	0.77[b]	0.93[a]	0.78[b]	0.023	0.004

（续表）

项目[2]	处理[1]			SEM	P 值
	Control	FA	RPFA		
果胶酶	0.35[b]	0.46[a]	0.37[b]	0.015	0.006
α-淀粉酶	0.57	0.61	0.59	0.011	0.457
蛋白酶	0.64[b]	0.80[a]	0.66[b]	0.024	0.005

注：[1] 对照组不添加 FA，FA 组添加 5.2 mg/kgDM 未保护 FA，RPFA 组添加 5.2 /kgDM 的 RPFA。

[2]酶活力单位：羧甲基纤维素酶［μmol 葡萄糖/（min · mL）］；纤维二糖酶［μmol 葡萄糖/（min · mL）］；木聚糖酶［μmol 木聚糖/（min · mL）］；果胶酶［D-半乳糖醛酸/（min · mL）］；α-淀粉酶［μmol 葡萄糖/（min · mL）］；蛋白酶［μmol 水解蛋白/（min · mL）］。

[a,b,c] 每行上标不同字母的均值差异显著（$P<0.05$）。

（三）瘤胃菌群

由表 8-6 可知，叶酸的添加较对照组提高了瘤胃中总菌、总厌氧真菌和白色瘤胃球菌的数量（$P<0.05$），降低了总产甲烷菌数量（$P<0.05$）。叶酸和过瘤胃叶酸均提高了瘤胃总原虫的数量（$P<0.05$）。对于黄色瘤胃球菌、产琥珀酸丝状杆菌、溶纤维丁酸弧菌、栖瘤胃普雷沃氏菌和嗜淀粉瘤胃杆菌的数量，叶酸组最高，其次为过瘤胃叶酸组，对照组最低（$P<0.05$）。

表 8-6　添加叶酸和过瘤胃叶酸对泌乳奶牛瘤胃微生物数量的影响

项目	处理[1]			SEM	P 值
	Control	FA	RPFA		
总菌，$\times 10^{11}$	4.02[b]	5.23[a]	4.75[ab]	0.170	0.019
总厌氧真菌，$\times 10^{7}$	3.87[b]	4.65[a]	4.33[ab]	0.202	0.042
总原虫，$\times 10^{5}$	1.16[b]	1.54[a]	1.48[a]	0.102	0.033
总产甲烷菌，$\times 10^{9}$	6.16[a]	5.27[b]	5.80[ab]	0.132	0.025
白色瘤胃球菌，$\times 10^{8}$	2.73[b]	4.29[a]	2.90[b]	0.256	0.029
黄色瘤胃球菌，$\times 10^{9}$	1.01[c]	1.88[a]	1.47[b]	0.097	0.001
产琥珀丝状杆菌，$\times 10^{10}$	4.54[c]	6.52[a]	5.69[b]	0.267	0.019
溶纤维丁酸弧菌，$\times 10^{9}$	3.01[c]	3.98[a]	3.30[b]	0.112	0.001
栖瘤胃普雷沃氏菌，$\times 10^{9}$	3.55[c]	4.45[a]	4.01[b]	0.137	0.040
嗜淀粉瘤胃杆菌，$\times 10^{8}$	4.85[c]	6.46[a]	5.43[b]	0.099	0.012

注：[1] 对照组不添加 FA，FA 组添加 5.2 mg/kgDM 未保护 FA，RPFA 组添加 5.2 /kgDM 的 RPFA。

[a,b,c] 每行上标不同字母的均值差异显著（$P<0.05$）。

瘤胃微生物分泌纤维酶、淀粉酶和蛋白酶，降解日粮养分为挥发性脂肪酸，为反刍动物提供能量，瘤胃内酶的活性与菌群数量有关。日粮添加叶酸显著提高了瘤胃内羧甲基纤维素酶、木聚糖酶和果胶酶活性，与总菌、总厌氧真菌、总原虫、白色瘤胃球菌、黄色瘤胃球菌、产琥珀酸丝状杆菌和溶纤维丁酸弧菌数量增加的结果相一致。真菌的菌丝能穿透植物角质层，原虫负责降解大约30%的纤维物质，白色瘤胃球菌、黄色瘤胃球菌、溶纤维丁酸弧菌和产琥珀丝状杆菌是主要的纤维素分解菌。早期体外试验发现，添加叶酸，促进了纤维分解菌的生长，瘤胃微生物尤其是瘤胃纤维分解菌的生长需要叶酸（Santschi 等，2005）。淀粉酶活性的提高归因于溶纤维丁酸弧菌、栖瘤胃普雷沃氏菌和嗜淀粉瘤胃杆菌数量的增加，表明添加叶酸促进了淀粉降解菌的生长，与丙酸摩尔百分比增加的结果相一致。瘤胃产甲烷菌数量的降低与瘤胃丙酸浓度的增加有关。产甲烷菌的生长和瘤胃丙酸的生成都需要氢，瘤胃微生物合成丙酸的过程中消耗了氢，限制了产甲烷菌的生长和繁殖，导致其数量减少。

第三节　叶酸对奶牛乳腺上皮细胞增殖和乳蛋白合成的影响

一、叶酸对奶牛乳腺上皮细胞增殖的影响

为了研究补充叶酸对牛乳腺上皮细胞增殖的影响，将牛乳腺上皮细胞在DMEM-F12 和不同添加剂量（5 μmol/L、10 μmol/L、20 μmol/L、40 μmol/L、80 μmol/L 和 160 μmol/L）的叶酸中培养 3 d。CCK-8 试验结果表明，叶酸二次曲线促进了牛乳腺上皮细胞的增殖（$P<0.01$）。在 5～160 μmol/L 范围内，与对照组相比，高剂量叶酸（>20 μmol/L）对牛乳腺上皮细胞增殖没有进一步促进作用（图 8-1 A）。因此，我们选择了 10 μmol/L 的叶酸进行后续的试验。同时，EdU 检测结果表明，补充 10 μmol/L 叶酸提高了 EdU 阳性细胞的比例（图 8-1 B、C）。

在本研究中，补充叶酸促进了牛乳腺上皮细胞的增殖，抑制了与牛乳腺上皮细胞凋亡相关的 mRNA 或蛋白的表达，在细胞和分子水平上支持了上述

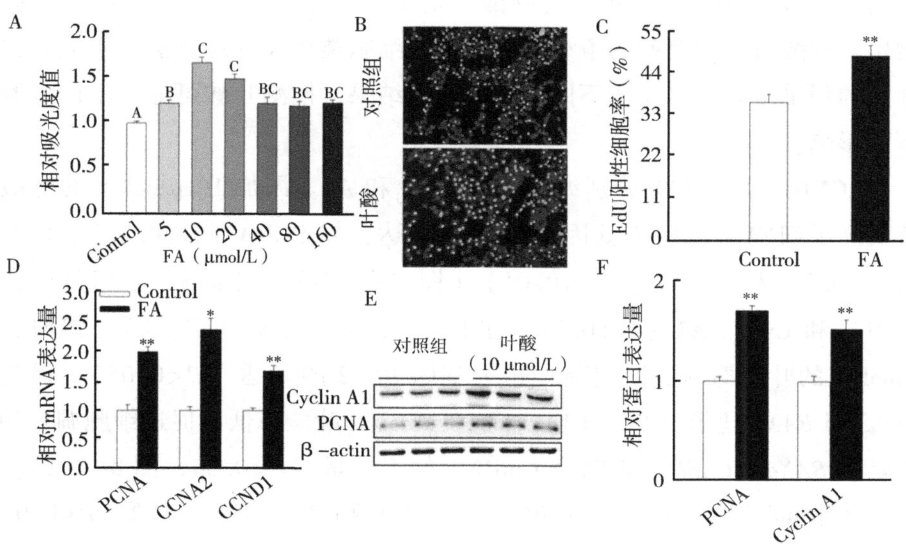

图 8-1　叶酸对牛乳腺上皮细胞增殖的影响

A. 采用 CCK-8 法测定不同剂量的叶酸（0 μmol/L、5 μmol/L、10 μmol/L、20 μmol/L、40 μmol/L、80 μmol/L 和 160 μmol/L）对培养 3 d 后牛乳腺上皮细胞增殖的影响；B. 通过 EdU 掺入法测定叶酸（0 μmol/L 和 10 μmol/L）对牛乳腺上皮细胞增殖的影响；C. 叶酸组 EdU 阳性细胞百分比分析；D. 10 μmol/L 叶酸对 PCNA 和细胞周期蛋白（CCNA2 和 CCND1）mRNA 表达水平的影响；E. 培养 3 d 后牛乳腺上皮细胞中增殖标志物 PCNA 和 Cyclin A1 的 Western blotting 分析条带，β-肌动蛋白作为参照；F. PCNA 和 Cyclin A1 Western blotting 分析条带的均值±SEM。不使用相同大写字母的条形图差异显著（$P<0.01$）。* 表示 $P<0.05$ 和 ** 表示 $P<0.01$ 与对照组相比。

研究。特别是，饲粮中添加叶酸可成倍增加泌乳奶牛的产奶量（Liu 等，2016）。虽然 5~160 μmol/L 叶酸对牛乳腺上皮细胞增殖有促进作用，但与 10 μmol/L 叶酸相比，高剂量叶酸（>20 μmol/L）不能进一步促进牛乳腺上皮细胞增殖。结果表明，叶酸对牛乳腺上皮细胞增殖的适宜剂量为 10 μmol/L，补充叶酸对牛乳腺上皮细胞的增殖有二次曲线促进作用。同样，Bae 等（2020）报道，不同浓度的叶酸可以刺激牛乳腺上皮细胞的增殖。与本研究相比，Bae 等补充叶酸（0 ng/mL、3.1 ng/mL、15.4 ng/mL 和 30.8 ng/mL 相当于 0 μmol/L、0.007 μmol/L、0.035 μmol/L 和 0.07 μmol/L 叶酸）的添加量非常低。在本研究中，补充叶酸对牛乳腺上皮细胞增殖产生二次响应。

然而，Li 等（2013）发现补充叶酸以剂量依赖性的方式刺激神经干细胞的增殖。叶酸对细胞增殖的争议可能是由于细胞类型和处理方法的不同，包括叶酸的剂量或处理时间的不同。综合以上结果，推测叶酸可能对不同细胞有不同影响。

CCND1 和 CCNA2 分别编码 Cyclin D1 和 A2。添加 10 μmol/L 的叶酸显著提高了细胞增殖相关基因的 mRNA 表达，如 PCNA（$P<0.01$）、CCNA2（$P<0.05$）和 CCND1（$P<0.01$）（图 8-1 D），也提高了 PCNA（$P<0.01$）和 Cyclin A1（$P<0.01$）蛋白质表达（图 8-1 E、F）。同时，10 μmol/L 的叶酸抑制了细胞凋亡相关基因 *BCL2* 的表达（$P<0.05$），提高了 *BCL2* 与 *BAX4* 比值（$P<0.01$），而 10 μmol/L 叶酸降低了促进细胞凋亡的相关基因 *BAX4*、*CASP3* 和 *CASP9* mRNA 的表达量（$P<0.05$，图 8-2 A）。另外，10 μmol/L 的叶酸提高了 BCL2 蛋白表达和 BCL2/BAX 比值（$P<0.01$），降低了 BAX（$P<0.05$），Caspase-3（$P<0.05$）和 Caspase-9（$P<0.01$）的蛋白表达（图 8-2 B、C）。

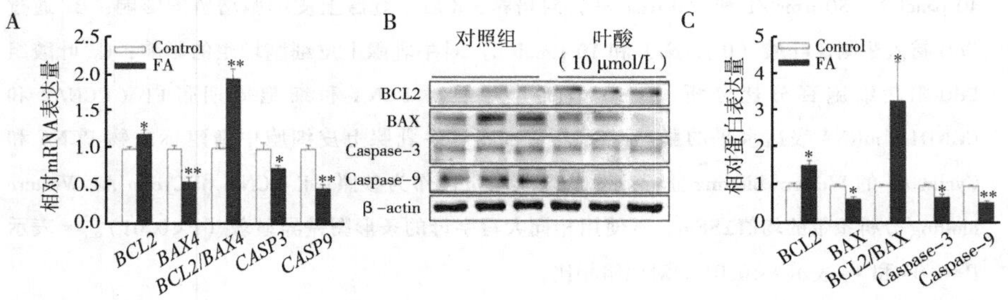

图 8-2　叶酸对牛乳腺上皮细胞凋亡的影响

A. 10 μmol/L 叶酸对 *BCL2*、*BAX4*、*BCL2/BAX4*、*CASP3* 和 *CASP9* mRNA 表达量的影响，β-actin 作为参照；B. Western blotting 分析牛乳腺上皮细胞培养 3 d 后凋亡标志物 BCL2、BAX、β-actin、Caspase-3 和 Caspase-9，β-actin 作为参照；C. BCL2、BAX、BCL2/BAX、Caspase-3 和 Caspase-9 Western blotting 分析条带的均值±SEM。* 表示 $P<0.05$ 和 ** 表示 $P<0.01$，与对照组相比。

通过刺激增殖和抑制凋亡来最大化乳腺分泌细胞的数量应该是加速泌乳奶牛泌乳持续的关键控制点（Bae 等，2020）。通过检测增殖标志物 PCNA 和细胞周期蛋白（CCNA2 和 CCND1）的基因表达量，说明叶酸对牛乳腺上皮细胞增殖的调控作用。CCND 调节细胞周期从 G1 期到 S 期的过渡，CCNA

被认为是S期DNA复制开始和完成的必要条件（Lim和Kaldis，2013）。此外，PCNA是DNA复制和修复的重要组成部分（Park等，2016）。同时，在以往的研究中，Cyclin D3和PCNA参与调节乳腺上皮细胞的增殖（Zhang等，2018；Meng等，2017）。本研究中，补充10 μmol/L叶酸提高了牛乳腺上皮细胞中PCNA和细胞周期蛋白（CCNA2和CCND1）的mRNA表达水平，提高了PCNA和CCNA1的蛋白表达水平，表明补充10 μmol/L叶酸刺激了牛乳腺上皮细胞增殖标志物的表达。细胞凋亡是通过两种主要途径——线粒体（内在的）和死亡受体（外在的）途径——高度复杂的信号级联在细胞中执行的，并由BCL2家族蛋白诱导。此外，BCL2家族蛋白参与调节凋亡细胞死亡，包括抗凋亡（BCL2等）和促凋亡（BAX等）成员（Shamas-Din等，2013）。BCL2通过抑制BAX活性来抑制细胞凋亡，因此BCL2/BAX偏高是细胞凋亡受到抑制的标志。因此，BCL2/BAX蛋白表达水平的比值可以指示细胞凋亡的状态。内源性和外源性途径都趋同于执行者Caspase的共同途径，即Caspase-3和Caspase-9（Pisani等，2020），这两种Caspase在细胞凋亡的执行阶段发挥核心作用。因此，其表达的减少抑制了细胞凋亡的启动。本研究中，添加10 μmol/L叶酸可增加BCL2 mRNA和蛋白的表达量及BCL2/BAX比值，降低BAX、Caspase-3和Caspase-9 mRNA和蛋白的表达量，提示添加10 μmol/L叶酸可刺激牛乳腺上皮细胞凋亡标志物的表达。同样，Bae等也发现，由于叶酸浓度从3.1 ng/mL增加到30.8 ng/mL，BCL2/BAX的蛋白表达比升高（Bae等，2020）。因此，这些结果说明叶酸通过刺激增殖标记物的表达和抑制凋亡标记物的表达来调节细胞增殖。

二、叶酸对奶牛乳腺上皮细胞乳蛋白合成的影响

乳蛋白在细胞内的合成受多个水平的协同调控，包括转录起始到翻译后加工的调节。α-酪蛋白和β-酪蛋白是乳蛋白的主要成分，因此可以通过测定其基因*CSN1S1*、*CSN2*、*CSN3*的相对表达量来评定乳蛋白的合成。添加10 μmol/L的叶酸显著提高了细胞乳蛋白合成相关基因的mRNA表达，如CSN1S1（$P<0.01$）、CSN2（$P<0.05$）和CSN3（$P<0.01$）（图8-3 A），也提高了α-酪蛋白（$P<0.05$）和β-酪蛋白（$P<0.01$）蛋白质表达（图8-3

B、C），这些结果提示 10 μmol/L 的叶酸可促进乳蛋白的合成。

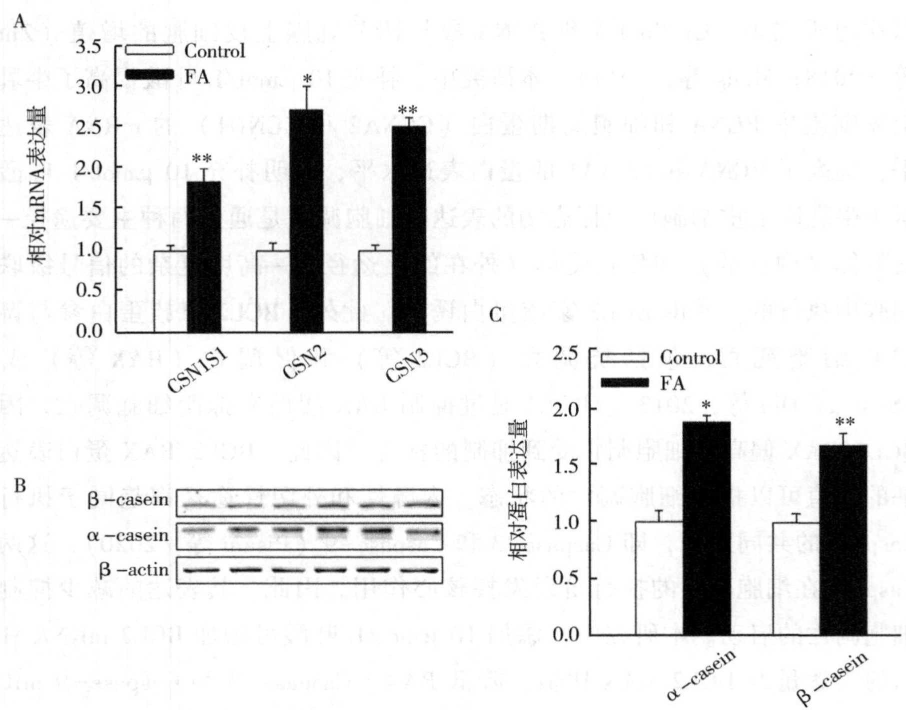

图 8-3　叶酸对牛乳腺上皮细胞乳蛋白合成的影响

A. 10 μmol/L 叶酸对 CSN1S1、CSN2 和 CSN3 的 mRNA 表达水平的影响；B. 牛乳腺上皮细胞中 α-casein、β-casein 的 Western blotting 分析，β-actin 作为参照；C. α-casein 和 β-casein 的 Western blotting 分析条带的均值±SEM。* 表示 $P<0.05$ 和 ** 表示 $P<0.01$，与对照组相比。

三、叶酸调控牛乳腺上皮细胞增殖的信号通路

由图 8-4 A 和图 8-4 B 可知，10 μmol/L 的叶酸提高了 p-Akt/Akt 和 p-mTOR/mTOR 的比值（$P<0.01$），表明 10 μmol/L 的叶酸激活了 Akt/mTOR 信号通路。这些结果提示 Akt/mTOR 信号通路可能参与了叶酸诱导的牛乳腺上皮细胞增殖。

由图 8-5A 可知，CCK-8 检测结果表明，Akt-IN-1 对牛乳腺上皮细胞增殖无影响。Akt-IN-1 能完全阻断 10 μmol/L 叶酸对牛乳腺上皮细胞增殖

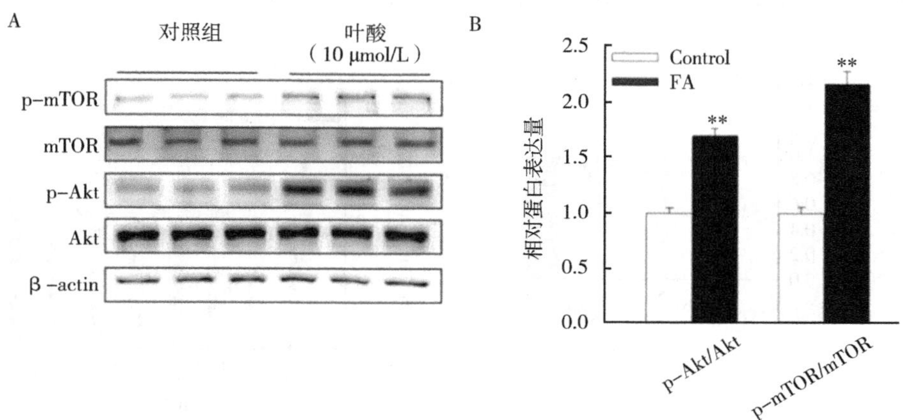

图 8-4　叶酸对牛乳腺上皮细胞的 Akt-mTOR 信号通路的影响

A. 叶酸（0 μmol/L 和 10 μmol/L）处理牛乳腺上皮细胞培养 3 d 后，Western blotting 分析细胞中 p-Akt、Akt、p-mTOR 和 mTOR 的变化，β-actin 作为参照；B. p-Akt/Akt 和 p-mTOR/mTOR 的 Western blotting 分析条带的均值±SEM。** 表示 $P<0.01$，与对照组相比。

的刺激（$P<0.05$）。20 nmol/L Akt-IN-1 逆转了 10 μmol/L 叶酸提高的 *PCNA*、*CCNA2*、*CCND1* 和 *BCL2* 的 mRNA 表达水平以及 *BCL2/BAX4* 比值（$P<0.05$），也逆转了 10 μmol/L 叶酸降低的 *BAX4*、*CASP3* 和 *CSAP9* mRNA 表达水平（$P<0.05$）（图 8-5B）。由图 8-5C 和图 8-5D 可知，20 nmol/L Akt-IN-1 逆转了 PCNA、Cyclin A1、BCL2、BAX、BCL2/BAX、Caspase-3 和 Caspase-9 的蛋白表达（$P<0.05$）。此外，补充 10 μmol/L 叶酸显著提高 p-Akt/Akt 比值（$P<0.01$）和 p-mTOR/mTOR 比值（$P<0.01$）的响应也被 20 nmol/L Akt-IN-1 消除（$P<0.05$）。值得注意的是，Akt-IN-1 阻断了叶酸对 Akt 下游靶点 mTOR 的激活，表明 mTOR 可能参与了叶酸刺激的 Akt 信号级联。

近年来，Akt 信号通路参与调节多种细胞的增殖和凋亡，如乳腺癌细胞（Graulet 等，2007）和 HC11 细胞（MENG 等，2017）。根据这些结果，在本研究中，10 μmol/L 叶酸激活了牛乳腺上皮细胞增殖过程中的 Akt 信号通路。Akt-IN-1 抑制 Akt 信号通路逆转了叶酸促进的细胞活力，以及增殖标记物和凋亡标记物的表达，进一步支持了这一点。Akt-IN-1 阻断了 P-Akt/Akt 和 P-MTOR/MTOR 比值及蛋白的表达。这一发现为 Akt-MTOR 信号通路的激活可能参与叶酸对牛乳腺上皮细胞的促增殖作用提供了证据。

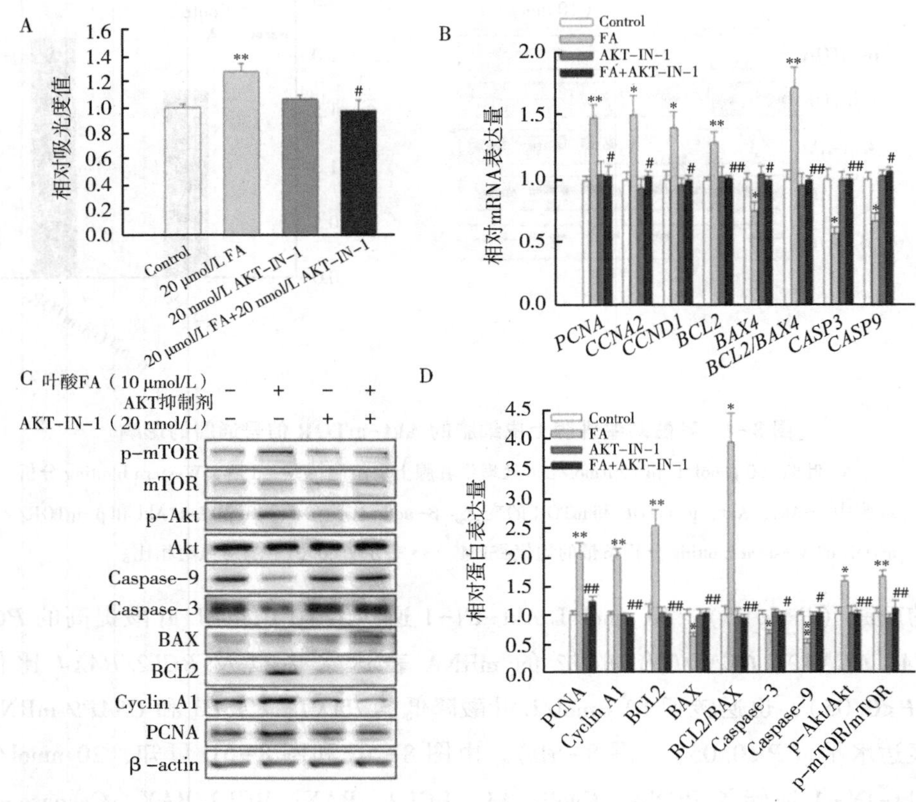

图 8-5　抑制 Akt 逆转了叶酸对牛乳腺上皮细胞增殖的刺激和 mTOR 信号通路的激活

A. 用 CCK-8 法测定 20 nmol/L Akt 抑制剂-1（Akt-IN-1）对牛乳腺上皮细胞孵育 3 d 后增殖的影响；B. 10 μmol/L 叶酸和/或 20 nmol/L Akt-IN-1 作用下 *PCNA*、细胞周期蛋白（*CCNA2* 和 *CCND1*）、*BCL2*、*BAX4*、*BCL2/BAX4*、*CASP3* 和 *CASP9* 的 mRNA 表达水平，β-actin 作为参照；C. Western blotting 分析牛乳腺上皮细胞在 10 μmol/L 叶酸和/或 20 nmol/L Akt-IN-1 存在下培养 3 d 后 PCNA、Cyclin A1、BCL2、BAX、Caspase-3、Caspase-9、p-Akt、Akt、p-mTOR 和 mTOR 的变化，β-actin 作为参照；D. PCNA、Cyclin A1、BCL2、BAX、BCL2/BAX、Caspase-3、Caspase-9、p-Akt/Akt、p-mTOR/mTOR Western blotting 分析条带的平均值±SEM。* 表示 $P<0.05$ 和 ** 表示 $P<0.01$ 与对照组比较，#表示 $P<0.05$ 和##表示 $P<0.01$ 与叶酸组比较。

由图 8-6A 可知，50 pmol/L Rap 阻断了 10 μmol/L 的叶酸对牛乳腺上皮细胞增殖的刺激（$P<0.01$）。同时，50 pmol/L Rap 消除了 10 μmol/L 的叶酸对 *PCNA*、*CCNA2* 和 *CCND1* mRNA 表达水平的提高（图 8-6B），以及 Cyclin A1 和 PCNA 蛋白表达的提高（$P<0.01$，图 8-6C、D）。值得注意的是，

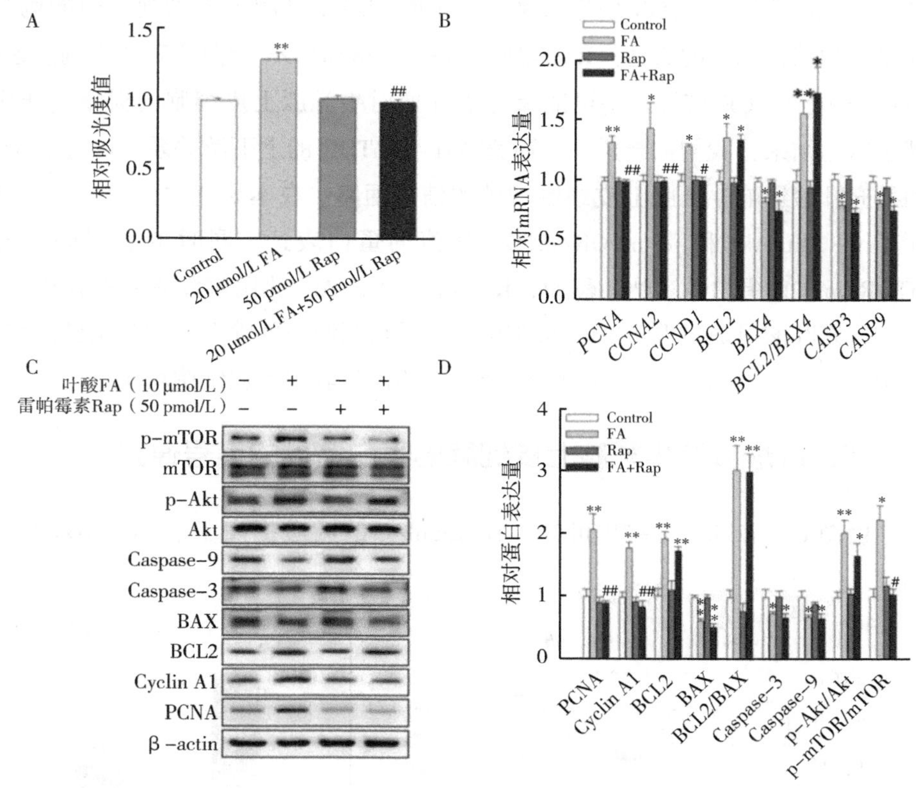

图 8-6　抑制 mTOR 信号通路消除了叶酸对牛乳腺上皮细胞增殖的促进作用

A. 用 CCK-8 法测定 50 pmol/L 雷帕霉素（Rap，mTOR 抑制剂）对牛乳腺上皮细胞孵育 3 d 后增殖的影响；B. 10 μmol/L 叶酸和/或 50 pmol/L Rap 对 *PCNA*、细胞周期蛋白（*CCNA2* 和 *CCND1*）、*BCL2*、*BAX4*、*BCL2/BAX4*、*CASP3* 和 *CASP9* mRNA 表达水平的影响，β-actin 作为参照；C. Western blotting 分析牛乳腺上皮细胞在 10 μmol/L 叶酸和/或 50 pmol/L Rap 存在下培养 3 d 后 PCNA、Cyclin A1、BCL2、BAX、BCL2/BAX、Caspase-3、Caspase-9、p-Akt、Akt、p-mTOR 和 mTOR 的变化，β-actin 作为参照；D. PCNA、Cyclin A1、BCL2、BAX、BCL2/BAX、Caspase-3、Caspase-9、p-Akt/Akt、p-mTOR/mTOR Western blotting 分析条带的平均值±SEM。* 表示 $P<0.05$ 和 ** 表示 $P<0.01$ 与对照组比较，#表示 $P<0.05$ 和##表示 $P<0.01$ 与叶酸组相比。

抑制 mTOR 没有影响到与细胞凋亡和叶酸激活的 Akt 信号通路相关的 mRNA 或蛋白表达（图 8-6B、C、D）。

此外，mTOR 信号通路还参与调节多种细胞的增殖（Li 等，2017）。在本研究中，当牛乳腺上皮细胞暴露于 10 μmol/L 叶酸中时，mTOR 信号通路也被激活。Rap 阻断了 mTOR 信号通路逆转了叶酸对牛乳腺上皮细胞增殖的刺激，改变了增殖标志物的表达。Rap 阻断了 p-mTOR/mTOR 蛋白的表达比例。这些结果表明，mTOR 信号通路可能参与了叶酸对牛乳腺上皮细胞的促增殖作用。基于以上结果，我们需要进一步研究 Akt 与 mTOR 的上下游关系，以进一步明确补充叶酸影响牛乳腺上皮细胞增殖的信号通路。在本研究中，Akt-IN-1 阻断了 p-Akt/Akt 和 p-mTOR/mTOR 比值的蛋白表达。同时 Rap 阻断了 p-mTOR/mTOR 蛋白的表达。然而，Rap 对 p-Akt/Akt 的比值没有阻滞作用。因此，补充叶酸可通过调节 Akt-mTOR 信号通路刺激牛乳腺上皮细胞增殖。结果表明，叶酸通过调节 Akt-mTOR 信号通路调控牛乳腺上皮细胞增殖。

四、叶酸调控牛乳腺上皮细胞乳蛋白合成的信号通路

由图 8-7A 和图 8-7B 可知，10 μmol/L 的叶酸提高了 p-Akt/Akt 和 p-

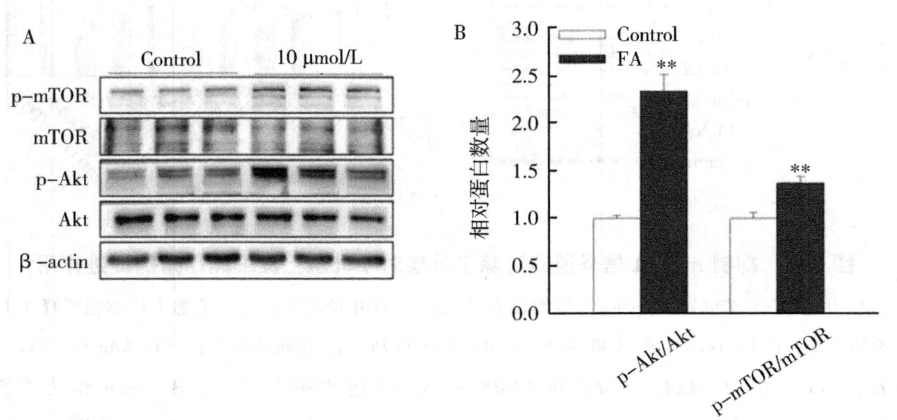

图 8-7 叶酸对牛乳腺上皮细胞乳蛋白合成 Akt-mTOR 信号通路的影响

A. 叶酸（0 μmol/L 和 10 μmol/L）诱导培养基处理牛乳腺上皮细胞培养 3 d 后，Western blotting 分析细胞中 p-Akt、Akt、p-mTOR 和 mTOR 的蛋白表达，β-actin 作为参照；B. p-Akt/Akt 和 p-mTOR/mTOR Western blotting 分析条带的均值±SEM。** 表示 $P<0.01$ 与对照组相比。

mTOR/mTOR 的比值（$P<0.01$），表明 10 μmol/L 的叶酸激活了蛋白质合成 Akt/mTOR 信号通路。这些结果提示 Akt/mTOR 信号通路可能参与了叶酸诱导的牛乳腺上皮细胞乳蛋白合成。

由图 8-8 A 可知，Akt-IN-1 能完全阻断 10 μmol/L 叶酸对牛乳腺上皮细胞乳蛋白合成的刺激（$P<0.05$）。30 nmol/L Akt-IN-1 逆转了 10 μmol/L

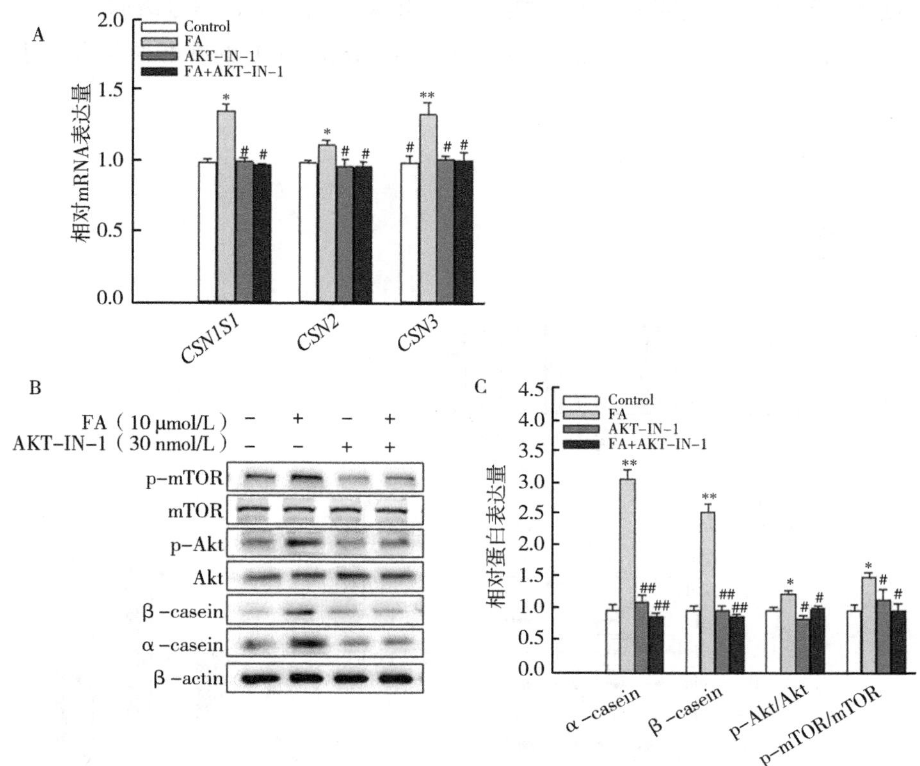

图 8-8　抑制 Akt 逆转了叶酸对牛乳腺上皮细胞乳蛋白合成的刺激和 mTOR 信号通路的激活

A. 10μmol/L 叶酸和/或 30 nmol/L Akt-IN-1 作用下 *CSN1S1*、*CSN2* 和 *CSN3* 的 mRNA 表达水平，β-actin 作为参照；B. Western blotting 分析牛乳腺上皮细胞在 10 μmol/L 叶酸和/或 30 nmol/L Akt-IN-1 存在下培养 3 d 后 α-casein、β-casein、p-Akt、Akt、p-mTOR 和 mTOR 的蛋白表达，β-actin 作为参照；C. α-casein、β-casein、p-Akt/Akt、p-mTOR/mTOR Western blotting 分析条带的平均值±SEM。* 表示 $P<0.05$ 和 ** 表示 $P<0.01$ 与对照组比较，#表示 $P<0.05$ 和##表示 $P<0.01$ 与叶酸组相比。

叶酸提高的 *CSN1S1*、*CSN2* 和 *CSN3* 的 mRNA 表达水平（$P<0.05$）。由图 8-8B 和图 8-8C 可知，30 nmol/L Akt-IN-1 逆转了 α-casein 和 β-casein 的蛋白表达（$P<0.01$）。此外，补充 10 μmol/L 叶酸显著提高的 p-Akt/Akt 比值（$P<0.05$）和 p-mTOR/mTOR 比值（$P<0.01$）的响应也被 30 nmol/L Akt-IN-1 消除（$P<0.05$）。值得注意的是，Akt-IN-1 阻断了叶酸对 mTOR 下游靶点 Akt 的激活，表明 mTOR 可能参与了叶酸刺激的 Akt 信号级联。

由图 8-9A 可知，50 pmol/L Rap 阻断了 10 μmol/L 的叶酸对牛乳腺上皮

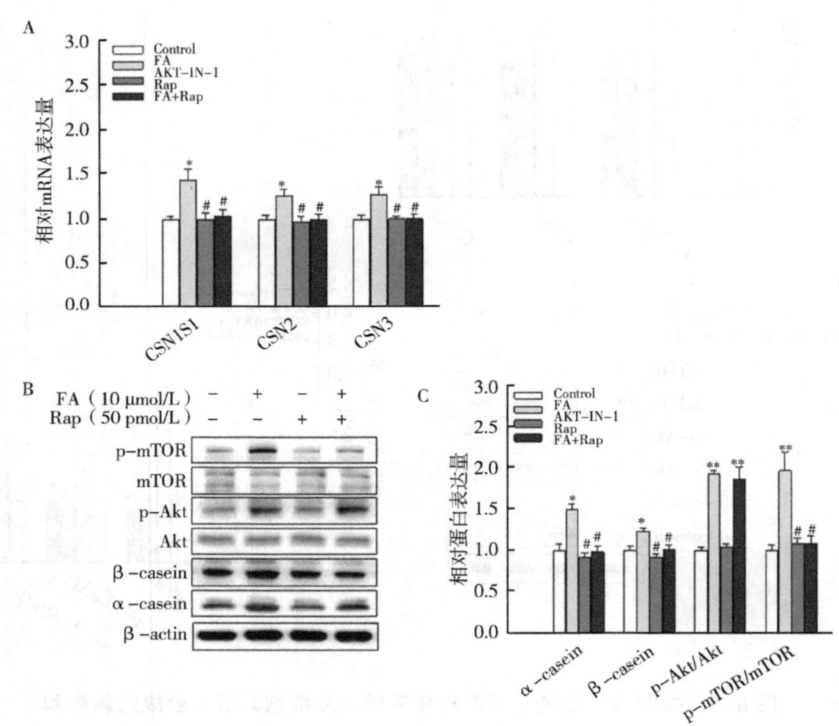

图 8-9　抑制 mTOR 信号通路消除了叶酸对牛乳腺上皮细胞乳蛋白合成的促进作用

A. 10μmol/L 叶酸和/或 50 pmol/L Rap 对 CSN1S1、CSN2 和 CSN3 的 mRNA 表达水平的影响，β-actin 作为参照；B. Western blotting 分析牛乳腺上皮细胞在 10 μmol/L 叶酸和/或 50 pmol/L Rap 存在下 α-casein、β-casein、p-Akt、Akt、p-mTOR 和 mTOR 的变化，β-actin 作为参照；C. α-casein、β-casein、p-Akt/Akt、p-mTOR/mTOR Western blotting 分析条带的平均值±SEM。* 表示 $P<0.05$ 和 ** 表示 $P<0.01$ 与对照组比较，#表示 $P<0.05$ 和##表示 $P<0.01$ 与叶酸组相比。

细胞乳蛋白合成的刺激（$P<0.05$）。同时，50 pmol/L Rap 消除了 10 μmol/L 的叶酸对 *CSN1S1*、*CSN2* 和 *CSN3* 的 mRNA 表达水平的提高（图 8-9A），以及 α-casein 和 β-casein 蛋白表达的提高（$P<0.05$）（图 8-9B、C）。值得注意的是，抑制 mTOR 没有影响到叶酸激活的 Akt 的磷酸化（图 8-9B、C）。

本章小结

叶酸通过调节 Akt-mTOR 信号通路，促进增殖及乳蛋白合成的 mRNA 和蛋白的表达，抑制凋亡标志物，从而刺激牛乳腺上皮细胞增殖和乳蛋白合成。体内研究也表明，以过瘤胃叶酸的形式添加叶酸可以提高泌乳奶牛的产奶量和乳蛋白百分比。然而，过瘤胃叶酸增强牛奶蛋白的分子机制还有待进一步研究。

第九章　钴胺素对奶牛乳腺发育和泌乳的影响

钴胺素是瘤胃微生物和奶牛的必需营养因子，是瘤胃丙酸产生和肝脏丙酸异生成葡萄糖代谢过程中关键酶的辅助因子，参与糖异生代谢的调控。泌乳牛约80%的葡萄糖来源于肝脏的糖异生作用，肝脏释放的葡萄糖约60%来源于瘤胃发酵产生的丙酸。葡萄糖作为牛乳合成的必需营养元素，是乳腺中乳蛋白合成的主要能量来源，增加葡萄糖的供应可以提高乳和乳蛋白的产量。因此，日粮中添加钴胺素能通过改善瘤胃发酵、养分消化和葡萄糖供应提高奶牛的产奶量和乳品质。

第一节　钴胺素对奶牛泌乳性能和血液指标的影响

一、钴胺素对奶牛泌乳性能的影响

由表9-1可知，提高过瘤胃钴胺素添加水平，奶牛干物质采食量线性降低（$P<0.05$）；鲜奶量呈二次曲线增加（$P<0.01$）；乳脂校正乳和乳脂产量线性增加（$P<0.05$）；乳蛋白产量呈二次曲线增加（$P<0.05$）；乳糖产量呈二次曲线增加（$P<0.05$）；乳脂率线性提高（$P<0.05$）；乳蛋白和乳糖率无显著变化（$P>0.05$）；饲料效率线性增加（$P<0.05$）。

表9-1　过瘤胃钴胺素对泌乳奶牛干物质采食量、泌乳性能和饲料转化率的影响

项目	处理[1]				SEM	P值		
	Control	LRPC	MRPC	HRPC		Treatment	Linear	Quadratic
干物质采食量（kg/d）	21.56[a]	21.68[a]	21.38[a]	20.61[b]	0.121	0.008	0.007	0.081

（续表）

项目	处理[1]				SEM	P 值		
	Control	LRPC	MRPC	HRPC		Treatment	Linear	Quadratic
奶产量（kg/d）								
鲜奶	33.36[b]	35.42[a]	35.85[a]	34.25[b]	0.198	0.006	0.645	0.008
乳脂校正乳	32.12[b]	32.89[ab]	34.86[a]	34.64[a]	0.397	0.028	0.036	0.095
乳脂	1.04[b]	1.11[ab]	1.23[a]	1.20[a]	0.029	0.057	0.023	0.405
乳蛋白	1.07[b]	1.15[ab]	1.18[a]	1.14[ab]	0.011	0.039	0.067	0.041
乳糖	1.90[b]	2.04[a]	2.07[a]	1.97[ab]	0.017	0.018	0.614	0.011
乳成分（%）								
乳脂	3.13[b]	3.12[ab]	3.42[ab]	3.49[a]	0.081	0.087	0.023	0.940
乳蛋白	3.21	3.25	3.29	3.33	0.029	0.197	0.082	0.715
乳糖	5.71	5.76	5.77	5.75	0.032	0.643	0.594	0.705
饲料效率（kg/kg）	1.55[b]	1.63[a]	1.68[a]	1.66[a]	0.008	0.008	0.009	0.504

注：[1] Control、LRPC、MRPC 和 HRPC 组分别在基础日粮中补充 0 mg 钴胺素/d、6 mg 钴胺素/d、12 mg 钴胺素/d 和 18 mg 钴胺素/d。

[a,b] 同行肩注不同字母表示差异显著（$P<0.05$）。

日粮添加过瘤胃钴胺素 6 mg/d 和 12 mg/d 对奶牛干物质采食量无显著影响。其他研究也发现，日粮添加 0.5 g/d 钴胺素对奶牛干物质采食量无显著影响（Graulet 等，2007）。但是，添加过瘤胃钴胺素 18 mg/d，奶牛干物质采食量下降。奶牛鲜奶和乳脂校正乳产量提高，与养分全消化道表观消化率和瘤胃总挥发性脂肪酸浓度提高的结果一致，表明添加过瘤胃钴胺素提高了日粮养分利用率，表现为饲料效率的增加。此外，血液葡萄糖含量的增加，表明泌乳牛葡萄糖合成增加，这也是日粮添加过瘤胃钴胺素后提高产奶量的原因。奶牛的葡萄糖供应约 15%来源于日粮淀粉在小肠消化产生的葡萄糖，85%来源于肝脏糖异生作用，而肝脏释放的葡萄糖约 60%来源于丙酸（刘强，2022）。据报道，瘤胃产生的丙酸约 83%用于葡萄糖的生成（Seal 等，1992）。钴胺素作为甲基丙二酰辅酶 A 变位酶的组成成分，是反刍动物瘤胃丙酸产生和肝脏丙酸异生成葡萄糖的必需因子。研究表明，增加肝脏糖异生是提高泌乳奶牛产奶量的有效途径（Karcher 等，2007）。其他研究也发现，奶牛每周肌内注射 10 mg 钴胺素，产奶量从 28.5 kg/d 增加到 31.1 kg/d

（Girard 和 Matte，2005）。

乳脂和乳蛋白的含量与产量是评价牛奶营养价值和奶牛生产性能的重要指标。乳脂产量和含量的提高可归因于瘤胃乙酸浓度的增加。瘤胃乙酸产量的增加有利于乳脂的合成，乙酸是乳中 C4～C16 脂肪酸合成的前体物质。研究发现，培养液中添加乙酸，促进了奶牛乳腺上皮细胞乳脂肪合成（齐利枝，2013）。肌内注射钴胺素，奶牛乳脂产量增加（Girard 和 Matte，2005）。日粮添加过瘤胃钴胺素，奶牛乳蛋白产量提高，与全消化道粗蛋白质消化率、血液总蛋白和白蛋白浓度的增加是一致的。试验结果表明，添加过瘤胃钴胺素提高了日粮蛋白质利用率。乳糖产量提高，归因于添加过瘤胃钴胺素血液葡萄糖浓度的提高。血液中的葡萄糖是乳腺组织的主要能源，也是乳糖合成的前体。其他试验同样发现，奶牛每周肌内注射 10 mg 钴胺素，乳蛋白和乳糖产量显著增加（Wang 等，2018）。

二、钴胺素对奶牛血液指标的影响

由表 9-2 可知，随日粮中过瘤胃钴胺素添加水平的提高，血液中葡萄糖、总蛋白、白蛋白、钴胺素和胰岛素含量线性增加（$P<0.05$）；随日粮中过瘤胃钴胺素添加水平的提高，血液中非酯化脂肪酸和 β-羟丁酸含量线性降低（$P<0.05$）；日粮添加过瘤胃钴胺素，血清尿素氮和甘油三酯的含量无显著变化（$P>0.05$）。

表 9-2　过瘤胃钴胺素对泌乳奶牛血液代谢产物的影响

项目	处理[1]				SEM	*P* 值		
	Control	LRPC	MRPC	HRPC		Treatment	Linear	Quadratic
葡萄糖（mmol/L）	3.07[b]	3.56[a]	3.73[a]	3.66[a]	0.074	0.017	0.003	0.417
总蛋白（g/L）	73.65[b]	86.26[a]	88.41[a]	83.31[ab]	2.172	0.042	0.028	0.209
白蛋白（g/L）	41.90[b]	47.75[a]	50.13[a]	47.07[a]	1.467	0.026	0.015	0.133
尿素氮（mmol/L）	6.66	6.53	6.35	5.96	0.186	0.532	0.195	0.659
甘油三酯（mmol/L）	0.17	0.23	0.25	0.19	0.041	0.223	0.498	0.052
非酯化脂肪酸（μmol/L）	255.8[a]	243.9[ab]	228.6[b]	222.3[b]	17.65	0.001	0.001	0.152
β-羟丁酸（μmol/L）	707.9[a]	688.5[a]	672.5[a]	614.7[b]	16.15	0.023	0.036	0.464
钴胺素（pmol/L）	273.9[b]	288.9[ab]	312.0[a]	328.3[a]	14.56	0.028	0.041	0.893

（续表）

项目	处理[1]				SEM	P 值		
	Control	LRPC	MRPC	HRPC		Treatment	Linear	Quadratic
胰岛素（mU/L）	7.97[b]	10.42[ab]	13.57[a]	13.28[a]	1.065	0.039	0.017	0.296

注：[1]Control、LRPC、MRPC 和 HRPC 组分别在基础日粮中补充 0 mg 钴胺素/d、6 mg 钴胺素/d、12 mg 钴胺素/d 和 18 mg 钴胺素/d。

[a,b]同行肩注不同字母表示差异显著（$P<0.05$）。

血液生化指标可以反映机体的生理状态，与奶牛的生产性能、健康状态等息息相关。血液葡萄糖、非酯化脂肪酸和 β-羟丁酸浓度是反映奶牛能量营养状况的重要指标。血液葡萄糖浓度升高、非酯化脂肪酸和 β-羟丁酸浓度降低的试验结果表明，添加过瘤胃钴胺素改善了泌乳牛的能量状态。日粮中添加过瘤胃钴胺素，血液葡萄糖浓度的变化与胰岛素含量的显著提高相一致，归因于添加过瘤胃钴胺素提高了瘤胃丙酸产量和改善了奶牛的钴胺素状态，表现为血液钴胺素浓度提高。奶牛的葡萄糖供应主要依靠糖异生，丙酸是糖异生的主要前体物。研究表明，增加丙酸供应，肝脏糖异生代谢效率改善，血液葡萄糖浓度提高（Lozano 等，2000）。另外，甲基丙二酰辅酶 A 变位酶是肝脏中催化丙酸进入糖异生代谢的关键酶。添加钴胺素，泌乳奶牛肝脏中甲基丙二酰辅酶 A 变位酶 mRNA 表达上调（Kennedy 等，1990）。其他研究也发现，日粮中添加钴胺素，奶牛血液葡萄糖浓度提高；钴胺素和叶酸共同添加，奶牛整体葡萄糖流量有增加的趋势（Preynat 等，2009）。血液中总蛋白、白蛋白和尿素氮的含量可反映日粮蛋白质利用率。日粮添加过瘤胃钴胺素显著提高了血清中总蛋白和白蛋白的含量，对尿素氮含量无显著影响，这与粗蛋白质表观消化率和乳蛋白含量增加的结果一致，表明过瘤胃钴胺素能促进蛋白质的利用。

第二节 钴胺素对奶牛养分消化和瘤胃代谢的影响

一、钴胺素对奶牛养分消化的影响

由表 9-3 可知，随日粮中过瘤胃钴胺素添加水平的增加，干物质、有机物、粗蛋白质、粗脂肪、中性洗涤纤维和酸性洗涤纤维的消化率呈线性增加（$P<0.05$）。

表 9-3　过瘤胃钴胺素对泌乳奶牛营养物质消化率的影响　　单位：%

项目	处理[1]				SEM	P 值		
	Control	LRPC	MRPC	HRPC		Treatment	Linear	Quadratic
干物质	64.98[c]	68.21[b]	69.59[a]	69.32[a]	0.679	0.014	0.020	0.107
有机物	66.98[c]	70.06[b]	71.40[a]	71.02[a]	0.655	0.030	0.012	0.194
粗蛋白质	68.57[c]	70.90[b]	73.02[a]	73.53[a]	0.759	0.023	0.025	0.152
粗脂肪	77.81[c]	79.61[b]	80.51[a]	80.20[a]	0.654	0.010	0.041	0.092
中性洗涤纤维	59.27[b]	59.90[b]	61.92[a]	62.73[a]	0.624	0.012	0.019	0.788
酸性洗涤纤维	46.50[b]	50.52[a]	52.34[a]	51.84[a]	0.710	0.011	0.016	0.113

注：[1]Control、LRPC、MRPC 和 HRPC 组分别在基础日粮中补充 0 mg 钴胺素/d、6 mg 钴胺素/d、12 mg 钴胺素/d 和 18 mg 钴胺素/d。

[a,b,c]同行肩注不同字母表示差异显著（$P<0.05$）。

反刍动物营养物质消化的主要部位在瘤胃，其次是小肠，影响瘤胃养分消化的因素是微生物的生长繁殖状况和酶活性（Liu 等，2014）。日粮干物质和有机物的表观消化率提高，与瘤胃总挥发性脂肪酸浓度增加的结果一致，表明添加过瘤胃钴胺素促进了饲料养分在瘤胃的降解。体外试验发现，添加钴胺素提高瘤胃有机物降解率（李亚学等，2012）。此外，钴胺素能够使小肠绒毛长度变长，进一步增大食糜与肠道的接触面积，促进营养物质的消化吸收（Kadim 等，2003）。试验用过瘤胃钴胺素添加剂约 70.5%在小肠中释放。因此，添加过瘤胃钴胺素，可促进日粮养分在小肠的消化。日粮粗蛋白质表观消化率提高，与瘤胃中蛋白酶活性和蛋白质分解细菌（嗜淀粉瘤胃杆菌、溶纤维丁酸弧菌和栖瘤胃普雷沃氏菌）数量增加有关，与血液中总蛋白和白蛋白浓度升高的结果一致。同样，中性洗涤纤维和酸性洗涤纤维表观消化率的提高，与瘤胃中乙酸浓度提高的结果一致，归因于添加过瘤胃钴胺素，瘤胃羧甲基纤维素酶和果胶酶活性以及纤维分解菌（白色瘤胃球菌、黄色瘤胃球菌、产琥珀酸丝状杆菌和溶纤维丁酸弧菌）数量的增加。纤维物质是奶牛日粮中重要的供能物质，瘤胃中的纤维分解菌降解纤维产生乙酸和丁酸。体外试验同样发现，添加钴胺素可以显著提高中性洗涤纤维的降解率

（赵芸君和孟庆翔，2006）。

二、钴胺素对奶牛瘤胃代谢的影响

（一）瘤胃发酵

由表9-4可知，随日粮中过瘤胃钴胺素添加水平的提高，瘤胃pH值无显著变化（$P>0.05$）；总挥发性脂肪酸（TVFA）浓度呈二次曲线上升（$P<0.05$）；乙酸摩尔百分比和NH_3-N浓度线性下降（$P<0.05$）；丙酸摩尔百分比线性升高（$P<0.05$）；丁酸、戊酸、异丁酸和异戊酸摩尔百分比无显著变化（$P>0.05$）；乙酸/丙酸线性下降（$P<0.05$）。

表9-4　过瘤胃钴胺素对泌乳奶牛瘤胃发酵参数的影响

项目	处理[1]				SEM	P值		
	Control	LRPC	MRPC	HRPC		Treatment	Linear	Quadratic
pH值	6.42	6.37	6.25	6.35	0.049	0.078	0.071	0.066
总挥发酸（mmol/L）	118.6[c]	121.4[b]	128.6[a]	123.2[b]	1.12	0.001	0.006	0.010
摩尔百分比								
乙酸	55.09[a]	54.51[ab]	53.87[b]	53.60[ab]	0.409	0.024	0.034	0.060
丙酸	24.30[b]	25.40[a]	26.14[a]	25.13[a]	0.293	0.020	0.012	0.059
丁酸	16.42	16.03	16.00	16.61	0.255	0.147	0.143	0.057
戊酸	1.87	1.77	1.83	2.02	0.060	0.236	0.161	0.107
异丁酸	0.46	0.42	0.38	0.56	0.028	0.166	0.274	0.055
异戊酸	1.84	1.85	1.86	1.95	0.061	0.358	0.138	0.295
乙酸/丙酸	2.27[a]	2.15[ab]	2.06[b]	2.13[ab]	0.044	0.022	0.013	0.049
氨态氮（mg/100 mL）	13.98[a]	12.85[ab]	10.76[b]	12.13[ab]	0.442	0.047	0.044	0.108

注：[1]Control、LRPC、MRPC和HRPC组分别在基础日粮中补充0 mg钴胺素/d、6 mg钴胺素/d、12 mg钴胺素/d和18 mg钴胺素/d。

[a,b]同行肩注不同字母表示差异显著（$P<0.05$）。

日粮中添加过瘤胃钴胺素后对瘤胃pH值无显著影响。瘤胃的pH值作为衡量瘤胃内环境稳态的重要指标，对瘤胃中菌群数量有重要的影响。研究证明，瘤胃pH值与瘤胃中总挥发性脂肪酸含量呈负相关，瘤胃最适pH值为6.43~6.75（Russell和Wilson，1996），在这个范围中，瘤胃养分降解率最高，纤维分解菌的活力也最高，当 pH 值小于 6.2 时，会抑制纤维分解菌的活力。本试验中，各组奶牛瘤胃 pH 值处于正常范围。日粮添加过瘤胃钴胺素显著增加了瘤胃总挥发性脂肪酸的浓度，这与干物质和有机物质消化率提高的结果一致，归因于瘤胃中各消化酶活性以及瘤胃微生物数量的显著增加。但是，体外试验发现，在精粗比为 30：70 的日粮中添加钴胺素，对瘤胃总挥发性脂肪酸浓度无显著影响。结果的不同可能是与试验日粮组成不同有关，日粮组成是影响瘤胃微生物生长的第一限制性因素，瘤胃钴胺素的合成量与日粮组成有关。

添加过瘤胃钴胺素后，乙酸摩尔百分比与乙酸/丙酸下降，而瘤胃总挥发性脂肪酸浓度和丙酸摩尔百分比增加，使瘤胃发酵模式向产生更多的丙酸转移。瘤胃中的乙酸主要由瘤胃微生物分解纤维而来，丙酸的主要来源于瘤胃中非纤维性碳水化合物（NFC）的降解，瘤胃丙酸摩尔百分比的增加表明饲料中 NFC 的降解增加，这与瘤胃中溶纤维丁酸弧菌、栖瘤胃普雷沃氏菌和嗜淀粉瘤胃杆菌这三类淀粉降解菌数量的增加相一致。体外试验同样发现，在高水平玉米秸秆日粮中添加钴胺素促进了总挥发性脂肪酸和丙酸的产生（赵芸君等，2006）；当底物精粗比为 50：50 时，添加钴胺素，显著增加了总挥发性脂肪酸、乙酸和丙酸浓度（李亚学等，2012）。

瘤胃中 NH_3-N 是蛋白质降解后的产物，为瘤胃微生物合成菌体蛋白（MCP）提供原料。日粮添加过瘤胃钴胺素 12 mg/d，瘤胃 NH_3-N 浓度显著下降，与瘤胃蛋白酶活性及主要蛋白降解菌（溶纤维丁酸弧菌、栖瘤胃普雷沃氏菌和嗜淀粉瘤胃杆菌）与原虫数量增加的结果不一致。研究表明，利于瘤胃中微生物生长的理想 NH_3-N 浓度是 5～30 mg/dL（Reynolds 和 Kristensen，2008）。本试验中 NH_3-N 的浓度为 11.33～14.72 mg/dL。基于瘤胃总细菌和总挥发性脂肪酸浓度增加的结果，可以推断瘤胃 NH_3-N 浓度的降低归因于 MCP 合成量的增加，即添加过瘤胃钴胺素促进了 MCP 的合成。

（二）瘤胃酶活

由表 9-5 可知，随日粮中过瘤胃钴胺素添加水平的提高，羧甲基纤维素酶的活性呈二次曲线上升（$P<0.05$）；纤维二糖酶和 α-淀粉酶的活性无显著变化（$P>0.05$）；木聚糖酶、果胶酶和蛋白酶的活性呈线性增加（$P<$

0.05)。

表 9-5　过瘤胃钴胺素对泌乳奶牛瘤胃微生物酶活的影响

项目	处理[1]				SEM	*P* 值		
	Control	LRPC	MRPC	HRPC		Treatment	Linear	Quadratic
羧甲基纤维素酶	0.181[b]	0.280[a]	0.300[a]	0.221[b]	0.021	0.003	0.159	0.005
纤维二糖酶	0.176	0.184	0.213	0.212	0.009	0.397	0.150	0.755
木聚糖酶	0.730[b]	0.747[b]	0.885[a]	0.863[a]	0.022	0.004	0.002	0.479
果胶酶	0.336[b]	0.350[b]	0.441[a]	0.397[ab]	0.014	0.006	0.032	0.056
α-淀粉酶	0.543	0.558	0.577	0.533	0.010	0.435	0.819	0.157
蛋白酶	0.606[b]	0.626[b]	0.765[a]	0.748[a]	0.023	0.005	0.003	0.493

注：[1]Control、LRPC、MRPC 和 HRPC 组分别在基础日粮中补充 0 mg 钴胺素/d、6 mg 钴胺素/d、12 mg 钴胺素/d 和 18 mg 钴胺素/d。

[2]酶活力单位：羧甲基纤维素酶［μmol 葡萄糖/（min · mL）］；纤维二糖酶［μmol 葡萄糖/（min · mL）］；木聚糖酶［μmol 木聚糖/（min · mL）］；果胶酶［D-半乳糖醛酸/（min · mL）］；α-淀粉酶［μmol 葡萄糖/（min · mL）］；蛋白酶［μmol 水解蛋白/（min · mL）］。

[a,b]同行肩注不同字母表示差异显著（$P<0.05$）。

（三）瘤胃菌群

由表 9-6 可知，随日粮中过瘤胃钴胺素添加水平的提高，瘤胃中总菌和产琥珀酸丝状杆菌的数量呈二次增加（$P<0.05$）；总厌氧真菌、总原虫、白色瘤胃球菌、黄色瘤胃球菌、溶纤维丁酸弧菌、栖瘤胃普雷沃氏菌和嗜淀粉瘤胃杆菌的数量线性增加（$P<0.05$）；总产甲烷菌数量线性降低（$P<0.05$）。

表 9-6　过瘤胃钴胺素对泌乳奶牛瘤胃微生物数量的影响

项目	处理[1]				SEM	*P* 值		
	Control	LRPC	MRPC	HRPC		Treatment	Linear	Quadratic
总菌，$\times10^{11}$	3.83[b]	4.52[ab]	4.98[a]	4.06[b]	0.162	0.018	0.284	0.006
总厌氧真菌，$\times10^{7}$	3.69[c]	4.12[bc]	4.43[b]	5.08[a]	0.192	0.078	0.013	0.598
总原虫，$\times10^{5}$	1.10[b]	1.41[a]	1.47[a]	1.63[a]	0.097	0.031	0.012	0.575
总产甲烷菌，$\times10^{9}$	5.87[a]	5.52[ab]	5.02[b]	5.07[b]	0.126	0.024	0.008	0.275

（续表）

项目	处理[1]				SEM	P 值		
	Control	LRPC	MRPC	HRPC		Treatment	Linear	Quadratic
白色瘤胃球菌，$\times10^8$	2.60[c]	2.76[c]	4.09[a]	3.25[b]	0.244	0.028	0.021	0.207
黄色瘤胃球菌，$\times10^9$	0.95[c]	1.40[b]	1.79[a]	1.72[a]	0.092	0.001	0.001	0.187
产琥珀丝状杆菌，$\times10^{10}$	4.32[c]	5.42[b]	6.21[a]	5.03[b]	0.254	0.018	0.112	0.010
溶纤维丁酸弧菌，$\times10^9$	2.87[c]	3.14[b]	3.79[a]	3.30[b]	0.107	0.001	0.005	0.041
栖瘤胃普雷沃氏菌，$\times10^9$	3.38[c]	3.82[b]	4.24[a]	3.77[b]	0.130	0.038	0.013	0.054
嗜淀粉瘤胃杆菌，$\times10^8$	4.62[c]	5.17[b]	6.15[a]	5.52[b]	0.094	0.011	0.014	0.176

注：[1]Control、LRPC、MRPC 和 HRPC 组分别在基础日粮中补充 0 mg 钴胺素/d、6 mg 钴胺素/d、12 mg 钴胺素/d 和 18 mg 钴胺素/d。

[a,b,c]同行肩注不同字母表示差异显著（$P<0.05$）。

瘤胃微生物分泌纤维酶、淀粉酶和蛋白酶，降解日粮养分为挥发性脂肪酸，为反刍动物提供能量，瘤胃内酶的活性与菌群数量有关。日粮添加过瘤胃钴胺素显著提高了瘤胃内羧甲基纤维素酶、木聚糖酶和果胶酶活性，与总菌、总厌氧真菌、总原虫、白色瘤胃球菌、黄色瘤胃球菌、产琥珀酸丝状杆菌和溶纤维丁酸弧菌数量增加的结果相一致。真菌的菌丝能穿透植物角质层，原虫负责降解大约30%的纤维物质，白色瘤胃球菌、黄色瘤胃球菌、溶纤维丁酸弧菌和产琥珀丝状杆菌是主要的纤维素分解菌。早期体外试验发现，添加钴胺素，促进了纤维分解菌的生长，瘤胃微生物尤其是瘤胃纤维分解菌的生长需要钴胺素（Santschi 等，2005）。α-淀粉酶活性的提高归因于溶纤维丁酸弧菌、栖瘤胃普雷沃氏菌和嗜淀粉瘤胃杆菌数量的增加，表明添加过瘤胃钴胺素促进了淀粉降解菌的生长，与丙酸摩尔百分比增加的结果相一致。钴胺素依赖的甲基丙二酰辅酶 A 变位酶参与瘤胃丙酸的产生。体外试验证明，钴胺素是瘤胃丙酸产生的必需因子，添加钴胺素促进了栖瘤胃普雷沃氏菌的生长。瘤胃产甲烷菌数量的降低与瘤胃丙酸浓度的增加有关。产甲烷菌的生长和瘤胃丙酸的生成都需要氢，瘤胃微生物合成丙酸的过程中消耗了氢，限制了产甲烷菌的生长和繁殖，导致其数量减少。

第三节　钴胺素对奶牛乳腺上皮细胞增殖的影响

一、钴胺素对奶牛乳腺上皮细胞增殖和凋亡的影响

（一）钴胺素对牛乳腺上皮细胞增殖的影响

如图 9-1 所示，CCK-8 试验结果表明钴胺素对牛乳腺上皮细胞增殖呈二次曲线变化（$P<0.01$），20 μmol/L 的钴胺素极显著刺激牛乳腺上皮细胞的增殖（$P<0.01$；图 9-1A）。因此，选择 20 μmol/L 的钴胺素，并在后续

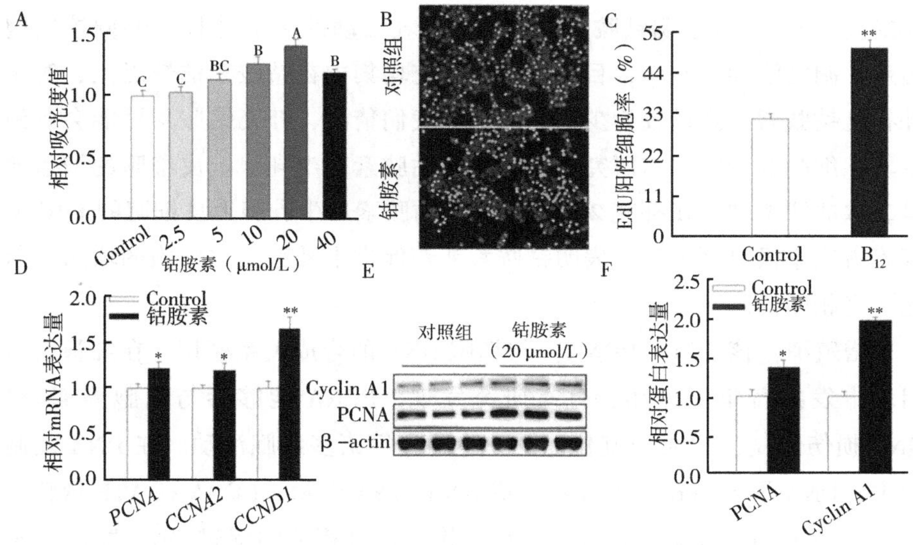

图 9-1　钴胺素对牛乳腺上皮细胞增殖的影响

A. 不同浓度钴胺素（0 μmol/L、2.5 μmol/L、5 μmol/L、10 μmol/L、20 μmol/L 和 40 μmol/L）培养 3 d 的牛乳腺上皮细胞，CCK-8 检测相对吸光度值（$n=8$）统计图；B、C. EdU 检测不同浓度钴胺素（0 μmol/L 和 20 μmol/L）培养 3 d 牛乳腺上皮细胞处于 DNA 复制期的细胞比例统计图；D. 不同浓度钴胺素（0 和 20 μmol/L）培养 3 d 对牛乳腺上皮细胞的 *PCNA*、*CCNA2* 和 *CCND1* mRNA 表达量的影响；E. 牛乳腺上皮细胞培养 3 d 后 PCNA 和 Cyclin A1 的 Western blotting 分析条带；F. 牛乳腺上皮细胞培养 3 d 后 PCNA 和 Cyclin A1 Western blotting 分析条带统计图。不同大写字母的条带存在显著差异（$P<0.01$）。* 和 ** 分别表示 $P<0.05$ 和 $P<0.01$，均与对照组相比较。

试验中使用。同时，EdU 检测结果表明，20 μmol/L 的钴胺素极显著提高了牛乳腺上皮细胞处于 S 期细胞的阳性率（$P<0.01$；图 9-1B、C）。20 μmol/L 的钴胺素显著提高了牛乳腺上皮细胞增殖相关基因 *PCNA*（$P<0.05$）、*CCNA2*（$P<0.05$）和 *CCND1*（$P<0.01$）的 mRNA 表达（图 9-1D），以及显著提高了牛乳腺上皮细胞增殖相关蛋白 PCNA（$P<0.05$）和 Cyclin A1（$P<0.01$）的表达（图 9-1E、F）。

奶牛日粮添加钴胺素会提高产奶量（Wang 等，2018）、乳蛋白含量也有所提升（Girard 和 Matte，2005b）。同时，钴胺素缺乏会导致人肝细胞染色体不稳定并降低细胞分裂能力，引起细胞凋亡以及巨幼细胞性贫血，并且，钴胺素能通过调控自噬抑制氧化应激诱导下的细胞凋亡（叶璐霞等，2020）。以上研究表明钴胺素参与奶牛泌乳活动的调节并且能够调控细胞的增殖、凋亡活动。然而，目前大多数研究均集中在钴胺素的缺乏上，对于额外补充钴胺素的报道较为少见。因此，我们猜测，补充钴胺素可能会刺激奶牛乳腺细胞的增殖。本研究结果显示，钴胺素对牛乳腺上皮细胞的增殖效果呈二次曲线增加，在补充 20 μmol/L 的钴胺素后牛乳腺上皮细胞的 EdU 阳性细胞占比率极显著上升，表明钴胺素能够促进牛乳腺上皮细胞的增殖，与上述研究相印证。

增殖细胞核抗原（PCNA）与细胞 DNA 的合成关系密切，在细胞增殖的启动中发挥着重要作用，且有研究发现，PCNA 能够参与细胞周期调控、DNA 损伤修复、DNA 甲基化以及细胞凋亡等诸多细胞活动。在 DNA 复制过程中，DNA 聚合酶 α 在前导链合成 RNA/DNA 引物，PCNA 在 ATP 依赖作用下在引物 3′羟基末端形成闭合环状结构，该过程能够促进 DNA 聚合酶 α 脱落，并促进 DNA 主要复制酶 δ 与 PCNA 结合，进而促进 DNA 复制的继续进行。细胞周期蛋白 A 能够与细胞周期蛋白激酶（CDK）形成复合物，CDK-Cyclin A 复合物是细胞进入 S 期和 M 期所必需的（Yang 等，1999）。本研究结果显示，钴胺素能够显著提高 *PCNA*、*CCND1*、*CCND2* 的 mRNA 表达水平以及 PCNA 和 Cyclin A1 的蛋白表达量，表明钴胺素能够通过促进细胞增殖标志物的表达进而促进牛乳腺上皮细胞的增殖。

（二）钴胺素对牛乳腺上皮细胞凋亡的影响

由图 9-2 可知，20 μmol/L 的钴胺素显著提高了抑制牛乳腺上皮细胞凋

亡相关基因 *BCL2*（*P*<0.05）mRNA 的表达，显著降低了促进牛乳腺上皮细胞凋亡相关基因 *BAX4*（*P*<0.01）、*CASP3*（*P*<0.01）和 *CASP9*（*P*<0.05）mRNA 的表达，*BCL2/BAX4* 比值显著提高（*P*<0.01；图 9-2A）。同时 Western blotting 分析结果表明 20 μmol/L 的钴胺素显著提高 BCL2（*P*<0.05）蛋白的表达，显著降低 BAX（*P*<0.05）、Caspase-3（*P*<0.01）和 Caspase-9（*P*<0.01）蛋白的表达，BCL2/BAX 比值显著升高（*P*<0.01；图 9-2B、C）。

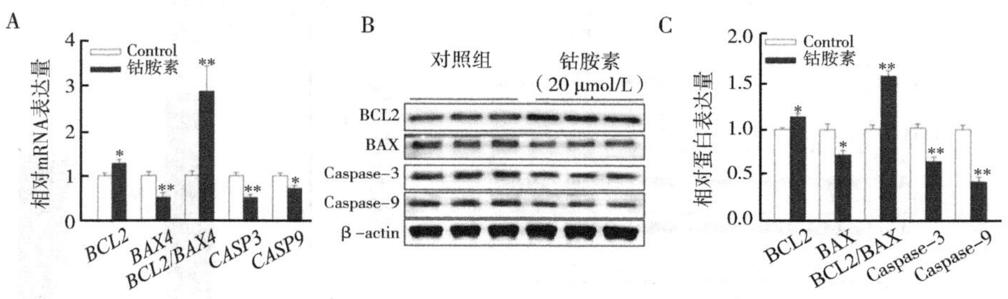

图 9-2　钴胺素对牛乳腺上皮细胞凋亡的影响

A. 不同浓度钴胺素（0 μmol/L 和 20 μmol/L）培养 3 d 对牛乳腺上皮细胞的 *BCL2*、*BAX4*、*BCL2/BAX4*、*CASP3* 和 *CASP9* mRNA 表达量的影响；B. 培养 3 d 后牛乳腺上皮细胞的 BCL2、BAX、Caspase-3、Caspase-9 和 β-actin 的 Western blotting 分析条带；C. BCL2、BAX、BCL2/BAX、Caspase-3、Caspase-9 Western blotting 分析条带统计图。* 和 ** 分别表示 *P*<0.05 和 *P*<0.01，均与对照组相比较。

细胞凋亡发生的原因和途径是复杂多样的，许多基因参与其中，其主要包括抗凋亡基因（*BCL2*）以及凋亡基因（*BAX*），二者互为拮抗作用，Reed 等研究发现，*BCL2* 能够通过对 *BAX* 的抑制作用进而阻止细胞凋亡，因此 *BCL2/BAX* 的比值能够反映细胞凋亡的程度。半胱天冬氨酸家族（Caspase）参与细胞凋亡的调控，有研究发现，BCL2 家族能够对 Caspase-9 进行激活并且诱导 Caspase-3，从而释放凋亡诱导因子，使其从线粒体转移到细胞质和细胞核中并发挥凋亡作用（Jeong 和 Seol，2008）。本研究结果显示，钴胺素能够显著提高 BCL2 的基因和蛋白的表达以及 *BCL2/BAX* 的比值，显著降低细胞凋亡标志物基因（*BAX4*、*CASP3* 和 *CASP9*）及蛋白（BAX、Caspace-3 和 Caspace-9）的表达。该结果表明，钴胺素可能通过抑制细胞凋亡来调控牛乳腺上皮细胞的增殖。

二、钴胺素调控奶牛乳腺上皮细胞增殖的信号通路

（一）钴胺素对牛乳腺上皮细胞 Akt-mTOR 信号通路的影响

由图 9-3 可知，20 μmol/L 的钴胺素显著提高了 p-Akt/Akt（$P<0.01$）和 p-mTOR/mTOR（$P<0.05$）比值。

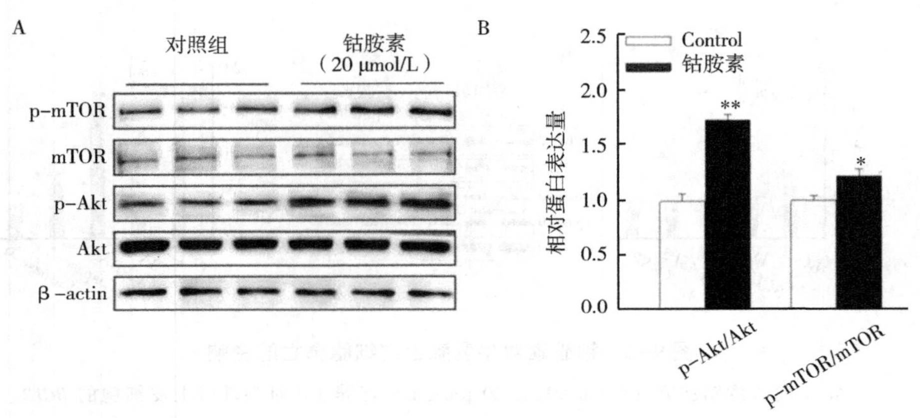

图 9-3　钴胺素对牛乳腺上皮细胞 Akt-mTOR 信号通路的影响

A. 不同浓度钴胺素（0 μmol/L 和 20 μmol/L）培养 3 d 对牛乳腺上皮细胞的 p-Akt、Akt、p-mTOR、mTOR 和 β-actin 的 Western blotting 分析条带；B. p-Akt/Akt 和 p-mTOR/mTOR 统计图。* 和 ** 分别表示与对照组相比 $P<0.05$ 和 $P<0.01$。

（二）阻断 Akt 信号通路对牛乳腺上皮细胞增殖相关蛋白的影响

为研究钴胺素是否通过 Akt 信号通路促进牛乳腺上皮细胞增殖，我们使用 Akt 阻断剂（Akt-IN-1）进行了阻断试验。30 nmol/L 的 Akt-IN-1 对牛乳腺上皮细胞的增殖无影响，且 Akt-IN-1 可以完全阻断（$P<0.01$）20 μmol/L 的钴胺素对牛乳腺上皮细胞增殖的促进作用（图 9-4A）。30 nmol/L 的 Akt-IN-1 逆转了 20 μmol/L 的钴胺素对牛乳腺上皮细胞增殖相关基因 *PCNA*（$P<0.01$）、*CCND1*（$P<0.05$）和 *CCNA2*（$P<0.05$）以及抑制牛乳腺上皮细胞凋亡相关基因 *BCL2*（$P<0.01$）mRNA 表达的促进作用；

20 μmol/L的钴胺素对牛乳腺上皮细胞凋亡相关基因 *BAX4*、*CASP3* 和 *CASP9* 的 mRNA 表达的抑制作用被逆转（*P*<0. 05），*BCL2/BAX4* 比值的升高也被逆转（*P*<0. 05；图 9-4B）。同样，30 nmol/L 的 Akt-IN-1 逆转了 20 μmol/

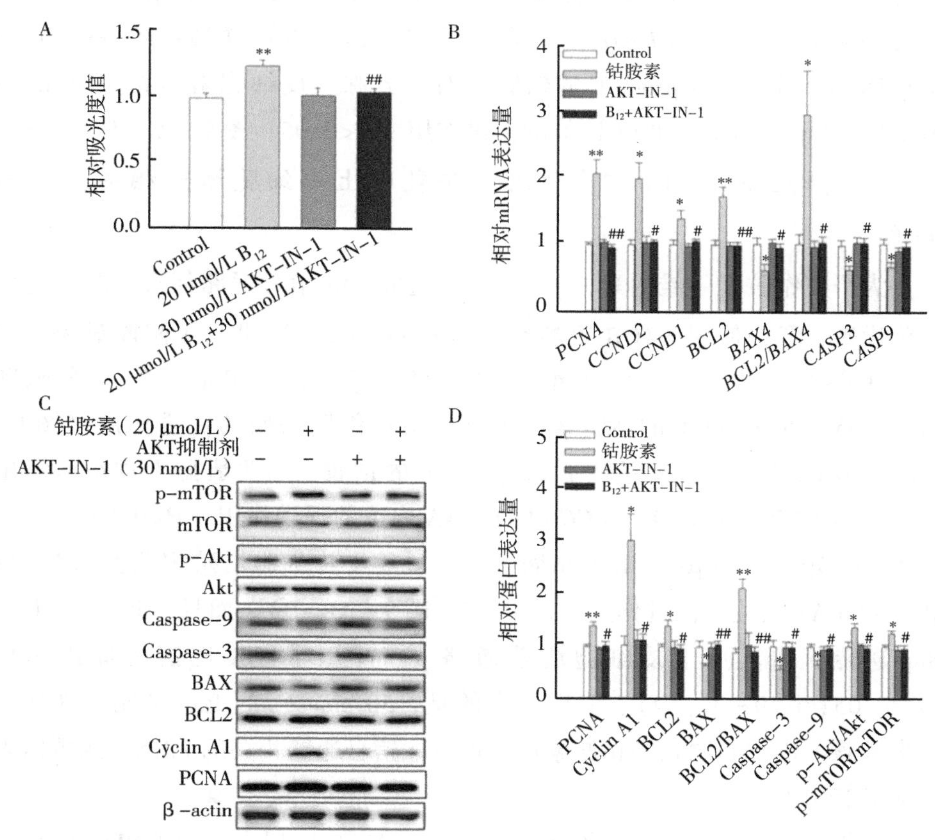

图 9-4　阻断 Akt 信号通路逆转了钴胺素对牛乳腺上皮细胞增殖和凋亡相关基因及蛋白表达的影响

A. 20 μmol/L 的钴胺素或/和 30 nmol/L Akt 抑制剂（Akt-IN-1）对牛乳腺上皮细胞 CCK-8 检测增殖的相对吸光值统计图（*n*=8）；B. 20 μmol/L 的钴胺素和/或 30 nmol/L Akt 抑制剂对牛乳腺上皮细胞基因 *PCNA*、*CCNA2*、*CCND1*、*BCL2*、*BAX4*、*BCL2/BAX4*、*CASP3* 和 *CASP9* 的 mRNA 表达的影响；C. 20 μmol/L 的钴胺素和/或 30 nmol/L Akt 抑制剂对牛乳腺上皮细胞蛋白 PCNA、Cyclin A1、BCL2、BAX、BCL2/BAX、Caspase-3、Caspase-9、p-Akt、Akt、p-mTOR、mTOR 和 β-actin 的 Western blotting 分析条带；D. Western blotting 分析条带统计图。* 和 ** 分别表示 *P*<0. 05 和 *P*<0. 01，均与对照组相比较；#和##分别表示与 20 μmol/L 的钴胺素组相比 *P*<0. 05 和 *P*<0. 01。

L 的钴胺素对牛乳腺上皮细胞增殖相关蛋白 PCNA（$P<0.05$）和 Cyclin A1（$P<0.05$）以及抑制牛乳腺上皮细胞凋亡相关蛋白 BCL2（$P<0.01$）表达的促进作用，也逆转了 BCL2/BAX 比值的升高（$P<0.01$）；20 μmol/L 的钴胺素对牛乳腺上皮细胞凋亡相关蛋白 BAX（$P<0.01$）、Caspase-3（$P<0.05$）和 Caspase-9（$P<0.05$）表达的抑制作用也被逆转；30 nmol/L 的 Akt-IN-1 逆转了 20 μmol/L 的钴胺素对牛乳腺上皮细胞增殖相关通路 p-Akt/Akt 和 p-mTOR/mTOR 比值的促进作用（$P<0.05$；图 9-4C、D）。

（三）阻断 mTOR 信号通路对牛乳腺上皮细胞增殖相关蛋白的影响

为研究钴胺素（维生素 B_{12}）是否通过 mTOR 信号通路促进牛乳腺上皮细胞增殖，我们使用 mTOR 阻断剂 Rapamycin（Rap）进行了阻断试验。50 pmol/L 的 Rap 对牛乳腺上皮细胞的增殖无影响，且 Rap 可以完全阻断（$P<0.05$）20 μmol/L 的钴胺素对牛乳腺上皮细胞增殖的促进作用（图 9-5A）。50 pmol/L 的 Rap 逆转了 20 μmol/L 的钴胺素对牛乳腺上皮细胞增殖相关基因 *PCNA*、*CCND1* 和 *CCNA2* mRNA 表达的促进作用（$P<0.05$；图 9-5B），也逆转了 20 μmol/L 的钴胺素对牛乳腺上皮细胞增殖相关蛋白 PCNA 和 Cyclin A1 表达的促进作用（$P<0.05$；图 9-5C、D）。而且，50 pmol/L 的 Rap 逆转了牛乳腺上皮细胞增殖通路 p-mTOR/mTOR 比值的促进作用（$P<0.05$；图 9-5C、D）。值得注意的是，50 pmol/L 的 Rap 抑制 mTOR 但对牛乳腺上皮细胞凋亡和钴胺素激活的 Akt 信号通路相关的 mRNA 或蛋白表达无显著影响（图 9-5B、C、D）。

本研究添加 20 μmol/L 的钴胺素后，p-Akt/Akt 以及 p-mTOR/mTOR 蛋白表达量的比值显著提高，所以钴胺素能够促进 Akt 和 mTOR 的磷酸化，可能激活 Akt 和 mTOR 信号通路促进牛乳腺上皮细胞的增殖。为了进一步确定钴胺素通过该通路的调控机理，我们同样采用 Akt-IN-1 以及 Rap 分别阻断 Akt 和 mTOR 信号通路。结果表明，Akt-IN-1 可以逆转钴胺素对 p-Akt、p-mTOR、增殖标志物以及凋亡标志物的刺激效果，Rap 能够逆转钴胺素对 p-mTOR 以及增殖标志物的影响。因此，钴胺素能够通过 Akt-mTOR 信号通路促进细胞增殖标志物的表达并且抑制细胞凋亡标志物的表达进而促进牛乳腺上皮细胞的增殖。Kiss 等（2021）发现，甲基供体（叶酸、钴胺素、L-蛋

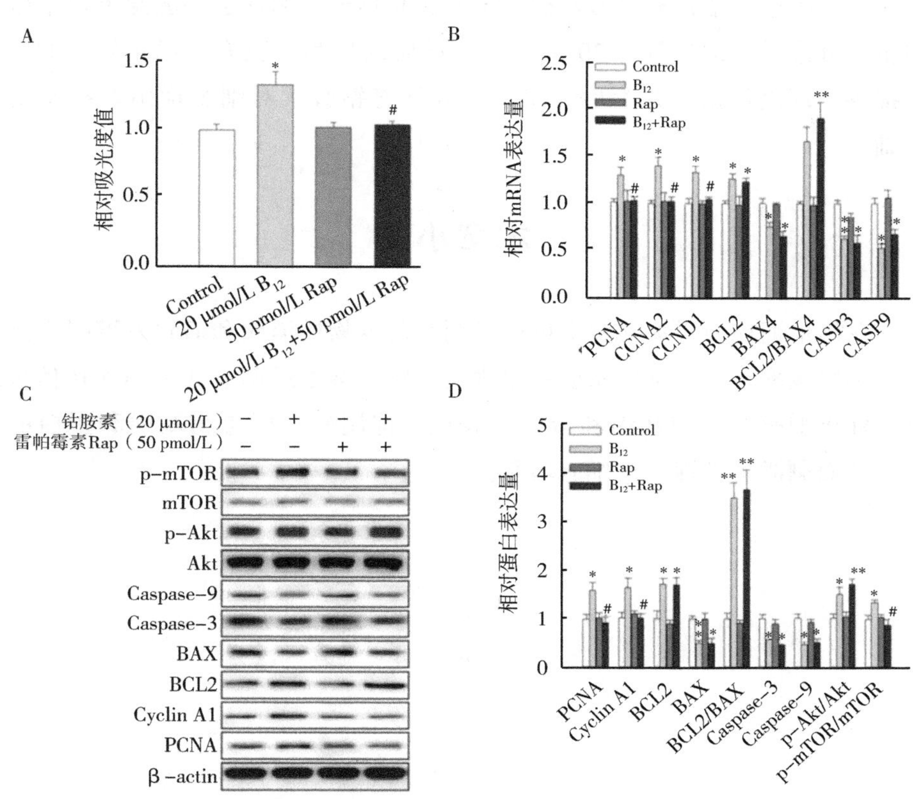

图 9-5　阻断 mTOR 信号通路逆转了钴胺素对牛乳腺上皮细胞增殖和凋亡相关基因及蛋白表达的影响

A. 20 μmol/L 的钴胺素或/和 50 pmol/L Rap 对牛乳腺上皮细胞 CCK-8 检测增殖的相对吸光值统计图（$n=8$）；B. 20 μmol/L 的钴胺素和/或 50 pmol/L Rap 对牛乳腺上皮细胞基因 *PCNA*、*CCNA2*、*CCND1*、*BCL2*、*BAX4*、*BCL2/BAX4*、*CASP3* 和 *CASP9* 的 mRNA 表达的影响；C. 20 μmol/L 的钴胺素和/或 50 pmol/L Rap 对牛乳腺上皮细胞蛋白 PCNA、Cyclin A1、BCL2、BAX、β-actin、Caspase-3、Caspase-9、p-Akt、Akt、p-mTOR 和 mTOR 的 Western blotting 分析条带；D. Western blotting 分析条带统计图。* 和 ** 分别表示 $P<0.05$ 和 $P<0.01$，均与对照组相比较；#和##分别表示与 20 μmol/L 的钴胺素组相比 $P<0.05$ 和 $P<0.01$。

氨酸）能够诱导乳腺癌和肺癌细胞系中的细胞凋亡并减弱 Akt 和 Erk1/2 介导的增殖途径。研究发现，钴胺素通过激活 Akt 增加 mTOR 活性，并通过激活 mTOR 促进小脑颗粒神经元的神经突生长（Okada 等，2011），与本研究结果相符。

综上所述，钴胺素能够调控 Akt-mTOR 信号通路促进牛乳腺上皮细胞的增殖，且最适添加剂量为 20 μmol/L。试验结果为钴胺素在奶牛生产的应用上提供了理论依据，并为后续研究额外补充钴胺素对细胞增殖调控奠定了基础。

本章小结

在奶牛饲粮中添加钴胺素可通过刺激营养物质消化和瘤胃发酵提高产奶量和饲料效率。体外细胞试验结果表明，钴胺素通过调节 Akt-mTOR 信号通路，促进增殖标志物基因和蛋白的表达，抑制凋亡标志物基因和蛋白的表达，从而刺激牛乳腺上皮细胞增殖。

第十章　硒对奶牛乳腺发育和泌乳的影响

第一节　硒对奶牛泌乳性能和乳脂组成的影响

饲粮中添加硒可提高牛奶、乳脂和乳蛋白的产量，提高营养物质的消化率，提高瘤胃总挥发性脂肪酸浓度和微生物酶活性，可降低乳腺炎和胚胎死亡率。硒与多种蛋白激酶和细胞内信号通路有关，在调节细胞增殖和凋亡中发挥作用。作为饲料添加剂，硒源有无机硒（亚硒酸钠、硒酸钠等）、有机硒（氨基酸螯合硒和蛋白质硒等）和纳米硒等。纳米硒（NANO-Se）是一种以蛋白质为分散剂、硒元素为膜的硒添加剂，比其他含硒添加剂具有更多的活性中心、更高的生物活性和更小的毒性。但是，硒是否通过刺激乳腺发育来提高泌乳性能和乳脂肪酸合成，其报道有限。因此，我们研究了纳米硒对奶牛泌乳性能、营养物质消化、乳脂肪酸合成相关基因和蛋白表达以及乳腺细胞增殖的影响。同时，研究了硒对牛乳腺上皮细胞增殖及其信号通路的影响。

一、硒对奶牛泌乳性能的影响

由表 10-1 可知，随着纳米硒添加量的增加，虽然饲料干物质采食量没有受到显著影响（$P>0.05$），但奶牛产奶量呈线性增加趋势（$P=0.064$），而乳脂校正乳、能量校正乳和乳脂的产量呈二次曲线增长（$P<0.05$）。随着纳米硒添加量的增加，乳脂含量呈二次曲线上升（$P<0.05$），乳蛋白含量有二次曲线上升趋势（$P=0.071$），但乳糖含量无显著变化（$P>0.05$）。饲料效率，无论以产奶量/干物质采食量或能量校正乳/干物质采食量表示，均随着纳米硒添加量的增加呈二次曲线上升（$P<0.05$）。同预期的一样，随着纳米硒添加量的增加乳硒含量呈线性增加（$P<0.05$）。

表 10-1　添加纳米硒对奶牛干物质采食量、泌乳性能和饲料效率的影响

项目	处理[1]				SEM	P 值	
	Control	LNANOSe	MNANOSe	HNANOSe		Linear	Quadratic
干物质采食量（kg/d）	22.4	22.5	22.7	22.4	0.20	0.88	0.70
奶产量（kg/d）							
鲜奶	36.3	37.2	38.9	38.1	0.42	0.064	0.28
乳脂校正乳[2]	34.8	36.2	38.6	36.8	0.44	0.13	0.049
能量校正乳[3]	38.7	40.3	43.0	40.9	0.48	0.15	0.048
乳脂	1.35	1.42	1.53	1.44	0.020	0.14	0.028
乳蛋白	1.22	1.28	1.36	1.28	0.017	0.073	0.056
乳糖	2.02	2.05	2.12	2.14	0.024	0.049	0.87
乳成分（g/kg）							
乳脂	37.2	38.1	39.4	37.9	0.31	0.22	0.039
乳蛋白	33.6	34.3	34.8	33.9	0.22	0.51	0.071
乳糖	55.6	55.0	54.5	56.1	0.18	0.58	0.19
饲料效率（kg/kg）							
产奶量/采食量	1.59	1.66	1.71	1.69	0.006	0.063	0.005
能量校正乳/采食量	1.72	1.79	1.89	1.82	0.009	0.061	0.004
乳硒（μg/kg）	20.4	30.3	39.7	47.9	0.95	0.003	0.21

注：[1]Control、LNANOSe、MNANOSe 和 HNANOSe 组分别在基础日粮中以纳米硒的形式补充硒 0 mg/kg、0.1 mg/kg、0.3 mg/kg 和 0.5 mg/kg 干物质。

[2]4.0%乳脂校正乳=0.4×产奶量（kg/d）+15×乳脂产量（kg/d）。

[3]能量校正乳=0.327×产奶量（kg/d）+12.95×乳脂产量（kg/d）+7.65×乳蛋白产量（kg/d）。

奶牛日粮干物质采食量的线性增加是由于添加纳米硒后饲粮中性洗涤纤维和酸性洗涤纤维消化率的增加，这与之前研究报道的干物质采食量与中性洗涤纤维消化率呈正相关是一致的（Allen，2000）。同样，本课题组在奶牛日粮添加包被亚硒酸钠后也增加了干物质采食量和中性洗涤纤维的消化率（Zhang 等，2020）。添加纳米硒后乳脂校正乳、能量校正乳和乳脂产量的增加是由于补充纳米硒后增加了干物质采食量、瘤胃总挥发性脂肪酸浓度、消化率和乳腺细胞增殖所致。饲料效率的提高表明添加纳米硒提高了奶牛对营养物质的利用效率。瘤胃发酵产生的乙酸盐和丁酸盐是乳脂肪酸合成的前体物质，用于合成乳糖的葡萄糖约有60%来自肝脏糖异生过程中的丙酸盐。因此，添加纳米硒提高了瘤胃乙酸和丙酸含量，从而提高了乳脂肪的产量。以前的研究也表明，与对照组相比，以硒酵母或包被亚硒酸钠形式添加0.3 mg/kg硒后，牛奶和乳脂的产量均增加（Wang等，2009；Zhang等，2020）。牛奶中硒的浓度从对照组的20.4 μg/kg线性增加到0.5 mg/kg纳米硒组的47.9 μg/kg，说明了纳米硒添加的剂量效应，并证实了之前在奶牛中添加2～40 mg/d硒酵母的研究结果（Givens等，2004；Givens等，2007；Doyle等，2011）。

二、硒对奶牛乳脂组成的影响

由表10-2可知，随着纳米硒添加量的增加，虽然C16：0脂肪酸的比例呈二次曲线增加（$P<0.01$），但饱和脂肪酸的比例由于C6：0和C12：0水平的二次曲线降低而呈线性下降（$P<0.05$），并且C8：0和C10：0含量呈线性下降（$P<0.05$）。对于单不饱和脂肪酸，尽管C12：1顺式-9脂肪酸含量线性降低（$P<0.05$），由于C18：1顺式-9脂肪酸含量的线性（$P<0.05$）增加导致C18：1脂肪酸含量的线性增加（$P<0.05$），致使单不饱和脂肪酸含量线性增加。此外，随着纳米硒添加量的增加，非共轭C18：2脂肪酸含量呈二次曲线增长（$P<0.05$），C20：3n-6脂肪酸含量呈线性增长（$P<0.05$），多不饱和脂肪酸含量呈二次曲线增长（$P<0.05$）。随着纳米硒添加量的增加，从头合成脂肪酸的含量呈二次曲线下降（$P<0.05$），混合来源脂肪酸的含量呈二次曲线上升（$P<0.01$），预成型脂肪酸的含量线性增加（$P<0.01$）。

表10-2　添加纳米硒对奶牛乳脂脂肪酸组成的影响

项目	处理[1]				SEM	P值	
	Control	LNANOSe	MNANOSe	HNANOSe		Linear	Quadratic
饱和脂肪酸	70.91	69.04	67.91	67.09	0.312	0.021	0.34
丁酸C4：0	3.09	3.01	2.88	2.99	0.027	0.66	0.80

（续表）

项目	处理[1]				SEM	P 值	
	Control	LNANOSe	MNANOSe	HNANOSe		Linear	Quadratic
戊酸 C5：0	0.02	0.02	0.02	0.02	0.001	0.14	0.26
己酸 C6：0	2.33	2.18	2.02	2.09	0.016	0.22	0.016
庚酸 C7：0	0.03	0.03	0.03	0.03	0.001	0.24	0.15
辛酸 C8：0	3.21	2.63	2.37	2.34	0.048	0.008	0.31
壬酸 C9：0	0.05	0.05	0.06	0.06	0.001	0.14	0.46
葵酸 C10：0	9.25	7.93	6.86	6.88	0.136	0.023	0.16
十一碳酸 C11：0	0.06	0.06	0.07	0.08	0.002	0.21	0.56
月桂酸 C12：0	4.74	3.83	3.56	3.65	0.079	0.15	0.011
异构肉豆蔻酸 C14：0 *iso*	0.11	0.11	0.12	0.12	0.002	0.078	0.89
肉豆蔻酸 C14：0	10.91	9.92	9.35	10.17	0.118	0.13	0.45
异构十五碳酸 C15：0 *iso*	0.24	0.24	0.24	0.24	0.003	0.57	0.90
十五碳酸 C15：0	0.88	0.96	0.97	0.96	0.021	0.18	0.63
异构棕榈酸 C16：0 *iso*	0.30	0.29	0.29	0.27	0.004	0.16	0.94
棕榈酸 C16：0	23.73	24.93	26.35	24.99	0.203	0.12	0.009
异构十七碳酸 C17：0 *iso*	0.42	0.43	0.44	0.44	0.009	0.66	0.65
十七碳酸 C17：0	0.95	0.97	0.99	1.01	0.015	0.32	0.43
异构硬脂酸 C18：0 *iso*	0.04	0.04	0.04	0.04	0.002	0.40	0.64
硬脂酸 C18：0	10.20	11.04	11.02	10.32	0.076	0.59	0.11
花生酸 C20：0	0.05	0.05	0.05	0.05	0.004	0.32	0.21
二十二碳酸 C22：0	0.11	0.11	0.11	0.12	0.003	0.17	0.30
二十三碳酸 C23：0	0.06	0.06	0.06	0.07	0.002	0.16	0.35
二十四碳酸 C24：0	0.11	0.11	0.10	0.11	0.002	0.68	0.26
单不饱和脂肪酸	23.35	24.51	25.15	26.34	0.251	0.033	0.95
月桂一烯酸 C12：1 *cis*-9	0.08	0.06	0.05	0.05	0.002	0.016	0.33
肉豆蔻一烯酸 C14：1 *cis*-9	0.16	0.17	0.18	0.17	0.003	0.42	0.008

（续表）

项目	处理[1]				SEM	P 值	
	Control	LNANOSe	MNANOSe	HNANOSe		Linear	Quadratic
棕榈一烯酸 C16：1 *trans*−9+*trans*−7	0.44	0.42	0.39	0.42	0.011	0.55	0.71
棕榈一烯酸 C16：1 *cis*−9	0.74	0.78	0.76	0.82	0.038	0.40	0.75
十七碳一烯酸 C17：1 *cis*−5+*cis*−7+*cis*−9	0.21	0.21	0.20	0.20	0.005	0.54	0.58
油酸Σ C18：1	21.73	22.5	23.56	24.67	0.227	0.036	0.97
C18：1*trans*−11	1.96	1.68	1.49	1.52	0.024	0.35	0.41
C18：1*trans*−6+7+9+10+12	1.98	1.96	1.90	1.93	0.014	0.17	0.32
C18：1*cis*−9	16.32	17.73	18.72	19.65	0.206	0.024	0.45
C18：1*cis*−11+*cis*−12	0.71	0.73	0.69	0.74	0.036	0.92	0.85
C18：1*cis*−14+*trans*−16	0.42	0.42	0.43	0.43	0.009	0.33	0.71
二十碳一烯酸 C20：1	0.14	0.16	0.16	0.17	0.003	0.16	0.83
二十二碳一烯酸 C22：1	0.08	0.08	0.08	0.09	0.002	0.34	0.30
二十四碳一烯酸 C24：1	0.09	0.09	0.09	0.10	0.001	0.52	0.42
多不饱和脂肪酸	5.72	6.46	6.94	6.56	0.072	0.22	0.024
共轭亚油酸 C18：2	0.90	0.85	0.76	0.74	0.017	0.15	0.62
C18：2*cis*−9，*trans*−11	0.80	0.77	0.68	0.68	0.016	0.12	0.65
C18：2*trans*−7，*cis*−9	0.07	0.05	0.04	0.03	0.002	0.013	0.18
C18：2*cis*−11，*cis*−13	0.03	0.04	0.04	0.04	0.002	0.18	0.33
非共轭亚油酸 C18：2	3.53	4.27	4.78	4.38	0.061	0.21	0.012
C18：2*cis*−9，*cis*−12	1.26	1.58	1.73	1.60	0.025	0.12	0.006
C18：2*trans*−9，*trans*−12	0.85	1.07	1.25	1.08	0.020	0.15	0.015
C18：2*trans*−10，*cis*−12	0.73	0.92	1.06	0.97	0.017	0.17	0.007
Other *cis*，*trans* + *trans*，*and cis*	0.69	0.70	0.73	0.73	0.007	0.32	0.69
其他多不饱和脂肪酸	1.29	1.33	1.41	1.44	0.021	0.005	0.94

（续表）

项目	处理[1]				SEM	P 值	
	Control	LNANOSe	MNANOSe	HNANOSe		Linear	Quadratic
γ-亚麻酸 C18：3n-6	0.44	0.45	0.48	0.47	0.009	0.10	0.55
α-亚麻酸 C18：3n-3	0.26	0.28	0.26	0.28	0.010	0.79	0.91
二十碳二烯酸 C20：2n-6	0.04	0.03	0.03	0.02	0.002	0.24	0.95
二十碳三烯酸 C20：3n-6	0.08	0.09	0.11	0.11	0.004	0.031	0.68
花生四烯酸 C20：4n-6	0.21	0.22	0.26	0.27	0.005	0.12	0.78
二十碳五烯酸 C20：5n-3	0.13	0.12	0.13	0.14	0.004	0.63	0.16
二十二碳二烯酸 C22：2n-6	0.05	0.06	0.06	0.06	0.002	0.18	0.27
二十二碳五烯酸 C22：5n-3	0.07	0.07	0.08	0.08	0.002	0.17	0.87
总计[2]							
从头合成脂肪酸	33.80	29.73	27.25	28.35	0.349	0.18	0.042
混合来源脂肪酸	24.88	26.13	27.53	26.24	0.210	0.12	0.007
预成型脂肪酸	38.24	40.97	42.11	42.22	0.289	0.008	0.16

注：[1]Control、LNANOSe、MNANOSe 和 HNANOSe 组分别在基础日粮中以纳米硒的形式补充硒 0 mg/kg、0.1 mg/kg、0.3 mg/kg 和 0.5 mg/kg 干物质。

[2]从头合成脂肪酸：小于 C16 脂肪酸的总和；混合来源脂肪酸：C16 脂肪酸的总和；预成型脂肪酸：大于 C16 脂肪酸的总和。

随着纳米硒添加量的增加，乳脂中饱和脂肪酸的比例降低，单不饱和脂肪酸和多不饱和脂肪酸的比例升高，这表明添加纳米硒刺激了乳腺中饱和脂肪酸的脱氢，从而促进了单不饱和脂肪酸和多不饱和脂肪酸的合成。随着纳米硒添加量的增加，乳腺组织硬脂酰辅酶 A 去饱和酶基因表达的增加也证实了这一发现。添加纳米硒后，从头合成脂肪酸的含量降低，混合来源脂肪酸和预成型脂肪酸的含量增加，特别是 C16：0、顺式-C18：1、非共轭 C18：2 和 C20：3n-6 的比例增加。这些发现与以前的结果一致，也证明了补充硒之后几种从头合成脂肪酸的含量减少，而 C18：1 脂肪酸的含量增加

(Pulido 等，2019)。脂肪酸的从头合成取决于血浆中乙酸和β-羟基丁酸的浓度，也受到血浆长链脂肪酸浓度增加的负反馈调节（Loften 等，2014)。添加纳米硒后，虽然瘤胃乙酸盐浓度升高，但乳脂中从头合成脂肪酸的含量呈二次曲线下降，而混合来源脂肪酸和预成型脂肪酸的含量升高。然而，没有显著变化的干物质采食量和脂肪消化率不能支持长链脂肪酸比例的增加，因此可能涉及其他机制，有待进一步研究。

三、硒对奶牛血液指标的影响

由表 10-3 可知，添加纳米硒后血中葡萄糖、白蛋白和总蛋白浓度呈二次曲线升高（$P<0.05$)。此外，雌二醇、促乳素、胰岛素样生长因子-1 和硒浓度随纳米硒添加量的增加呈线性升高（$P<0.05$)。相反，添加纳米硒后，血尿素氮含量呈二次曲线下降（$P<0.05$)。

表 10-3 添加纳米硒对泌乳奶牛血液代谢产物的影响

项目	处理[1]				SEM	P 值	
	Control	LNANOSe	MNANOSe	HNANOSe		Linear	Quadratic
葡萄糖（mmol/L）	6.75	7.02	7.75	7.33	0.069	0.11	0.026
总蛋白（g/L）	74.1	79.4	80.9	78.2	0.67	0.16	0.014
白蛋白（g/L）	33.8	37.3	38.7	35.8	0.43	0.37	0.032
尿素氮（mmol/L）	6.85	6.67	6.59	6.89	0.058	0.90	0.044
甘油三酯（mmol/L）	2.26	2.16	2.19	2.18	0.033	0.52	0.49
雌二醇（pg/mL）	54.8	57.8	68.2	67.1	0.63	0.016	0.23
促乳素（mIU/L）	580	626	640	791	9.3	0.021	0.36
胰岛素样生长因子-1（ng/mL）	206	240	251	256	2.2	0.018	0.41
硒（μg/L）	122	132	142	149	1.2	0.009	0.34

注：[1]Control、LNANOSe、MNANOSe 和 HNANOSe 组分别在基础日粮中以纳米硒的形式补充硒 0 mg/kg、0.1 mg/kg、0.3 mg/kg 和 0.5 mg/kg 干物质。

添加纳米硒后，血糖水平呈二次曲线增长，这与之前在奶牛中添加硒酵母和包被亚硒酸钠的研究结果一致（Wang 等，2009；Zhang 等，2020)，这可能归因于瘤胃丙酸产量的增加，瘤胃发酵产生的丙酸被运送到肝脏，随后转化为葡萄糖。血液总蛋白、白蛋白和尿素氮含量是衡量蛋白质利用效率的指标（Nousiainen 等，2004）。我们观察到补充纳米硒后白蛋白和总蛋白水平升高，尿素氮含量降低，这就表明纳米硒提高了蛋白质的利用效率，促进乳蛋白分泌，或降低了机体蛋白质的动员（Lee 等，2011）。雌二醇、促乳素和胰岛素样生长因子-1 被认为对乳腺导管发育至关重要（Rosen，2012），而卵巢来源的雌二醇、促乳素和胰岛素样生长因子-1 可以刺激上皮细胞增殖。此外，胰岛素样生长因子-1 通过其受体激活 PI3K/Akt 信号通路，促进上皮细胞的增殖。因此，本研究中纳米硒诱导的血清雌二醇、促乳素和胰岛素样生长因子-1 水平升高支持了纳米硒刺激乳腺发育的观点。随着纳米硒添加量的增加，血硒水平呈线性增加，表明纳米硒被有效吸收。其他研究也表明，与添加亚硒酸钠相比，补充纳米硒可显著提高血硒含量和谷胱甘肽过氧化物酶活性（Han 等，2021）。

第二节　硒对奶牛养分消化和瘤胃代谢的影响

一、硒对奶牛养分消化的影响

由表 10-4 可知，饲粮中添加纳米硒可使干物质、有机物、粗蛋白质、中性洗涤纤维和酸性洗涤纤维的消化率呈二次曲线增加（$P<0.05$），但对粗脂肪消化率无显著影响（$P>0.05$）。添加纳米硒后，营养物质消化率的提高是由于瘤胃发酵和微生物酶活性的增强，这一结果能够支持乳脂校正乳和能量校正乳产量的提高。此外，纳米硒对饲粮干物质、有机物、粗蛋白质、中性洗涤纤维和酸性洗涤纤维消化率的二次曲线增加的结果表明，高剂量纳米硒会降低饲粮干物质、有机物、粗蛋白质、中性洗涤纤维和酸性洗涤纤维消化率，这也支持了纳米硒添加剂量增加后出现的乳脂校正乳和能量校正乳的二次曲线变化。并且，其他研究发现高浓度硒对健康奶牛乳腺上皮细胞抗氧化功能的积极作用会逐渐减弱。综上所述，适量的纳米硒（0.3 mg/kg 的硒）有利于促进营养物质的消化。

表 10-4　添加纳米硒对泌乳奶牛营养物质消化率的影响　　单位：%

项目	处理[1]				SEM	P 值	
	Control	LNANOSe	MNANOSe	HNANOSe		Linear	Quadratic
干物质	70.9	74.5	76.1	75.5	0.24	0.10	0.020
有机物	73.1	76.5	77.8	76.9	0.22	0.093	0.016
粗蛋白质	67.1	68.3	71.8	69.0	0.43	0.21	0.012
粗脂肪	86.8	87.4	90.3	88.6	0.53	0.35	0.28
中性洗涤纤维	58.6	62.1	65.0	64.1	0.39	0.11	0.032
酸性洗涤纤维	48.1	53.9	56.3	55.2	0.54	0.15	0.041

注：[1]Control、LNANOSe、MNANOSe 和 HNANOSe 组分别在基础日粮中以纳米硒的形式补充硒 0 mg/kg、0.1 mg/kg、0.3 mg/kg 和 0.5 mg/kg 干物质。

二、硒对奶牛瘤胃代谢的影响

（一）瘤胃发酵

由表 10-5 可知，添加纳米硒后，瘤胃 pH 值呈二次曲线降低（$P<0.01$），瘤胃总挥发性脂肪酸浓度呈线性升高（$P<0.05$）。纳米硒对乙酸摩尔百分比没有显著影响，而丙酸和丁酸摩尔百分比呈二次曲线增长（$P<0.05$）。此外，随着纳米硒添加量的增加，乙酸与丙酸的比值呈二次曲线降低（$P<0.05$）。相反，戊酸、异丁酸和异戊酸的摩尔百分比不受纳米硒添加的影响。另外，添加纳米硒后，瘤胃氨态氮浓度呈二次曲线下降（$P<0.05$）。随着纳米硒添加量的增加，瘤胃 pH 值呈二次曲线下降，这是由于总挥发性脂肪酸浓度的增加。每千克干物质饲粮中添加 0 mg、0.1 mg、0.3 mg 和 0.5 mg 纳米硒时，总挥发性脂肪酸浓度和乙酸盐浓度（分别为 84.7 mmol/L、86.0 mmol/L、87.8 mmol/L 和 86.6 mmol/L）的增加与饲粮干物质消化率的提高一致，这是由于添加纳米硒后瘤胃酶活性（羧甲基纤维素酶、纤维素酶、木聚糖酶和果胶酶）的增加所致。此外，乙酸盐摩尔百分比不变，乙酸盐与丙酸盐摩尔百分比线性增加，导致乙酸与丙酸比值二次曲线降低。这表明在纳米硒添加量增加的条件下，瘤胃发酵模式倾向于丙酸的形成。

表 10-5 添加丁酸钠对泌乳奶牛瘤胃发酵的影响

项目	处理[1]				SEM	P 值	
	Control	LNANOSe	MNANOSe	HNANOSe		Linear	Quadratic
pH 值	6.68	6.52	6.19	6.55	0.030	0.12	0.006
总挥发酸（mmol/L）	136	139	143	141	0.9	0.033	0.17
摩尔百分比							
乙酸	62.3	61.9	61.4	61.4	0.33	0.26	0.75
丙酸	21.8	22.9	25.5	23.4	0.29	0.11	0.004
丁酸	12.0	11.6	10.0	10.8	0.17	0.23	0.047
戊酸	1.61	1.52	1.43	1.61	0.029	0.71	0.19
异丁酸	0.83	0.76	0.66	0.77	0.016	0.43	0.24
异戊酸	1.36	1.29	1.03	1.26	0.029	0.19	0.15
乙酸/丙酸	2.88	2.74	2.44	2.66	0.045	0.12	0.034
氨态氮（mg/100 mL）	12.6	11.6	10.1	11.8	0.17	0.24	0.021

注：[1]Control、LNANOSe、MNANOSe 和 HNANOSe 组分别在基础日粮中以纳米硒的形式补充硒 0 mg/kg、0.1 mg/kg、0.3 mg/kg 和 0.5 mg/kg 干物质。

（二）瘤胃酶活

由表10-6可知，虽然瘤胃液中蛋白酶的活性不受纳米硒的影响（$P>0.05$），但添加纳米硒后羧甲基纤维素酶、木聚糖酶、纤维二糖酶和果胶酶的活性呈线性增加（$P<0.05$）。α-淀粉酶活性随纳米硒添加量的增加呈二次曲线增加（$P<0.05$）。

表 10-6 添加纳米硒对奶牛瘤胃微生物酶活的影响

项目[2]	处理[1]				SEM	P 值	
	Control	LNANOSe	MNANOSe	HNANOSe		Linear	Quadratic
羧甲基纤维素酶	0.194	0.209	0.264	0.265	0.0049	0.032	0.34
纤维二糖酶	0.177	0.194	0.231	0.238	0.0036	0.019	0.29
木聚糖酶	0.716	0.749	0.858	0.861	0.0094	0.024	0.22
果胶酶	0.598	0.631	0.689	0.703	0.0105	0.013	0.61
α-淀粉酶	0.643	0.678	0.688	0.672	0.0047	0.18	0.005
蛋白酶	0.804	0.729	0.841	0.678	0.0122	0.13	0.26

注：[1]Control、LNANOSe、MNANOSe 和 HNANOSe 组分别在基础日粮中以纳米硒的形式补充硒 0 mg/kg、0.1 mg/kg、0.3 mg/kg 和 0.5 mg/kg 干物质。

[2]酶活力单位：羧甲基纤维素酶［μmol 葡萄糖/（min · mL）］；纤维二糖酶［μmol 葡萄糖/（min · mL）］；木聚糖酶［μmol 木聚糖/（min · mL）］；果胶酶［D-半乳糖醛酸/（min · mL）］；α-淀粉酶［μmol 葡萄糖/（min · mL）］；蛋白酶［μmol 水解蛋白/（min · mL）］。

奶牛的日粮纤维被分泌纤维素分解酶的瘤胃细菌、原生动物和真菌降解为乙酸盐。饲料木质纤维素组织可被瘤胃真菌降解，大约30%的纤维消化和10%的挥发性脂肪酸产量可由瘤胃原虫产生。因此，随着纳米硒添加量的增加，瘤胃羧甲基纤维素酶、纤维二糖酶和木聚糖酶活性呈线性增加，这是总细菌数量增加的结果，包括白色瘤胃球菌和黄色瘤胃球菌，以及总厌氧真菌。此外，该结果支持瘤胃总挥发性脂肪酸、饲粮中性洗涤纤维和酸性洗涤纤维的消化率的提高。饲粮中的硒可被瘤胃微生物用于自身蛋白质和细胞壁的合成，从而提高瘤胃微生物的抗氧化能力，有利于微生物的生长（Mihalikova 等，2005）。此外，绵羊和奶牛日粮中添加硒可显著增加瘤胃总细菌和原生动物的数量（Mihalikova 等，2005；Zhang 等，2020）。α-淀粉酶活性呈二次曲线增长，果胶酶活性呈线性增长，表明添加纳米硒促进了瘤胃淀粉降解，支持了丙酸摩尔百分比的增加。瘤胃蛋白酶活性的变化主要与瘤胃普雷沃氏菌群的变化有关。此外，这一发现证实，随着纳米硒添加量的增加，氨态氮浓度呈线性下降，这是因为瘤胃微生物利用碳架和氨态氮合成微生物蛋白质。这个结果与绵羊饲粮中纳米硒添加量0.3 mg/kg和奶牛饲粮中酵母硒添加量0.3 mg/kg的结果一致（Shi 等，2020；Wang 等，2009）。

第三节　硒对奶牛乳腺发育和乳脂合成的影响

一、硒对奶牛乳腺增殖和凋亡的影响

CCNA2 和 *CCND1* 基因分别编码细胞周期蛋白 A2 和 D1。与对照组相比，添加0.3 mg/kg 纳米硒可提高 *PCNA*、*CCNA2*、*CCND1*、*BCL2* 和 *BCL2/BAX4* mRNA 表达水平（$P<0.05$），降低 *BAX4*、*CASP3* 和 *CASP9* mRNA 表达水平（图 10-1A，$P<0.05$）。与对照组相比，PCNA、Cyclin A1、BCL2 和 BCL2/BAX 蛋白水平升高（$P<0.05$），BAX、Caspase-3 和 Caspase-9 蛋白水平降低（$P<0.01$，图 10-1B、C）。

促进乳腺细胞增殖和抑制细胞凋亡可能是促进奶牛泌乳持久性的关键控制点。细胞周期蛋白 D 调节细胞周期从 G1 期到 S 期的转变，而细胞周期蛋白 A 被认为是启动和完成 S 期 DNA 复制的必要条件（Lim 等，2013）。此

外，PCNA 是 DNA 复制和修复过程中不可缺少的组成部分。先前的研究表明 Cyclin D3 和 PCNA 参与调节乳腺上皮细胞的增殖（Zhang 等，2018）。本研究结果表明，纳米硒增加了细胞周期蛋白（*CCNA2* 和 *CCND1*）和 *PCNA* 的 mRNA 表达以及 Cyclin A1 和 PCNA 蛋白的表达，表明纳米硒刺激了乳腺上皮细胞的增殖。细胞凋亡是由 BCL2 家族蛋白诱导，通过线粒体和死亡受体两条通路高度复杂的信号级联进行的。此外，BCL2 家族蛋白参与凋亡细胞死亡的调控，包括抗凋亡成员（BCL2 等）和促凋亡成员（BAX 等）。由于 BCL2 通过抑制 BAX 的活性来阻止细胞凋亡，较高的 BCL2/BAX 比值表明细胞凋亡受到抑制。因此，BCL2/BAX 蛋白水平比值可以反映细胞凋亡的状态。线粒体和死亡受体途径都汇聚到 Caspase（Caspase-3 和 Caspase-9）的共同途径，其在细胞凋亡的执行阶段起着至关重要的作用（Pisani 等，2020），减少 Caspase 的表达可以抑制细胞凋亡的启动。BCL2 mRNA 和蛋白表达升高，BCL2/BAX 比值升高，BAX mRNA 和蛋白表达降低，Caspase-3 和 Caspase-9 表达降低，提示纳米硒的补充促进了凋亡标志物的表达。因此，纳米硒可能通过刺激增殖标记物的表达和抑制凋亡标记物的表达来调节细胞增殖。同样，其他证明，添加硒可显著提高牛乳腺上皮细胞的活力和相

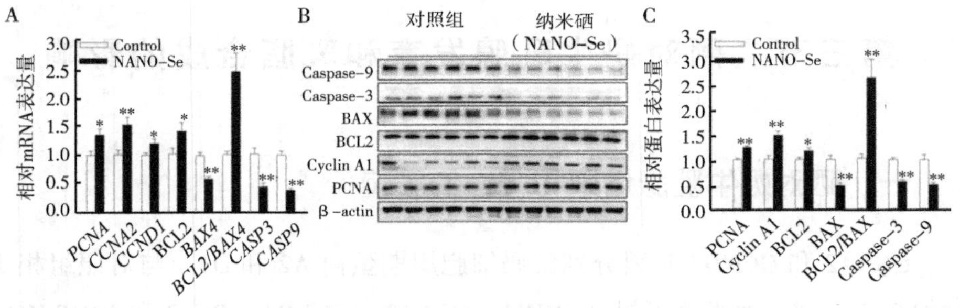

图 10-1　日粮添加纳米硒对牛乳腺增殖和凋亡相关 mRNA 和蛋白表达的影响

A. 纳米硒处理的牛乳腺 *PCNA*、*CCNA2*、*CCND1*、*BCL2*、*BAX4*、*BCL2/BAX4*、*CASP3* 和 *CASP9* mRNA 表达水平（每头牛每天 0 mg/kg 和 0.3 mg/kg Se），GAPDH 作为内参基因，每组 $n=10$，数值为平均值±SEM；B. Western blotting 检测牛乳腺组织中的 Cyclin A1、PCNA、BCL2（第二电泳条带）、BAX、Caspase-3 和 Caspase-9，β-actin 作为参照，每组 $n=6$；C. Cyclin A1、PCNA、BCL2、BAX、BCL2/BAX、Caspase-3、Caspase-9 Western blotting 分析条带的均值±SEM。* 表示 $P<0.05$ 和 ** 表示 $P<0.01$ 与对照组相比。

对生长速度（Zhang 等，2020b；Zhang 等，2023）。

我们评估了 Akt/mTOR 信号通路参与的可能性（图 10-2）。添加纳米硒后，p-Akt/Akt 和 p-mTOR/mTOR 的蛋白表达比也显著增加（$P<0.05$，图 10-2A、B）。

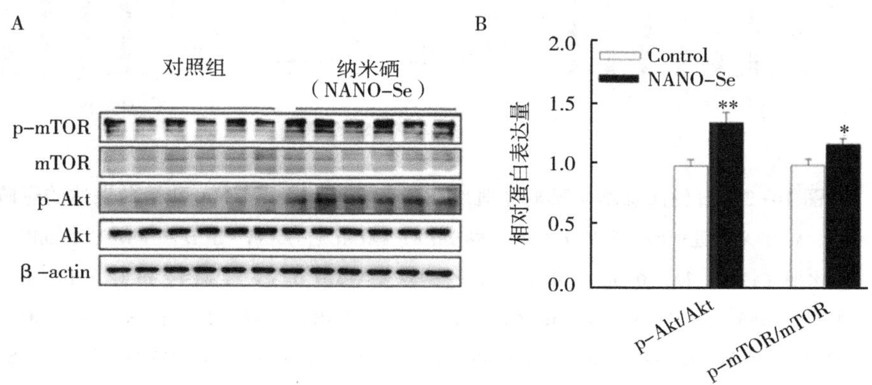

图 10-2　日粮添加纳米硒对牛乳腺 Akt-mTOR 信号通路的影响

A. 纳米硒处理过的牛乳腺中 p-Akt、Akt、p-mTOR 和 mTOR 的 Western blotting 分析（每头牛每天 0 mg/kg 和 0.3 mg/kg Se），β-肌动蛋白作为参照，每组 $n=6$；B. p-Akt/Akt 和 p-mTOR/mTOR Western blotting 分析条带的均值±SEM。* 表示 $P<0.05$ 和 ** 表示 $P<0.01$ 与对照组相比。

其他研究表明，Akt 信号通路参与调节多种细胞的增殖和凋亡，如乳腺癌细胞和牛乳腺上皮细胞（Huang 等，2021；Liu 等，2022）。此外，mTOR 信号通路还参与调节多种细胞的增殖。在本研究中，纳米硒刺激了 Akt 和 mTOR 的磷酸化。这就表明 Akt-mTOR 信号通路的激活可能会刺激增殖标志物的表达，从而增加添加纳米硒组的产奶量和乳脂合成。

二、硒对奶牛乳腺脂肪酸合成的影响

在脂肪酸合成方面，与对照组相比，添加 0.3 mg/kg 纳米硒显著提高了 *PPARG*、*SREBPF1*、*ACACA*、*FASN*、*SCD* 和 *FABP3* 的 mRNA 表达水平（$P<0.05$，图 10-3A）。与对照组相比，添加 0.3 mg/kg 纳米硒后，PPARγ、SREBPF1、p-ACACA/ACACA、FASN 和 SCD1 蛋白表达水平均升高（$P<$

0.01，图 10-3B、C）。

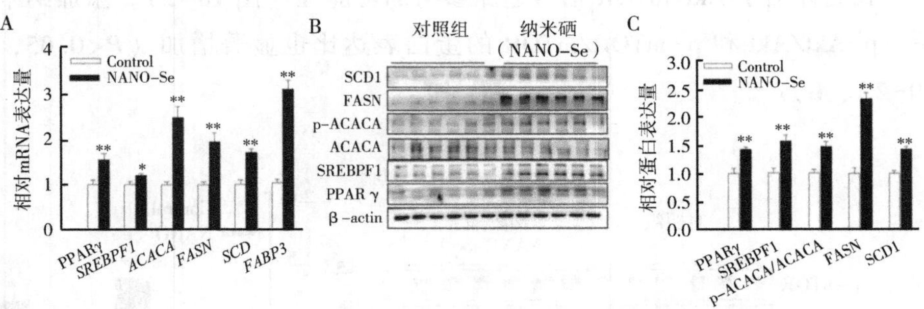

图 10-3　日粮添加纳米硒对牛乳腺脂肪酸合成相关 mRNA 和蛋白表达的影响

A. 纳米硒处理的牛乳腺 *PPARγ*、*SREBPF1*、*ACACA*、*FASN*、*SCD* 和 *FABP3* 的 mRNA 表达水平（每头牛每天 0 mg/kg 和 0.3 mg/kg Se），GAPDH 作为内参基因，每组 $n=10$，数值为平均值±SEM；B. Western blotting 分析牛乳腺组织 PPARγ、SREBPF1、p-ACACA、ACACA、FASN 和 SCD1，β-actin 作为参照；C. PPARγ、SREBPF1、p-ACACA/ACACA、FASN 和 SCD1 Western blotting 分析条带的均值±SEM。* 表示 $P<0.05$ 和 ** 表示 $P<0.01$ 与对照组相比。

在乳腺中，*PPARG* 和 *SREBPF1* 均调控 *ACACA*、*FASN*、*SCD* 和 *FABP3* mRNA 的表达（Bionaz 和 Loor，2008；Ma 和 Corl，2012）。此外，FASN 和 ACACA 均参与乙酸和β-羟基丁酸合成乳脂肪酸，并与 C4～16 脂肪酸的分泌呈正相关。SCD 催化饱和脂肪酸合成单不饱和脂肪酸。此外，FABP3 与牛乳腺上皮细胞中长链脂肪酸的吸收和运输有关（Sheng 等，2015）。添加纳米硒后，FASN、ACACA、PPARG、SCD 和 SREBPF1 mRNA 和蛋白表达水平升高，表明参与从头合成脂肪酸和中链脂肪酸合成的基因和蛋白表达上调，支持了乳脂产量和乳单不饱和脂肪酸的升高。*FABP3* 的 mRNA 表达增加表明，纳米硒的补充刺激了牛乳腺中参与长链脂肪酸合成、吸收和运输的基因的表达。

第四节　亚硒酸钠对奶牛乳腺上皮细胞增殖的影响

一、亚硒酸钠对奶牛乳腺上皮细胞增殖和凋亡的影响

（一）亚硒酸钠对牛乳腺上皮细胞增殖的影响

为了确定添加亚硒酸钠对牛乳腺上皮细胞增殖的影响，将牛乳腺上皮细

胞在 DMEM-F12 和不同添加量（0 nmol/L、9 nmol/L、18 nmol/L、35 nmol/L、70 nmol/L、140 nmol/L、280 nmol/L 和 560 nmol/L）的亚硒酸钠中培养 3 d。CCK-8 试验结果证实，添加亚硒酸钠刺激牛乳腺上皮细胞的增殖呈二次曲线变化（$P<0.05$）。虽然不同添加量的亚硒酸钠（18～140 nmol/L）与对照相比，显著促进了牛乳腺上皮细胞的增殖（$P<0.05$），但与 35 nmol/L 的亚硒酸钠相比，高添加量（>70 nmol/L）的亚硒酸钠并没有进一步刺激牛乳腺上皮细胞的增殖（图 10-4A）。因此，我们选择了 35 nmol/L 的亚硒酸钠，并在接下来的试验中使用。同时，EdU 结果显示，35 nmol/L 亚硒酸钠

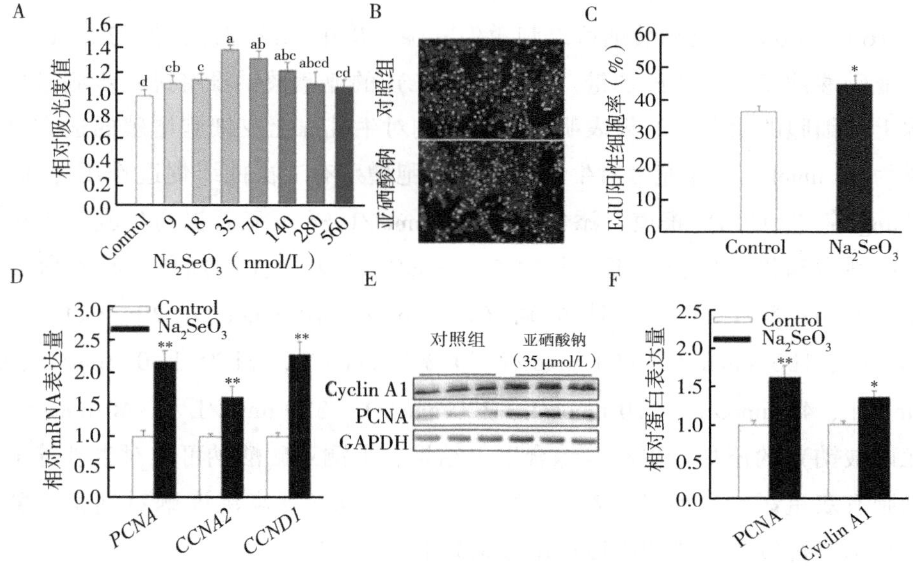

图 10-4　亚硒酸钠对牛乳腺上皮细胞增殖的影响

A. 不同浓度亚硒酸钠（0 nmol/L、9 nmol/L、18 nmol/L、35 nmol/L、70 nmol/L、140 nmol/L、280 nmol/L 和 560 nmol/L）培养 3 d 的牛乳腺上皮细胞，CCK-8 检测相对吸光度值（$n=8$）统计图；B、C. EdU 检测不同浓度亚硒酸钠（0 nmol/L 和 35 nmol/L）培养 3 d 牛乳腺上皮细胞处于 DNA 复制期的细胞比例统计图；D. 不同浓度亚硒酸钠（0 nmol/L 和 35 nmol/L）培养 3 d 对牛乳腺上皮细胞的 *PCNA*、*CCNA2* 和 *CCND1* mRNA 表达量的影响；E. 牛乳腺上皮细胞培养 3 d 后 PCNA 和 Cyclin A1 的 Western blotting 分析条带；F. 牛乳腺上皮细胞培养 3 d 后 PCNA 和 Cyclin A1 Western blotting 分析条带统计图。不同小写字母的条带存在显著差异（$P<0.05$）。* 和 ** 分别表示 $P<0.05$ 和 $P<0.01$，均与对照组相比较。

可提高 EdU 阳性细胞比例（$P<0.05$，图 10-4B、C）。

CCNA2 和 *CCND1* 分别编码 Cyclin A2 和 D1。35 nmol/L 亚硒酸钠显著提高了细胞增殖相关基因 *PCNA*、*CCNA2* 和 *CCND1* mRNA 的表达（$P<0.01$，图 10-4 D）。35 nmol/L 亚硒酸钠可提高 PCNA 和 Cyclin A1 的蛋白表达（$P<0.05$，图 10-4 E、F）。

在本研究中，亚硒酸钠的加入促进了牛乳腺上皮细胞的增殖，抑制了与牛乳腺上皮细胞凋亡相关的 mRNA 或蛋白的表达，支持了泌乳量（Wang 等，2009）以及添加硒的乳脂和乳蛋白的提高（Najafnejad 等，2013）。本研究考察了不同添加量亚硒酸钠对牛乳腺上皮细胞增殖的影响。虽然添加 4~160 nmol/L 的亚硒酸钠可以刺激牛乳腺上皮细胞的增殖，但与 35 nmol/L 的亚硒酸钠相比，高添加量（>70 nmol/L）的亚硒酸钠没有进一步刺激牛乳腺上皮细胞的增殖。结果表明，亚硒酸钠对牛乳腺上皮细胞增殖的适宜添加量为 35 nmol/L，补充硒对牛乳腺上皮细胞增殖有二次曲线促进作用。同样，Zhang 等（2020b）报道，添加 50~200 nmol/L Se 可显著提高牛乳腺上皮细胞的活力和相对生长速度，其中 50 nmol/L Se 为最佳添加量。与本研究相比，Zhang 等（2020b）补充硒（0 nmol/L、10 nmol/L、20 nmol/L、50 nmol/L、100 nmol/L、150 nmol/L 和 200 nmol/L，相当于 0 nmol/L、22 nmol/L、44 nmol/L、110 nmol/L、220 nmol/L、330 nmol/L 和 440 nmol/L 的亚硒酸钠）的添加量更高。综合以上结果，推测亚硒酸钠可能对牛乳腺上皮细胞有双重影响。而且，Zhang 等（2020b）也发现高浓度硒对健康牛乳腺上皮细胞抗氧化功能的积极作用逐渐减弱。

通过检测含有 *PCNA* 和细胞周期蛋白的增殖标志物 *CCNA2* 和 *CCND1* 的基因表达量，说明亚硒酸钠对牛乳腺上皮细胞增殖的调控作用。细胞周期蛋白 D 调节细胞周期从 G1 期到 S 期的转变，细胞周期蛋白 A 被认为是 S 期 DNA 合成起始和终止的关键。细胞周期蛋白 A2 在所有增殖细胞中普遍表达，并在 S 期和有丝分裂中发挥作用（Bertoli 等，2013）。此外，PCNA 是 DNA 复制和修复的主要部分（Park 等，2016）。同时，Cyclin D3 和 PCNA 在既往研究中参与调节乳腺上皮细胞增殖（Meng 等，2017；Zhang 等，2018）。本研究中，35 nmol/L 亚硒酸钠可提高 *PCNA* 和细胞周期蛋白（*CCNA2* 和 *CCND1*）的 mRNA 表达水平，以及 PCNA 和细胞周期蛋白 A1 的蛋白表达水平，说明 35 nmol/L 亚硒酸钠可刺激牛乳腺上皮细胞增殖标志物的表达。

（二）亚硒酸钠对牛乳腺上皮细胞凋亡的影响

35nmol/L 亚硒酸钠可显著提高细胞凋亡抑制基因 *BCL2* mRNA 表达量和 *BCL2* 与 *BAX4* 比值（$P<0.01$），可显著降低细胞凋亡促进基因 *BAX4*、*CASP3*、*CASP9* mRNA 表达量（$P<0.05$，图 10-5A）。同时，35 nmol/L 亚硒酸钠可显著提高 BCL2 蛋白表达量和 BCL2 与 BAX 比值（$P<0.01$），可降低 BAX、Caspase-3 和 Caspase-9 蛋白的表达量（$P<0.05$，图 10-5B、C）。

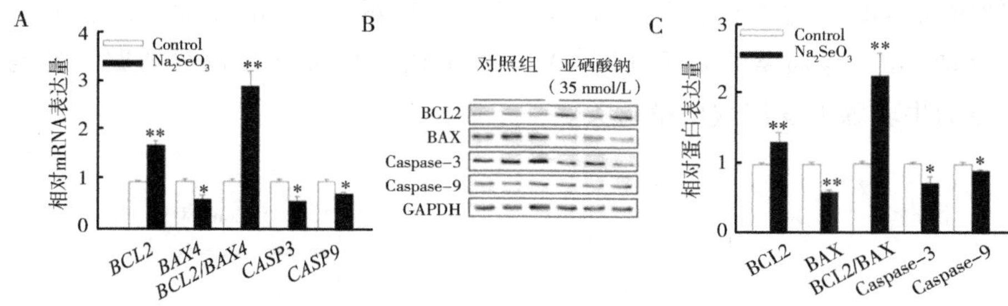

图 10-5 亚硒酸钠对牛乳腺上皮细胞凋亡的影响

A. 不同浓度亚硒酸钠（0 nmol/L 和 35 nmol/L）培养 3 d 对牛乳腺上皮细胞的 *BCL2*、*BAX4*、*BCL2/BAX4*、*CASP3* 和 *CASP9* mRNA 表达量的影响；B. 培养 3 d 后牛乳腺上皮细胞的 BCL2、BAX、GAPDH、Caspase-3 和 Caspase-9 的 Western blotting 分析条带；C. BCL2、BAX、BCL2/BAX、Caspase-3、Caspase-9 Western blotting 分析条带统计图。* 和 ** 分别表示 $P<0.05$ 和 $P<0.01$，均与对照组相比较。

细胞凋亡是由 BCL2 家族蛋白诱导，通过线粒体和死亡受体两条通路高度复杂的信号级联进行的。此外，BCL2 家族蛋白参与凋亡细胞死亡的调节，包括抗凋亡（BCL2 等）和促凋亡（BAX 等）成员（Shamas-Din 等，2013）。由于 BCL2 通过抑制 BAX 的活性来阻止细胞凋亡，高 BCL2/BAX 是细胞凋亡受到抑制的指标。因此，BCL2/BAX 蛋白表达水平的比值可以反映细胞凋亡的状态。线粒体和死亡受体途径都汇聚到 Caspases 的共同途径上，即 Caspase-3 和 Caspase-9（Pisani 等，2020），这两种 Caspases 在细胞凋亡的执行期起着至关重要的作用。因此，其表达的减少抑制了细胞凋亡的开始。本研究中，添加 35 nmol/L 亚硒酸钠后，BCL2 mRNA 和蛋白表达量及 BCL2 与 BAX4 比值升高，BAX、Caspase-3 和 Caspase-9 mRNA 和蛋白表达量降低，提示添加 35 nmol/L 亚硒酸钠可抑制牛乳腺上皮细胞凋亡标志物的表达。因此，结果表明，亚硒酸钠通过刺激增殖标记物的表达和抑制凋亡标记物的表达来调节细胞增殖。

二、亚硒酸钠调控奶牛乳腺上皮细胞增殖的信号通路

（一）亚硒酸钠对牛乳腺上皮细胞 Akt-mTOR 信号通路的影响

当 35nmol/L 亚硒酸钠作用于牛乳腺上皮细胞时，p-Akt/Akt 和 p-mTOR/mTOR 的比值显著升高（$P<0.01$），提示 35 nmol/L 亚硒酸钠刺激了 Akt/mTOR 信号通路的激活（图 10-6A、B），Akt/mTOR 信号通路可能与硒诱导的牛乳腺上皮细胞增殖有关。

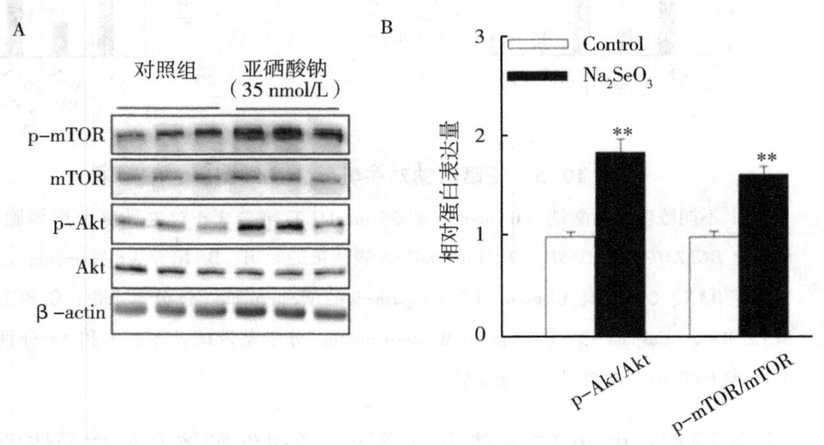

图 10-6　亚硒酸钠对牛乳腺上皮细胞 Akt-mTOR 信号通路的影响

A. 不同浓度亚硒酸钠（0 nmol/L 和 35 nmol/L）培养 3 d 对牛乳腺上皮细胞的 p-Akt、Akt、p-mTOR 和 mTOR 的 Western blotting 分析条带；B. p-Akt/Akt 和 p-mTOR/mTOR 统计图。** 表示与对照组相比 $P<0.01$。

（二）阻断 Akt 信号通路对牛乳腺上皮细胞增殖相关蛋白的影响

CCK-8 结果提示 Akt-IN-1 对牛乳腺上皮细胞的增殖无影响。Akt-IN-1

可完全阻断 35 nmol/L 亚硒酸钠对牛乳腺上皮细胞增殖的促进作用（$P<0.01$，图 10-7A）。30 nmol/L 的 Akt-IN-1 逆转了 35 nmol/L 亚硒酸钠对牛乳腺上皮细胞增殖相关基因 *PCNA*、*CCND1* 和 *CCNA2* 以及抑制牛乳腺上皮细胞凋亡相关基因 *BCL2* mRNA 表达的促进作用（$P<0.01$）；35 nmol/L 亚硒

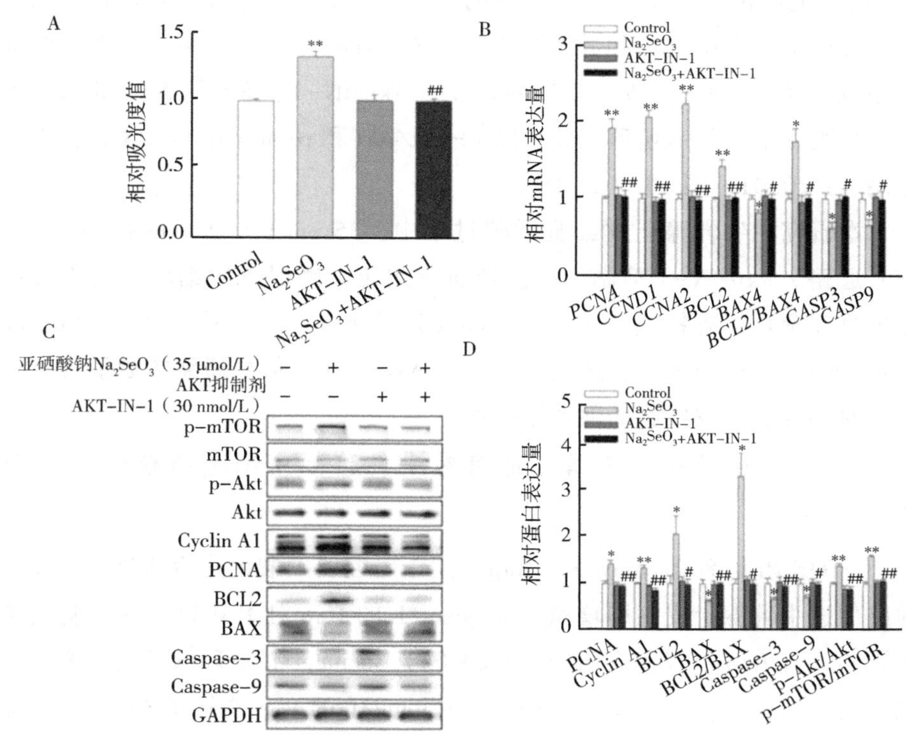

图 10-7　阻断 Akt 信号通路逆转了亚硒酸钠对牛乳腺上皮细胞增殖和凋亡相关基因及蛋白表达的影响

A. 35 nmol/L 的亚硒酸钠或/和 30 nmol/L Akt 抑制剂（Akt-IN-1）对牛乳腺上皮细胞 CCK-8 检测增殖的相对吸光值统计图（$n=8$）；B. 35 nmol/L 的亚硒酸钠和/或 30 nmol/L Akt 抑制剂对牛乳腺上皮细胞基因 *PCNA*、*CCNA2*、*CCND1*、*BCL2*、*BAX4*、*BCL2/BAX4*、*CASP3* 和 *CASP9* 的 mRNA 表达的影响；C. 35 nmol/L 的亚硒酸钠和/或 30 nmol/L Akt 抑制剂对牛乳腺上皮细胞蛋白 PCNA、Cyclin A1、BCL2、BAX、Caspase-3、Caspase-9、p-Akt、Akt、p-mTOR 和 mTOR 的 Western blotting 分析条带；D. Western blotting 分析条带统计图。* 和 ** 分别表示 $P<0.05$ 和 $P<0.01$，均与对照组相比较；#和##分别表示与 35 nmol/L 的亚硒酸钠组相比 $P<0.05$ 和 $P<0.01$。

酸钠对牛乳腺上皮细胞凋亡相关基因 *BAX4*、*CASP3* 和 *CASP9* 的 mRNA 表达的抑制作用也被逆转（*P*<0.05，图 10-7B）。同样，30 nmol/L 的 Akt-IN-1 逆转了 35 nmol/L 亚硒酸钠对牛乳腺上皮细胞增殖相关蛋白 PCNA 和 Cyclin A1 以及抑制牛乳腺上皮细胞凋亡相关蛋白 BCL2 表达的促进作用（*P*<0.05），也逆转了 BCL2/BAX 比值的升高（*P*<0.05）；35 nmol/L 亚硒酸钠对牛乳腺上皮细胞凋亡相关蛋白 BAX、Caspase-3 和 Caspase-9 表达的抑制作用也被逆转（*P*<0.05）；30 nmol/L 的 Akt-IN-1 逆转了 35 nmol/L 亚硒酸钠对牛乳腺上皮细胞增殖相关通路 p-Akt/Akt 和 p-mTOR/mTOR 比值的促进作用（*P*<0.01；图 10-7C、D）。

本研究在牛乳腺上皮细胞增殖过程中，35 nmol/L 亚硒酸钠激活了 Akt 信号通路。Akt-IN-1 抑制 Akt 信号通路逆转了硒促进的细胞活力以及增殖标志物和凋亡标志物的表达，进一步支持了 Akt-IN-1 可阻断 p-Akt/Akt 和 p-mTOR/mTOR 的蛋白表达比值。表明 Akt-mTOR 信号通路的激活可能参与了硒对牛乳腺上皮细胞的促增殖作用。

（三）阻断 mTOR 信号通路对牛乳腺上皮细胞增殖相关蛋白的影响

mTOR 阻断剂 Rapamycin（Rap）用于研究亚硒酸钠是否通过 mTOR 信号通路促进牛乳腺上皮细胞增殖。50 pmol/L 的 Rap 对牛乳腺上皮细胞的增殖无影响，且 Rap 可以完全阻断（*P*<0.05）35 nmol/L 亚硒酸钠对牛乳腺上皮细胞增殖的促进作用（图 10-8A）。50 pmol/L 的 Rap 逆转了 35 nmol/L 亚硒酸钠对牛乳腺上皮细胞增殖相关基因 *PCNA*、*CCND1* 和 *CCNA2* mRNA 表达的促进作用（*P*<0.05，图 10-8B），也逆转了 35 nmol/L 亚硒酸钠对牛乳腺上皮细胞增殖相关蛋白 PCNA 和 Cyclin A1 表达的促进作用（*P*<0.05，图 10-8C、D）。而且，50 pmol/L 的 Rap 逆转了牛乳腺上皮细胞增殖通路 p-mTOR/mTOR 比值的促进作用（*P*<0.05；图 10-8C、D）。值得注意的是，50 pmol/L 的 Rap 抑制 mTOR，但对牛乳腺上皮细胞凋亡和 35 nmol/L 亚硒酸钠激活的 Akt 信号通路相关的 mRNA 或蛋白表达无显著影响（图 10-8B、C、D）。

mTOR 信号通路还参与调节多种细胞的增殖（Li 等，2017）。本研究中当培养于 35 nmol/L 亚硒酸钠时，牛乳腺上皮细胞 mTOR 信号通路也被激

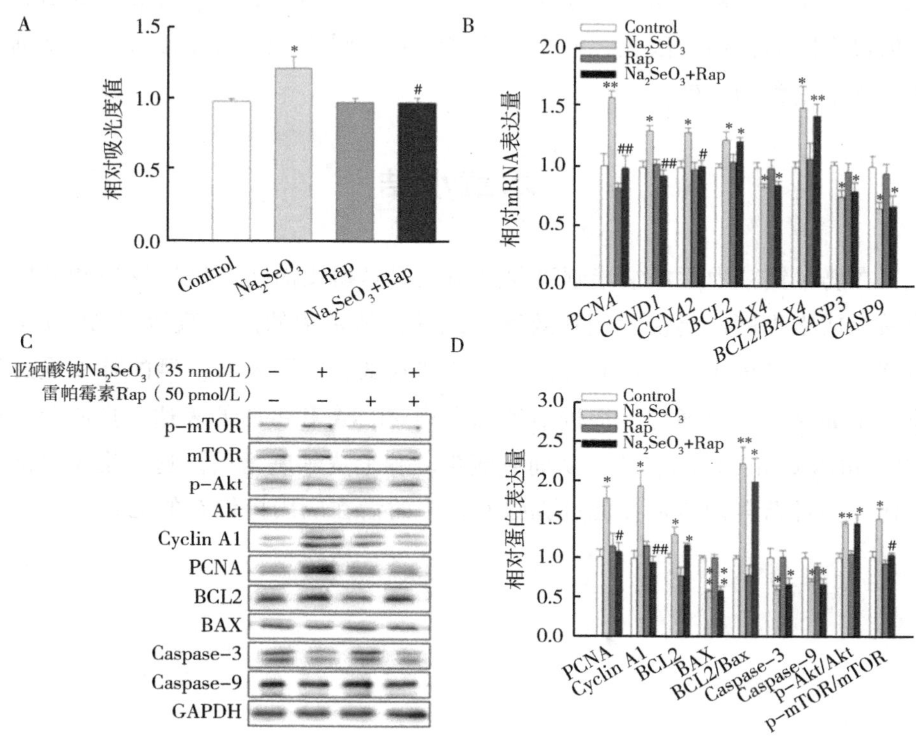

图 10-8 阻断 mTOR 信号通路逆转了亚硒酸钠对牛乳腺上皮细胞增殖和凋亡相关基因及蛋白表达的影响

A. 35 nmol/L 的亚硒酸钠或/和 50 pmol/L Rap 对牛乳腺上皮细胞 CCK-8 检测增殖的相对吸光值统计图（$n=8$）；B. 35 nmol/L 的亚硒酸钠和/或 50 pmol/L Rap 对牛乳腺上皮细胞基因 *PCNA*、*CCNA2*、*CCND1*、*BCL2*、*BAX4*、*BCL2/BAX4*、*CASP3* 和 *CASP9* 的 mRNA 表达的影响；C. 35 nmol/L 的亚硒酸钠和/或 50 pmol/L Rap 对牛乳腺上皮细胞蛋白 PCNA、Cyclin A1、BCL2、BAX、BCL2/BAX、Caspase－3、Caspase－9、p－Akt、Akt、p－mTOR 和 mTOR 的 Western blotting 分析条带；D. Western blotting 分析条带统计图。＊和＊＊分别表示 $P<0.05$ 和 $P<0.01$，均与对照组相比较；#和##分别表示与 35 nmol/L 的亚硒酸钠相比 $P<0.05$ 和 $P<0.01$。

活。此外，Rap 对 mTOR 信号通路的抑制逆转了硒对牛乳腺上皮细胞增殖的刺激，并改变了增殖标志物的表达。Rap 阻断了 p-mTOR/mTOR 的蛋白表达比，这表明 mTOR 信号通路可能参与了硒对牛乳腺上皮细胞的促增殖作用。本研究中 Akt-IN-1 阻断了 p-Akt/Akt 和 p-mTOR/mTOR 的蛋白表达比值。

同时，Rap 可阻断 p-mTOR/mTOR 蛋白的表达。然而，Rap 对 p-Akt/Akt 的比值没有阻断作用。因此，补充亚硒酸钠通过调节 Akt-mTOR 信号通路刺激牛乳腺上皮细胞增殖。

本章小结

在奶牛饲粮中添加纳米硒可通过刺激营养物质消化、瘤胃发酵和乳腺脂肪酸合成来提高产奶量和饲料效率。此外，纳米硒的加入激活了 Akt/mTOR 通路，促进了增殖标志物的表达。体外细胞试验结果表明，硒的补充通过调节 Akt-mTOR 信号通路，促进增殖标志物 mRNA 和蛋白的表达，抑制凋亡标志物 mRNA 和蛋白的表达，从而刺激牛乳腺上皮细胞增殖。这一发现可能为硒作为一种营养调节剂在促进乳腺发育中的潜在应用提供新的见解。

参考文献

成基，2021. 丁酸钠对奶牛乳腺上皮细胞中乳脂合成的影响及其机制［D］. 长春：吉林大学.

高鹏，2016. 灌注不同不饱和脂肪酸混合物对泌乳奶牛生理生化指标及抗氧化能力的影响［D］. 呼和浩特：内蒙古农业大学.

户林其，沈宜钊，王美美，等，2022. 饲粮中棕榈酸和油酸的比例对泌乳早期奶牛瘤胃发酵参数与菌群组成的影响［J］. 动物营养学报，34（8）：5094-5106.

孔庆洋，2012. 乙酸钠和丁酸钠对奶牛乳腺上皮细胞及腺泡乳脂合成相关基因表达的影响［D］. 哈尔滨：东北农业大学.

李红玉，刘强，王聪，等，2009. 丙酸镁对泌乳早期奶牛体况、泌乳性能和代谢参数的影响［J］. 草业学报，18（4）：187-194.

李亚学，王佳堃，孙华，等，2012. 不同精粗比下添加维生素 B_{12} 对体外瘤胃发酵和微生物酶活力的影响［J］. 动物营养学报（10）：1888-1896.

刘洁，刁其玉，赵一广，等，2012. 饲粮不同 NFC/NDF 对肉用绵羊瘤胃 pH、氨态氮和挥发性脂肪酸的影响［J］. 动物营养学报，24（6）：1047-1055.

刘强，2022. 反刍动物营养学［M］. 北京，中国农业出版社.

刘阳，陈林海，吕伟，等，2016. 脂肪酸受体 GPR84 及其调节剂的研究进展［J］. 生命的化学，36（4）：548-555.

刘永嘉，王聪，刘强，等，2019. 日粮补充异丁酸对犊牛生长性能、瘤胃发酵和纤维分解菌菌群的影响［J］. 草业学报，28（7）：151-158.

孟莹莹，张静，张枫琳，等，2017. 高脂日粮对初情期小鼠乳腺发育的影响及分子机制［J］. 华南农业大学学报，38（3）：9-14.

宁丽丽，詹康，霍俊宏，等，2021. 丙酸对山羊小肠上皮细胞糖异生途径关键基因表达的影响［J］. 中国农业大学学报，26（3）：80-85.

齐利枝，2013. 乳脂前体物及其配比对奶牛乳腺上皮细胞内乳脂肪及乳蛋白合成的影响及其机理［D］. 呼和浩特：内蒙古农业大学.

任春燕，毕研亮，杜汉昌，等，2018. 开食料中不同 NDF 水平对犊牛生长性能、瘤胃内环境及血清生化指标的影响［J］. 草业学报，27（5）：210-218.

尚智援，窦彩霞，王克玮，等，2021. 丁酸梭菌通过激活 p38 丝裂原活化蛋白激酶/核因子 E2 相关因子信号通路减轻猪霍乱沙门氏菌导致的猪小肠上皮细胞氧化损伤［J］. 动物营养学报，33（12）：7105-7117.

沈冰蕾，苗树君，邵广，2013. 不同种类及水平的异位酸对奶牛日粮消化率及瘤胃纤维素酶活性的影响［J］. 中国畜牧杂志，49（5）：44-45.

许鹏，杨致玲，曹名玉，等，2022. 饲粮添加不同类型及水平过瘤胃脂肪对荷斯坦奶牛生产性能及乳中脂肪酸组成的影响［J］. 动物营养学报（3）：1580-1591.

严金玉，2016. 高精料日粮对反刍动物乳腺组织细胞凋亡的影响以及日粮中添加丁酸钠的调节作用［D］. 南京：南京农业大学.

叶璐霞，徐莉菲，薛榆洁，等，2020. 维生素 B_{12} 对氧化应激损伤下神经细胞的保护机制［J］. 温州医科大学学报，50（6）：449-453.

张静，2018. 外源性硫化氢对哺乳动物初情期乳腺发育的影响及机制［D］. 广州：华南农业大学.

张静，卜丽君，郎娇娇，等，2024. 丁酸钠通过 G 蛋白偶联受体 41 介导蛋白激酶 B/哺乳动物雷帕雷素靶蛋白信号通路刺激牛乳腺上皮细胞的增殖［J］. 动物营养学报，36（3）：1878-1891.

张静，刘强，叶佳仪，等，2020. 不同油脂对母猪繁殖性能和初乳成分的影响［J］. 中国畜牧杂志，56（11）：125-129，134.

张静，尚昕堃，陈雷，等，2021. 叶酸浓度对肉牛瘤胃体外发酵和养分消化率的影响［J］. 山西农业大学学报（自然科学版），41（1）：75-80.

张静，尚昕堃，王聪，等，2021. 霉菌毒素分解酶对奶公牛生长性能和瘤胃发酵的影响［J］. 中国畜牧杂志，57（5）：171-176.

赵芸君，孟庆翔，2006. B_{12}添加对活体外瘤胃发酵和纤维降解的影响［J］. 草食家畜（2）：35-38.

ABDELATTY A M，IWANIUK M E，GARCIA M，et al.，2017. Effect of short-term feed restriction on temporal changes in milk components and mammary lipogenic gene expression in mid-lactation Holstein dairy cows［J］. Journal of Dairy Science，100（5）：4000-4013.

ALLEN M S，2000. Effects of diet on short-term regulation of feed intake by lactating dairy cattle［J］. Journal of Dairy Science，83（7）：1598-1624.

ALVAREZ-CURTO E，MILLIGAN G，2016. Metabolism meets immunity：The role of free fatty acid receptors in the immune system［J］. Biochemical Pharmacology，114（SI）：3-13.

BAE D，CHON J W，KIM D H，et al.，2020. Effect of folic acid supplementation on proliferation and apoptosis in bovine mammary epithelial（MAC-T）cells［J］. Animal Biotechnology，33（1）：13-21.

BERNARD L，LEROUX C，CHILLIARD Y，2008. Expression and nutritional regulation of lipogenic genes in the ruminant lactating mammary gland［J］. Advances in Experimental Medicine and Biology，606：67-108.

BERTOLI C，SKOTHEIM J，DE BRUIN R，2013. Control of cell cycle transcription during G1 and S phases［J］. Nature Reviews Molecular Cell Biology，14（8）：518-528.

BILANGES B，POSOR Y，VANHAESEBROECK B，2019. PI3K isoforms in cell signalling and vesicle trafficking［J］. Nature Reviews Molecular Cell Biology，20（9）：515-534.

BIONAZ M, LOOR J, 2008. Gene networks driving bovine milk fat synthesis during the lactation cycle [J]. BMC Genomics, 9: 366.

BRODERICK G A, CLAYTON M K, 1997. A statistical evaluation of animal and nutritional factors influencing concentrations of milk urea nitrogen [J]. Journal of Dairy Science, 80 (11): 2964-2971.

BURCH A, PINEDA A, LOCK A, 2021. Effect of palmitic acid-enriched supplements containing stearic or oleic acid on nutrient digestibility and milk production of low-and high-producing dairy cows [J]. Journal of Dairy Science, 104 (8): 8673-8684.

BURGOS S A, DAI M, CANT J P, 2010. Nutrient availability and lactogenic hormones regulate mammary protein synthesis through the mammalian target of rapamycin signaling pathway [J]. Journal of Dairy Science, 93 (1): 153-161.

CHAN T M, FREEDLAND R A, 1972. The effect of propionate on the metabolism of pyruvate and lactate in the perfused rat liver [J]. Biochemical Journal, 127 (3): 539-543.

CHENG K F, WANG C, ZHANG G W, et al., 2020. Effects of betaine and rumen-protected folic acid supplementation on lactation performance, nutrient digestion, rumen fermentation and blood metabolites in dairy cows [J]. Animal Feed Science and Technology, 262: 114445.

CHEW B P, EISENMAN J R, TANAKA T S, 1984. Arginine infusion stimulates prolactin, growth hormone, insulin, and subsequent lactation in pregnant dairy cows [J]. Journal of Dairy Science, 67 (11): 2507-2518.

CHOUINARD P Y, CORNEAU L, BARBANO D M, et al., 1999. Conjugated linoleic acids alter milk fatty acid composition and inhibit milk fat secretion in dairy cows [J]. Journal of Nutrition, 129 (8): 1579-1584.

CLAPPERTON J L, CZERKAWSKI J W, 1969. Methane production and soluble carbohydrates in the relation to the time of feeding and the effects of short-term intraruminal infusions of unsaturated fatty acids [J]. British

Journal of Nutrition, 23 (4): 813-826.

COLEMAN D N, ALHARTHI A S, LIANG Y S, et al., 2021. Multifaceted role of one - carbon metabolism on immunometabolic control and growth during pregnancy, lactation and the neonatal period in dairy cattle [J]. Journal of Animal Science and Biotechnology, 12 (1): 82-109.

CONTE G, MELE M, CHESSA S, et al., 2010. Diacylglycerol acyltransferase 1, stearoyl-CoA desaturase 1, and sterol regulatory element binding protein 1 gene polymorphisms and milk fatty acid composition in Italian Brown cattle [J]. Journal of Dairy Science, 93 (2): 753-763.

CUMMINS K A, PAPAS A H, 1985. Effect of isocarbon 4 and isocarbon 5 volatile fatty acids on microbial protein synthesis and dry matter digestibility in vitro [J]. Journal of Dairy Science, 68 (10): 2588-2595.

DEMIGNÉ C, YACOUB C, RÉMÉSY C, et al., 1986. Propionate and butyrate metabolism in rat or sheep hepatocytes [J]. Biochimica et Biophysica Acta (BBA) -Lipids and Lipid Metabolism, 875 (3): 535-542.

DESOUZA J, PROM C M, LOCK A L, 2021. Altering the ratio of dietary palmitic and oleic acids affects production responses during the immediate postpartum and carryover periods in dairy cows [J]. Journal of Dairy Science, 104 (3): 2896-2909.

DEVI Y S, HALPERIN J, 2014. Reproductive actions of prolactin mediated through short and long receptor isoforms. Molecular and Cellular Endocrinology, 382 (1): 400-410.

DING L Y, CHEN L M, WANG M Z, et al., 2018. Inhibition of arginase via jugular infusion of N ω-hydroxy-nor-l-arginine inhibits casein synthesis in lactating dairy cows [J]. Journal of Dairy Science, 101 (4): 3514-3523.

DING L, SHEN Y, JAWAD M, et al., 2022. Effect of arginine supplementation on the production of milk fat in dairy cows [J]. Journal of Dairy Science, 105 (10): 8115-8129.

DING L, SHEN Y, WANG Y, et al., 2019. Jugular arginine

supplementation increases lactation performance and nitrogen utilization efficiency in lactating dairy cows [J]. Journal of Animal Science and Biotechnology, 10: 3.

DOHME F, MACHMüLLER A, SUTTER F, et al., 2004. Digestive and metabolic utilization of lauric, myristic and stearic acid in cows, and associated effects on milk fat quality [J]. Archives of Animal Nutrition, 58 (2): 99-116.

DOYLE P T, STOCKDALE C R, JENKIN M L, et al., 2011. Producing milk with uniform high selenium concentrations on commercial dairy farms [J]. Animal Production Science, 51 (2): 87-94.

EDWARDS M A, 2014. Impact of supplementing rumen-protected arginine on blood flow parameters and luteinizing hormone concentration in cyclic beef cows consuming endophyte-infected tall fescue seed [D]. Tennessee: University of Tennessee.

FACIOLA A P, BRODERICK G A, 2013. Effects of feeding lauric acid on ruminal protozoa numbers, fermentation, digestion, and on milk production in dairy cows [J]. Journal of Animal Science, 91 (5): 2243-2253.

FACIOLA A P, BRODERICK G A, 2014. Effects of feeding lauric acid or coconut oil on ruminal protozoa numbers, fermentation pattern, digestion, omasal nutrient flow, and milk production in dairy cows [J]. Journal of Dairy Science, 97 (8): 5088-5100.

FACIOLA A P, BRODERICK G A, HRISTOV A, et al., 2013. Effects of lauric acid on ruminal protozoal numbers and fermentation pattern and milk production in lactating dairy cows [J]. Journal of Animal Science, 91 (1): 363-373.

FARR V C, STELWAGEN K, CATE L R, et al., 1996. An improved method for the routine biopsy of bovine mammary tissue [J]. Journal of Animal Science, 79 (4): 543-549.

FAULCONNIER Y, BOBY C, PIRES J, et al., 2019. Effects of Azgp1$^{-/-}$

on mammary gland, adipose tissue and liver gene expression and milk lipid composition in lactating mice [J]. Gene, 692: 201-207.

FUJIWARA T, KANAZAWA S, ICHIBORI R, et al., 2014. Larginine stimulates fibroblast proliferation through the GPRC6AERK1/2 and PI3K/Akt pathway [J]. PLoS One, 9 (3): e92168.

FUKUMORI R, OBA M, IZUMI K, et al., 2020. Effects of butyrate supplementation on blood glucagon-like peptide-2 concentration and gastrointestinal functions of lactating dairy cows fed diets differing in starch content [J]. Journal of Dairy Science, 103 (4): 3656-3667.

GE Y S, LI F, HE Y, et al., 2022. L-arginine stimulates the proliferation of mouse mammary epithelial cells and the development of mammary gland in pubertal mice by activating the GPRC6A/PI3K/AKT/mTOR signalling pathway [J]. Journal of Animal Physiology and Animal Nutrition, 106 (6): 1383-1395.

GIRARD C L, MATTE J J, 2005b. Folic acid and vitamin B_{12} requirements of dairy cows: A concept to be revised [J]. Livestock Production Science, 98 (1-2): 123-133.

GIRARD C L, MATTE J J, 2005. Effects of intramuscular injections of vitamin B_{12} on lactation performance of dairy cows fed dietary supplements of folic acid and rumen-protected methionine [J]. Journal of Dairy Science, 88 (2): 671-676.

GIVENS D I, ALLISON R, COTTRILL B, et al., 2004. Enhancing the selenium content of bovine milk through alteration of the form and concentration of selenium in the diet of the dairy cow [J]. Journal of the Science of Food and Agriculture, 84 (8): 811-817.

GRAULET B, MATTE J J, DESROCHERS A, et al., 2007. Effects of dietary supplements of folic acid and vitamin B_{12} on metabolism of dairy cows in early lactation [J]. Journal of Dairy Science, 90 (7): 3442-3455.

GUILLOTEAU P, SAVARY G, JAGUELIN-PEYRAULT Y, et al., 2010. Dietary sodium butyrate supplementation increases digestibility and pancreatic secretion in young milk - fed calves [J]. Journal of Dairy Science, 93 (12): 5842-5850.

GUO Y Y, WEI Z, ZHANG Y, et al., 2024. Research progress on the mechanism of milk fat synthesis in cows and the effect of conjugated linoleic acid on milk fat metabolism and its underlying mechanism: a review [J]. Animals, 14 (2): 204.

HALFEN J, FACCIO D C, SOARES F J P, et al., 2021. Sodium butyrate supplementation and the effect on glucose levels and lipid metabolism of dairy cows [J]. Archivos de Zootecnia, 70 (269): 28-32.

HAN L Q, PANG K, FU T, et al., 2021. Nano-selenium supplementation increases selenoprotein (Sel) gene expression profiles and milk selenium concentration in lactating dairy cows [J]. Biological Trace Element Research, 199 (1): 113-119.

HEARD J W, STOCKDALE C R, WALKER G P, et al., 2007. Increasing selenium concentration in milk: effects of amount of selenium from yeast and cereal grain supplements [J]. Journal of Dairy Science, 90 (9): 4117-4127.

HERRICK K J, HIPPEN A R, KALSCHEUR K F, et al., 2018. Infusion of butyrate affects plasma glucose, butyrate, and β-hydroxybutyrate but not plasma insulin in lactating dairy cows [J]. Journal of Dairy Science, 101 (4): 3524-3536.

HOOVER W H, KINCAID C R, VARGA G A, et al., 1984. Effects of solids and liquid flows on fermentation in continuous cultures. IV. pH and dilution rate [J]. Journal of Animal Science, 58 (3): 692-699.

HRISTOV A N, CALLAWAY T R, LEE C, et al., 2012. Rumen bacterial, archaeal, and fungal diversity of dairy cows in response to ingestion of lauric or myristic acid [J]. Journal of Animal Science, 90 (12): 4449-4457.

HRISTOV A N, LEE C, CASSIDY T, et al., 2011. Effects of lauric and myristic acids on ruminal fermentation, production, and milk fatty acid composition in lactating dairy cows [J]. Journal of Dairy Science, 94

(1): 382-395.

HRISTOV A N, VANDER POL M, AGLE M, et al., 2009. Effect of lauric acid and coconut oil on ruminal fermentation, digestion, ammonia losses from manure, and milk fatty acid composition in lactating cows [J]. Journal of Dairy Science, 92 (11): 5561-5582.

HUANG J, GUESTHIER M A, BURGOS S A, 2020. AMP - activated protein kinase controls lipid and lactose synthesis in bovine mammary epithelial cells [J]. Journal of Dairy Science, 103 (1): 340-351.

HUANG J, QIN Y Y, LIN C F, et al., 2021. MTHFD2 facilitates breast cancer cell proliferation via the AKT signaling pathway [J]. Experimental and Therapeutic Medicine, 22 (1): 703.

HUHTANEN P J, BLAUWIEKEL R, SAASTAMOINEN I, 1998. Effects of intraruminal infusions of propionate and butyrate with two different protein supplements on milk production and blood metabolites in dairy cows receiving grass silage-based diet [J]. Journal of the Science of Food and Agriculture, 77 (2): 213-222.

HUHTANEN P, MIETTINEN H, YLINEN M, 1993. Effect of increasing ruminal butyrate on milk yield and blood constituents in dairy cows fed a grass silage-based diet [J]. Journal of Dairy Science, 76 (4): 1114-1124.

HYNES D N, STERGIADIS S, GORDON A, et al., 2016. Effects of crude protein level in concentrate supplements on animal performance and nitrogen utilization of lactating dairy cows fed fresh-cut perennial grass [J]. Journal of Dairy Science, 99 (10): 8111-8120.

INOKI K, KIM J, GUAN K L, 2012. AMPK and mTOR in cellular energy homeostasis and drug targets [J]. Annual Review of Pharmacology and Toxicology, 52: 381-400.

IZUMI K, FUKUMORI R, OIKAWA S, et al., 2019. Short communication: Effects of butyrate supplementation on the productivity of lactating dairy cows fed diets differing in starch content [J]. Journal of Dairy Science, 102 (12): 11051-11056.

JASWALS, JENA M K, ANAND V, et al., 2022. Critical review on physiological and molecular features during bovine mammary gland development: recent advances [J]. Cells, 11 (20): 3325.

JEONG S Y, SEOL D W, 2008. The role of mitochondria in apoptosis [J]. BMB Reports, 41 (1): 11-22.

JOBGEN W S, FRIED S K, FU W J, et al., 2006. Regulatory role for the arginine-nitric oxide pathway in metabolism of energy substrates [J]. Journal of Nutritional Biochemistry, 17 (9): 571-588.

KADEGOWDA A K G, BIONAZ M, PIPEROVA L S, et al., 2009. Peroxisome proliferator-activated receptor-γ activation and long-chain fatty acids alter lipogenic gene networks in bovine mammary epithelial cells to various extents [J]. Journal of Dairy Science, 92 (9): 4276-4289.

KADIM I T, JOHNSON E H, MAHGOUB O, et al., 2003. Effect of low levels of dietary cobalt on apparent nutrient digestibility in Omani goats [J]. Animal Feed Science and Technology, 109: 209-216.

KALYVIANAKI K, PANAGIOTOPOULOS A A, MALAMOS P, et al., 2019. Membrane androgen receptors (OXER1, GPRC6A AND ZIP9) in prostate and breast cancer: A comparative study of their expression [J]. Steroids, 142 (S1): 100-108.

KARCHER E L, PICKETT M M, VARGA G A, et al., 2007. Effect of dietary carbohydrate and monensin on expression of gluconeogenic enzymes in liver of transition dairy cows [J]. Journal of Animal Science, 85 (3): 690-699.

KEITH R B, KEITH K F, GHOLAM K, et al., 2006. Protection of human vascular smooth muscle cells from H_2O_2 - induced apoptosis through functional codependence between HO-1 and AKT [J]. Arteriosclerosis Thrombosis Vascular Biology, 26 (9): 2027-2034.

KENNEDY D G, CANNAVAN A, MOLLOY A, et al., 1990. Methylmalonyl-CoA mutase (EC 5. 4. 99. 2) and methionine synthetase (EC 2. 1. 1. 13) in the tissues of cobalt-vitamin B_{12} deficient sheep [J]. British

Journal of Nutrition, 64 (3): 721-732.

KHODAJOU-MASOULEH H, BOOJAR M M A, KHAVARI-NEJAD S, et al., 2022. Induction of apoptosis by Oleracein A and Oleracein B in HepG2 cancerous cells is mediated by ceramide generation, caspase-9/caspase-3 pathway activation, and oxidative damage [J]. Pharmacological Research-Modern Chinese Medicine, 2: 100047.

KIM H, TU H C, REN D, et al., 2009. Stepwise activation of BAX and BAK by tBID, BIM, and PUMA initiates mitochondrial apoptosis [J]. Molecular Cell, 36 (3): 487-499.

KIM S H, MAMUAD L L, CHOI Y J, et al., 2018. Effects of reductive acetogenic bacteria and lauric acid on in vivo ruminal fermentation, microbial populations, and methane mitigation in Hanwoo steers in South Korea [J]. Journal of Animal Science, 96 (10): 4360-4367.

KIM Y C, GUAN K L, 2015. mTOR: a pharmacologic target for autophagy regulation [J]. Journal of Clinical Investigation, 125 (1): 25-32

KISS E, FORIKA G, MOHACSI R, et al., 2021. Methyl-donors can induce apoptosis and attenuate both the Akt and the Erk1/2 mediated proliferation pathways in breast and lung cancer cell lines [J]. International Journal of Molecular Sciences, 22 (7): 3598.

KLOP G, DIJKSTRA J, DIEHO K, et al., 2017a. Enteric methane production in lactating dairy cows with continuous feeding of essential oils or rotational feeding of essential oils and lauric acid [J]. Journal of Dairy Science, 100 (5): 3563-3575.

KLOP G, VAN LAAR-VAN SCHUPPEN S, PELLIKAAN W F, et al., 2017b. Changes in in vitro gas and methane production from rumen fluid from dairy cows during adaptation to feed additives in vivo [J]. Animal, 11 (4): 591-599.

KONG X, WANG X, YIN Y, et al., 2014. Putrescine stimulates the mTOR signaling pathway and protein synthesis in porcine trophectoderm cells [J]. Biology of Reproduction, 91 (5): 101-110.

KOWALSKI Z M, GÓRKA P, FLAGA J, et al., 2015. Effect of microencapsulated sodium butyrate in the close-up diet on performance of dairy cows in the early lactation period [J]. Journal of Dairy Science, 98 (5): 3284-3291.

KUZINSKI J, ZITNAN R, VIERGUTZ T, et al., 2011. Altered Na^+/K^+-ATPase expression plays a role in rumen epithelium adaptation in sheep fed hay ad libitum or a mixed hay/concentrate diet [J]. Veternary Medicine-CZECH, 56 (1): 36-48.

KÜLLING D R, DOHME F, MENZI H, et al., 2002. Methane emissions of differently fed dairy cows and corresponding methane and nitrogen emissions from their manure during storage [J]. Environmental Monitoring and Assessment, 79 (2): 129-150.

LACASSE P, FARR V C, DAVIS S R, et al., 1996. Local secretion of nitric oxide and the control of mammary blood flow [J]. Journal of Dairy Science, 79 (8): 1369-1374.

LEE C, HRISTOV A N, HEYLER K S, et al., 2011. Effects of dietary protein concentration and coconut oil supplementation on nitrogen utilization and production in dairy cows [J]. Journal of Dairy Science, 94 (Suppl. 1): 5544-5557.

LENTS N H, PISZCZATOWSKI R T, 2023. Cyclins, Cyclin-dependent kinases, and Cyclin-dependent kinase inhibitors [J]. Encyclopedia of Cell Biology (Second Edition), 5: 224-234.

LEVY D E, DARNELL J E, 2002. STATs: transcriptional control and biological impact [J]. Nature Review Molecular Cell Biology, 3 (9): 651-662.

LI H Q, LIU Q, WANG C, et al., 2016. Effects of dietary supplements of rumen-protected folic acid on lactation performance, energy balance, blood parameters and reproductive performance in dairy cows [J]. Animal Feed Science and Technology, 213: 55-63.

LI L, LIU L, QU B, et al., 2017. Twinfilin 1 enhances milk bio-synthesis and proliferation of bovine mammary epithelial cells via the mTOR signaling pathway [J]. Biochemical and Biophysical Research Communications, 492 (3): 289-294.

LI L, WANG H H, NIE X T, et al., 2019. Sodium butyrate ameliorates lipopolysaccharide - induced cow mammary epithelial cells from oxidative stress damage and apoptosis [J]. Journal of Cellular Biochemistry, 120 (2): 2370-2381.

LI T, ZHANG L, JIN C, et al., 2020. Pomegranate flower extract bidirectionally regulates the proliferation, differentiation and apoptosis of 3T3-L1 cells through regulation of PPAR gamma expression mediated by PI3K-AKT signaling pathway [J]. Biomedicine and Pharmacotherapy, 131: 110769.

LI W, YU M, LUO S, et al., 2013. DNA methyltransferase mediates dose-dependent stimulation of neural stem cell proliferation by folate [J]. Journal of Nutritional Biochemistry, 24 (7): 1295-1301.

LI X Z, CHOI S H, YAN C G, et al., 2016b. Dietary linseed oil with or without malate increases conjugated linoleic acid and oleic acid in milk fat and gene expression in mammary gland and milk somatic cells of lactating goats [J]. Journal of Animal Science, 94 (8): 3572-3583.

LI Y, CAO Y, WANG J, et al., 2020. Kp-10 promotes bovine mammary epithelial cell proliferation by activating GPR54 and its downstream signaling pathways [J]. Journal of Cellular Physiology, 235 (5): 4481-4493.

LIM S, KALDIS P, 2013. Cdks, cyclins and CKIs: roles beyond cell cycle regulation [J]. Development, 140 (15): 3079-3093.

LIU Q, WANG C, PEI C X, et al., 2014. Effects of isovalerate supplementation on microbial status and rumen enzyme profile in steers fed on corn stover based diet [J]. Livestock Science, 161: 60-68.

LIU W, NING R, CHEN R N, et al., 2016. Aspafilioside B induces G2/M cell cycle arrest and apoptosis by up-regulating H-Ras and N-Ras via ERK and p38 MAPK signaling pathways in human hepatoma HepG2 cells [J]. Molecular Carcinogenesis, 55 (5): 440-457.

LIU Y J, ZHANG J, WANG C, et al., 2022. Effects of folic acid and cobalt sulphate supplementation on growth performance, nutrient digestion, rumen fermentation and blood metabolites in Holstein calves [J]. British Journal of Nutrition, 127 (9): 1313-1319.

LIU Y P, ZHANG J, BU L J, et al., 2024. Effects of nanoselenium supplementation on lactation performance, nutrient digestion, and mammary gland development in dairy cows [J]. Animal Biotechnology, 35 (1): 2290526.

LIU Y, 2016. The role of GPR84 in medium-chain saturated fatty acid taste transduction [D]. Utah State: Utah State University.

LOFTEN J R, LINN J G, DRACKLEY J K, et al., 2014. Invited review: Palmitic and stearic acid metabolism in lactating dairy cows [J]. Journal of Dairy Science, 97 (8): 4661-4674.

LOZANO O, THEURER C B, ALIO A, et al., 2000. Net absorption and hepatic metabolism of glucose, L-lactate, and volatile fatty acids by steers fed diets containing sorghum grain processed as dry-rolled or steam-flaked at different densities [J]. Journal of Animal Science, 78 (5): 1364-1371.

MA L, CORL B A, 2012. Transcriptional regulation of lipid synthesis in bovine mammary epithelial cells by sterol regulatory element binding protein-1 [J]. Journal of Dairy Science, 95 (7): 3743-3755.

MA Q, HU S, BANNAI M, et al., 2018. L-Arginine regulates protein turnover in porcine mammary epithelial cells to enhance milk protein synthesis. Amino Acids, 50 (5): 621-628.

MACIAS H, HINCK L, 2012. Mammary gland development [J]. Wiley Interdisciplinary Reviews-Developmental Biology, 1 (4): 533-557.

MADSEN T G, CIESLAR S R L, TROUT D R, et al., 2015. Inhibition of local blood flow control systems in the mammary glands of lactating cows affects uptakes of energy metabolites from blood [J]. Journal of Dairy Science, 98 (5): 3046-3058.

MALLEPELL S, KRUST A, CHAMBON P, et al., 2006. Paracrine

signaling through the epithelial estrogen receptor α is required for proliferation and morphogenesis in the mammary gland [J]. Proceedings of the National Academy of Sciences of the United States of America, 103 (7): 2196-2201.

MARTIN C, CHEVROT M, POIRIER H, et al., 2011. CD36 as a lipid sensor [J]. Physiology and Behavior, 105 (1): 36-42.

MATAMOROS C, CAI J, PATTERSON A D, et al., 2021. Comparison of the effects of short-term feeding of sodium acetate and sodium bicarbonate on milk fat production [J]. Journal of Dairy Science, 104 (7): 7572-7582.

MATAMOROS C, HAO F, TIAN Y, et al., 2022. Interaction of sodium acetate supplementation and dietary fiber level on feeding behavior, digestibility, milk synthesis, and plasma metabolites [J]. Journal of Dairy Science, 105 (11): 8824-8838.

MENG Y, YUAN C, ZHANG J, et al., 2017. Stearic acid suppresses mammary gland development by inhibiting PI3K/Akt signaling pathway through GPR120 in pubertal mice [J]. Biochemical and Biophysical Research Communications, 491 (1): 192-197.

MENG Y, ZHANG J, ZHANG F, et al., 2017. Lauric acid stimulates mammary gland development of pubertal mice through activation of GPR84 and PI3K/Akt signaling pathway [J]. Journal of Agricultural and Food Chemistry, 65 (1): 95-103.

MENTSCHEL J, LEISER R, MULLING C, et al., 2001. Butyric acid stimulates rumen mucosa development in the calf mainly by a reduction of apoptosis [J]. Archives of Animal Nutrition, 55 (2): 85-102.

MEYER A M, KLEIN S I, KAPPHAHN M, et al., 2018. Effects of rumen-protected arginine supplementation and arginine-HCl injection on site and extent of digestion and small intestinal amino acid disappearance in forage-fed steers [J]. Translational Animal Science, 2 (2): 205-215.

MIELENZ M, 2017. Invited review: Nutrient-sensing receptors for free fatty acids and hydroxycarboxylic acids in farm animals [J]. Animal, 11 (6): 1008-1016.

MIETTINEN H, HUHTANEN P, 1996. Effects of the ratio of ruminal propionate to butyrate on milk yield and blood metabolites in dairy cows [J]. Journal of Dairy Science, 79 (5): 851-861.

MIHALIKOVA K, GRESAKOVA L, BOLDIŽAROVA K, et al., 2005. The effects of organic selenium supplementation on the rumen ciliate population in sheep [J]. Folia Microbiologica, 50 (4): 353-356.

MIYAMOTO J, HASEGAWA S, KASUBUCHI M, et al., 2016. Nutritional signaling via free fatty acid receptors [J]. International Journal of Molecular Sciences, 17 (4): 450.

NAJAFNEJAD B, ALIARABI H, TABATABAEI M M, et al., 2013. Effects of different forms of selenium supplementation on production performance and nutrient digestibility in lactating dairy cattle [C]. In Proceedings of the Second International Conference on Agriculture and Natural Resources, Kermanshah, Iran, 12: 25-26.

NEWBOLD C J, DELAFUENTE G, BELANCHEA, et al., 2015. The role of ciliate protozoa in the rumen [J]. Frontiers in Microbiology, 6: 1313.

NGUYENLC A, AKIBA Y, KAUNITZ J D, 2012. Recent advances in gut nutrient chemosensing [J]. Current Medicinal Chemistry, 19 (1): 28-34.

NOUSIAINEN J, SHINGFIELD K J, HUHTANEN P, 2004. Evaluation of milk urea nitrogen as a diagnostic of protein feeding [J]. Journal of Dairy Science, 87 (2): 386-398.

OKADA K, TANAKA H, TEMPORIN K, et al., 2011. Akt/mammalian target of rapamycin signaling pathway regulates neurite outgrowth in cerebellar granule neurons stimulated by methylcobalamin [J]. Neuroscience Letters, 495 (3): 201-204.

ORPIN C G, 1984. The role of ciliate protozoa and fungi in the rumen digestion of plant cell walls [J]. Animal Feed Science and Technology, 10 (2): 121-143.

OZDENER M H, SUBRAMANIAM S, SUNDARESAN S, et al., 2014. CD36-and GPR120-mediated Ca^{2+} signaling in human taste bud cells mediates differential responses to fatty acids and is altered in obese mice [J]. Gastroenterology, 146 (4): 995-1005.

PARK S Y, MI S J, CHANG W H, et al., 2016. Structural and functional insight into proliferating cell nuclear antigen [J]. Journal of Microbiology and Biotechnology, 26 (4): 637-647.

PEPINO M Y, KUDA O, SAMOVSKI D, et al., 2014. Structurefunction of CD36 and importance of fatty acid signal transduction in fat metabolism [J]. Annual Review of Nutrition, 34 (1): 281-303.

PISANI C, RAMELLA M, BOLDORINI R, et al., 2020. Apoptotic and predictive factors by Bax, Caspases 3/9, Bcl-2, p53 and Ki-67 in prostate cancer after 12 Gy single-dose [J]. Scientific Reports, 10 (1): 7050.

PREYNAT A, LAPIERRE H, THIVIERGE M C, et al., 2009. Effects of supplements of folic acid, vitamin B_{12}, and rumen-protected methionine on whole body metabolism of methionine and glucose in lactating dairy cows [J]. Journal of Dairy Science, 92 (2): 677-689.

PROM C M, LOCK A L, 2021. Replacing stearic acid with oleic acid in supplemental fat blends improves fatty acid digestibility of lactating dairy cows [J]. Journal of Dairy Science, 104 (9): 9956-9966.

PULIDO E, FERNÁNDEZ M, PRIETO N, et al., 2019. Effect of milking frequency and α-tocopherol plus selenium supplementation on sheep milk lipid composition and oxidative stability [J]. Journal of Dairy Science, 102 (4): 3097-3109.

QIAO L, DONG C, MA B, 2022. UBE2T promotes proliferation, invasion and glycolysis of breast cancer cells by regualting the PI3K/ AKT signaling pathway [J]. Journal of Receptor and Signal Transduction Research, 42

(2): 151-159.

RASTANI R R, LOBOS N E, AGUERRE M J, et al., 2006. Relationships between blood urea nitrogen and energy balance or measures of tissue mobilization in Holstein cows during the periparturient period [J]. Professional Animal Scientist, 22 (5): 382-385.

REYNOLDS C K, KRISTENSEN N B, 2008. Nitrogen recycling through the gut and the nitrogen economy of ruminants: An asynchronous symbiosis [J]. Journal of Animal Science, 86 (14): E293-E305.

RICO D E, HARVATINE K J, 2013. Induction of and recovery from milk fat depression occurs progressively in dairy cows switched between diets that differ in fiber and oil concentration [J]. Journal of Dairy Science, 96 (10): 6621-6630.

RIEDL S J, SALVESEN G S, 2007. The apoptosome: signalling platform of cell death [J]. Nature Reviews: Molecular Cell Biology, 8 (5): 405-413.

ROSEN J M, 2012. On hormone action in the mammary gland [J]. Cold Spring Harbor Perspectives in Biology, 4 (3): a013086.

RUKKWAMSUK T, WENSING T, GEELEN M J H, 1999. Effect of fatty liver on hepatic gluconeogenesis in periparturient dairy cows [J]. Journal of Dairy Science, 82 (3): 500-505.

RUSSELL J B, WILSON D B, 1996. Why are ruminal cellulolytic bacteria unable to digest cellulose at low pH [J]. Journal of Dairy Science, 79 (8): 1503-1509.

RÉMOND D, CHAISE J P, DELVAL E, et al., 1993. Net transfer of urea and ammonia across the ruminal wall of sheep [J]. Journal of Animal Science, 71 (10): 2785-2792.

SANTSCHI D E, BERTHIAUME R, MATTE J J, et al., 2005. Fate of supplementary B-vitamins in the gastrointestinal tract of dairy cows [J]. Journal of Dairy Science, 88 (6): 2043-2054.

SCHLICH R, LAMERS D, ECKEL J, et al., 2015. Adipokines enhance oleic acid-induced proliferation of vascular smooth muscle cells by inducing CD36 expression [J]. Archives of Physiology and Biochemistry, 121 (3): 81-87.

SEAL C J, PARKER D S, AVERY P J, 1992. The effect of forage and forage-concentrate diets on rumen fermentation and metabolism of nutrients by the mesenteric-and portal-drained viscera in growing steers [J]. British Journal of Nutrition, 67 (3): 355-370.

SHAMAS-DIN A, KALE J, LEBER B, et al., 2013. Mechanisms of action of Bcl-2 family proteins [J]. Cold Spring Harbor Perspectives in Biology, 5 (4): a008714.

SHENG R, YAN S M, QI L Z, et al., 2015. Effect of the ratios of acetate and β-hydroxybutyrate on the expression of milk fat-and protein-related genes in bovine mammary epithelial cells [J]. Czech Journal of Animal Science, 60 (12): 531-541.

SHI L, DUAN Y L, YAO X L, et al., 2020. Effects of selenium on the proliferation and apoptosis of sheep spermatogonial stem cells in vitro [J]. Animal Reproduction Science, 215: 106330.

SHI Y B, XU M Z, PAN S, et al., 2021. Induction of the apoptosis, degranulation and IL-13 production of human basophils by butyrate and propionate via suppression of histone deacetylation [J]. Immunology: An Official Journal of the British Society for Immunology, 164 (2): 292-304.

SOLIVA C R, HINDRICHSEN I K, MEILE L, et al., 2003. Effects of mixtures of lauric and myristic acid on rumen methanogens and methanogenesis in vitro [J]. Letters in Applied Microbiology, 37 (1): 35-39.

SOREN N M, CHANDRASEKHARAIAH M, RAO S B N, 2022. Ruminal degradability of bypass fat and protein of certain commonly used feedstuffs in dairy rations [J]. Indian Journal of Animal Sciences, 92 (4): 471-475.

SOUZA J D, PRESEAULT C L, LOCK A L, 2018. Altering the ratio of dietary palmitic, stearic, and oleic acids in diets with or without whole cottonseed affects nutrient digestibility, energy partitioning, and production responses of dairy cows [J]. Journal of Dairy Science, 101 (1): 172-185.

STORM A C, HANIGAN M D, KRISTENSEN N B, 2011. Effects of ruminal ammonia and butyrate concentrations on reticuloruminal epithelial blood flow and volatile fatty acid absorption kinetics under washed reticulorumen conditions in lactating dairy cows [J]. Journal of Dairy Science, 94 (8): 3980-3994.

STORRY J, ROOK J, 1965. Effect in the cow of intraruminal infusions of volatile fatty acids and of lactic acid on the secretion of the component fatty acids of the milk fat and on the composition of blood [J]. Biochemical Journal, 96 (1): 210-217.

SUN M, CAO Y, XING Y Y, et al., 2023. Effects of L-arginine and arginine-arginine dipeptide on amino acids uptake and αS1-casein synthesis in bovine mammary epithelial cells [J]. Journal of Animal Science, 101: skad339.

SUNDARESAN S, ABUMRAD NA, 2015. Dietary lipids inform the gut and brain about meal arrival via CD36 - mediated signal transduction [J]. Journal of Nutrition, 145 (10): 2195-2200.

TIAN W, WANG H R, WU T Y, et al., 2017a. Milk protein responses to balanced amino acid and removal of leucine and arginine supplied from jugular- infused amino acid mixture in lactating dairy cows [J]. Journal of Physiology and Animal Nutrition, 101 (5): E278-E287.

TIAN W, WU T Y, ZHAO R, et al., 2017b. Responses of milk production of dairy cows to jugular infusions of a mixture of essential amino acids with or without exclusion leucine or arginine [J]. Animal Nutrition, 3 (3): 271-275.

TIAN Z C, ZHANG Y Y, ZHANG H M, et al., 2022. Transcriptional regulation of milk fat synthesis in dairy cattle [J]. Journal of Functional Foods,

96: 105208.

URRUTIA N L, HARVATINE K J, 2017. Acetate dose-dependently stimulates milk fat synthesis in lactating dairy cows [J]. Journal of Nutrition, 147 (5): 763-769.

URRUTIA N, BOMBERGER R, MATAMOROS C, et al., 2019. Effect of dietary supplementation of sodium acetate and calcium butyrate on milk fat synthesis in lactating dairy cows [J]. Journal of Dairy Science, 102 (6): 5172-5181.

VAN DELFT M F, DEWSON G, 2023. The BCL-2 family proteins: insights into their mechanism of action and therapeutic potential [J]. Encyclopedia of Cell Biology (Second Edition), 5: 184-198.

VOLDEN H, 1999. Effects of level of feeding and ruminally undegraded protein on ruminal bacterial protein synthesis, escape of dietary protein, intestinal amino acid profile, and performance of dairy cows [J]. Journal of Animal Sciences, 77 (7): 1905-1918.

WANG A, GU Z, HEID B, et al., 2009. Identification and characterization of the bovine G protein-coupled receptor GPR41 and GPR43 genes [J]. Journal of Dairy Science, 92 (6): 2696-2705.

WANG C, LIU Q, GUO G, et al., 2019. Effects of rumen-protected folic acid and branched-chain volatile fatty acids supplementation on lactation performance, ruminal fermentation, nutrient digestion and blood metabolites in dairy cows [J]. Animal Feed Science and Technology, 247: 157-165.

WANG C, LIU Q, YANG W Z, et al., 2009a. Effects of malic acid on feed intake, milk yield, milk components and metabolites in early lactation Holstein dairy cows [J]. Livestock Science, 124: 182-188.

WANG C, LIU Q, YANG W Z, et al., 2009. Effects of selenium yeast on rumen fermentation, lactation performance and feed digestibilities in lactating dairy cows [J]. Livestock Science, 126: 239-244.

WANG C, LIU Q, ZHANG Y L, et al., 2015. Effects of isobutyrate supplementation on ruminal microflora, rumen enzyme activities and methane emissions in Simmental steers [J]. Journal of Animal Physiology and Animal Nutrition, 99 (1): 123-131.

WANG D M, ZHANG B X, WANG J K, et al., 2018. Effect of dietary supplements of biotin, intramuscular injections of vitamin B_{12}, or both on postpartum lactation performance in multiparous dairy cows [J]. Journal of Dairy Science, 101 (9): 7851-7856.

WANG J H, WU X S, SIMONAVICIUS N, et al., 2006. Medium-chain fatty acids as ligands for orphan G protein-coupled receptor GPR84 [J]. Journal of Biological Chemistry, 281 (45): 34457-34464.

WANG M Z, DING L Y, WANG C, et al., 2017. Short communication: arginase inhibition reduces the synthesis of casein in bovine mammary epithelial cells [J]. Journal of Dairy Science, 100 (5): 4128-4133.

WANG M, XU B, WANG H, et al., 2014. Effects of arginine concentration on the in vitro expression of casein and mTOR pathway related genes in mammary epithelial cells from dairy cattle [J]. PLoS One, 9 (5): e95985.

WANG Y C, KELSO A A, KARAMAFROOZ A, et al., 2023. Arginine shortage induces replication stress and confers genotoxic resistance by inhibiting histone H4 translation and promoting PCNA ubiquitination [J]. Cell Reports, 42 (4): 112296.

WANG Y, MCALLISTER T A, 2002. Rumen microbes, enzymes, and feed digestion-a review [J]. Asian-Australia Journal of Animal Science, 15 (11): 1659-1676.

WILLIAMS AG, COLEMAN GS, 1992. The Rumen Protozoa [M]. New-York: Springer-Verlag.

WU G Y, 2009. Amino acids: metabolism, functions, and nutrition. Amino Acids, 37 (1): 1-17.

WU H M, ZHANG J, WANG C, et al., 2023. Effects of riboflavin supplementation on performance, nutrient digestion, rumen microbiota composition and activities of Holstein bulls [J]. British Journal of Nutrition, 126 (9): 1288-1295.

XU B L, 2012. Responses of arginine to milk casein synthesis and its manipulating mechanism in mammary epithelial cells from Lactating cow [D]. Yangzhou: Yangzhou University.

YANG J, KENNELLY J J, BARACOS V E, 2000. Physiological levels of Stat5 DNA binding activity and protein in bovine mammary gland [J]. Journal of Animal Science, 78 (12): 3126-3134.

YANG L, YANG Q, LI F, et al., 2020. Effects of dietary supplementation of lauric acid on lactation function, mammary gland development, and serum lipid metabolites in lactating mice [J]. Animals, 10 (3): 529.

YANG R, MÜLLER C, HUYNH V, et al., 1999. Functions of cyclin A1 in the cell cycle and its interactions with transcription factor E2F-1 and the Rb family of proteins [J]. Molecular and Cellular Biology, 19 (3): 2400-2407.

YASUDA M, TANAKA Y, KUME S, et al., 2014. Fatty acids are novel nutrient factors to regulate mTORC1 lysosomal localization and apoptosis in podocytes [J]. Biochimica et Biophysica Acta, 1842 (7): 1097-1108.

YE J J, AI W, ZHANG F L, et al., 2016. Enhanced proliferation of porcine bone marrow mesenchymal stem cells induced by extracellular calcium is associated with the activation of the calcium-sensing receptor and ERK signaling pathway [J]. Stem Cells International: 6570671.

ZHANG B Q, GUO Y M, YAN S M, et al., 2020b. The protective effect of selenium on the lipopolysaccharide-induced oxidative stress and depressed gene expression related to milk protein synthesis in bovine mammary epithelial cells [J]. Biological Trace Element Research, 197 (1): 141-148.

ZHANG J, BU L J, LIU Y P, et al., 2023. Dietary supplementation of sodium butyrate enhances lactation performance by promoting nutrient digestion and mammary gland development in dairy cows [J]. Animal Nutrition,

15: 137-148.

ZHANG J, LIU Y P, BU L J, et al., 2023. Effects of dietary folic acid supplementation on lactation performance and mammary epithelial cell development of dairy cows and its regulatory mechanism [J]. Animal Biotechnology, 34 (8): 3796-3807.

ZHANG J, LIU Y P, BU L J, et al., 2023. Milk yields and milk fat composition promoted by pantothenate and thiamine via stimulating nutrient digestion and fatty acid synthesis in dairy cows [J]. Animals, 13 (15): 2526.

ZHANG J, LIU Y P, BU L J, et al., 2023. Sodium selenite addition promotes the proliferation of bovine mammary epithelial cells through the Akt-mTOR signalling pathway [J]. Journal of Animal and Feed Sciences, 32 (3): 257-266.

ZHANG J, WANG C, LIU Q, et al., 2022. Influence of fibrolytic enzymes mixture on performance, nutrient digestion, rumen fermentation and microbiota in Holstein bulls [J]. Journal of Animal and Feed Sciences, 31 (1): 46-54.

ZHANG J, YE J Y, YUAN C, et al., 2020. Hydrogen sulfide is a regulator of mammary gland development in prepubescent female mice [J]. Molecular Medicine Reports, 22 (5): 4061-4069.

ZHANG J, YE J, YUAN C, et al., 2018. Exogenous H_2S exerts biphasic effects on porcine mammary epithelial cells proliferation through PI3K/Akt-mTOR signaling pathway [J]. Journal of Cellular Physiology, 233 (10): 7071-7081.

ZHANG X, WANG Y, WANG M, et al., 2020. Arginine supply impacts the expression of candidate microrna controlling milk casein yield in bovine mammary tissue [J]. Animals, 10: 797.

ZHANG Z D, WANG C, DU H S, et al., 2020. Effects of sodium selenite and coated sodium selenite on lactation performance, total tract nutrient digestion and rumen fermentation in Holstein dairy cows [J]. Animal, 14

(10): 2091-2099.

ZHAO F, WU T, ZHANG H, et al., 2018. Jugular infusion of arginine has a positive effect on antioxidant mechanisms in lactating dairy cows challenged intravenously with lipopolysaccharide [J]. Journal of Animal Sciences, 96 (9): 3850-3855.

ZHAO K, LIU HY, ZHOU M M, et al., 2010. Establishment and characterization of a lactating bovine mammary epithelial cell model for the study of milk synthesis [J]. Cell Biology International, 34 (7): 717-721.

ZHOU Y, LI S, LI J, et al., 2017. Effect of microRNA-135a on cell proliferation, migration, invasion, apoptosis and tumor angiogenesis through the IGF-1/PI3K/Akt signaling pathway in non-small cell lung cancer [J]. Cellular Physiology and Biochemistry, 42 (4): 1431-1446.

ZHOU Z, XU N, MATEI N, et al., 2021. Sodium butyrate attenuated neuronal apoptosis via GPR41/Gbc/PI3K/Akt pathway after MCAO in rats [J]. Journal of Cerebral Blood Flow and Metabolism, 41 (2): 267-281.

缩写词表

缩写	英文全称	中文全称
ACACA	Acetyl-coenzyme A carboxylase-α	乙酰辅酶 A 羧化酶 α
β-actin	β-actin	β-肌动蛋白
ADF	Acid detergent fibre	酸性洗涤纤维
ADG	Average daily gain	平均日增重
Akt1	Protein kinase 1	蛋白激酶 1
Akt2	Protein kinase 2	蛋白激酶 2
ALB	Albumin	白蛋白
AMPK	AMP-activated protein kinase	腺苷酸活化蛋白激酶
BAX	BCL2 associated X protein	BCL2 相关 X 蛋白
BCL2	B-cell lymphoma-2	B 细胞淋巴瘤 2
BHBA	β-hydroxybutyrate	B-羟丁酸
BM	Basement membrane	基底膜
BMaSCs	Bovine mammary stem cells	牛乳腺干细胞
BMECs	Bovine mammary epithelial cells	牛乳腺上皮细胞
BSA	Bovine serum albumin	牛血清白蛋白
BW	Body weight	体重
CASP3	Caspase-3	半胱氨酸天冬氨酸蛋白酶-3
CASP9	Caspase-9	半胱氨酸天冬氨酸蛋白酶-9
CCK-8	Cell count kit-8	细胞计数试剂盒-8

（续表）

缩写	英文全称	中文全称
CCNA1	Cyclin A1	细胞周期蛋白 A1
CCNA2	Cyclin A2	细胞周期蛋白 A2
CCND1	Cyclin D1	细胞周期蛋白 D1
CD24	Cluster of differentiation 24	分化群抗原 24
CD36	Cluster of differentiation36	分化群抗原 36
CD49f	Cluster of differentiation49f	分化群抗原 49f
cDNA	Complementary DNA	互补 DNA
CMCase	Carboxymethyl-cellulase	羧甲基纤维素酶
CP	Crude protein	粗蛋白质
CSN	Casein	酪蛋白
CSN	αs1-casein	αs1-酪蛋白
CSN2	β-casein	β-酪蛋白
CSN3	κ-casein	κ-酪蛋白
Ct	Cycle threshold	循环阈值
DMEM	Dulbecco's modified eagle medium	Dulbecco 改良的 Eagle 培养基
DM	Dry matter	干物质
DMI	Dry matter intake	干物质采食量
DMSO	Dimethyl sulfoxide	二甲基亚砜
DNA	Deoxyribonucleotide acid	脱氧核糖核酸
DN FA	de novo FA	从头合成脂肪酸
dNTP	Deoxy-ribonucleoside triphosphate	三磷酸脱氧核苷酸
E2	Estradiol	雌二醇
ECM	Energy-corrected milk	能量校正乳
ECM	Extracellular matrix	细胞外基质
EDTA	Ethylene diaminetetra acetic acid	乙二胺四乙酸
EdU	5-Ethynyl-2′-deoxyuridine	5-乙炔基-2′脱氧尿嘧啶核苷

（续表）

缩写	英文全称	中文全称
EE	Ether extract	粗脂肪
EGF	Epidermal growth factor	表皮生长因子
ELF5	E74-like factor 5	E74 样因子 5
EMT	Epithelial-mesenchymal transition	上皮间质转化
ER	Estrogen receptor	雌激素受体
ERK1	Extracellular signal-regulated kinase 1	细胞外信号调节激酶 1
ERK2	Extracellular signal-regulated kinase 2	细胞外信号调节激酶 2
FABP3	Fatty acid-binding protein 3	脂肪酸结合蛋白 3
FASN	Fatty acid synthase	脂肪酸合成酶
FBS	Fetal bovine serum	胎牛血清
FCM	4% fat-corrected milk	4%乳脂校正乳
FE	Feed efficiency	饲料效率
FGF	Fibroblast growth factor	成纤维细胞生长因子
FGFR1	Fibroblast growth factor receptor 1	成纤维细胞生长因子受体 1
GAPDH	Glyceraldehyde-3-phosphate dehydrogenase	甘油醛-3-磷酸脱氢酶
GH	Growth hormone	生长激素
GHR	Growth hormone receptor	生长激素受体
GLUT1	Glucose transporter	葡萄糖转运蛋白
GPR41	G-protein-coupled receptor 41	G 蛋白偶联受体 41
GPR84	G-protein-coupled receptor84	G 蛋白偶联受体 84
HC11	Mouse mammary epithelial HC11 cells	小鼠乳腺上皮 HC11 细胞
Hcy	Homocyteine	同型半胱氨酸
HepG2	Liver hepatocellular cells	人肝癌细胞
ICE	Interleukin-1 converting enzyme	白细胞介素-1 转换酶
IGFBP	Insulin-like growth factor-binding protein	胰岛素样生长因子结合蛋白

（续表）

缩写	英文全称	中文全称
IGF-1	Insulin-like growth factor-1	胰岛素样生长因子-1
IGF-1R	Insulin-like growth factor-1 receptor	胰岛素样生长因子-1受体
INS	Insulin	胰岛素
JAK2	Janus kinase 2	Janus 激酶 2
LALBA	α-lactalbumin	α-乳白蛋白
LIF	Leukemia inhibitory factor	白血病抑制因子
MAPK	Mitogen-activated protein kinase	丝裂原活化蛋白激酶
MaSCs	Mammary stem cells	乳腺干细胞
MECs	Mammary epithelial cells	乳腺上皮细胞
MGP-40	Mammary gland protein-40	乳腺蛋白-40
MMPs	Matrix metalloproteinases	基质金属蛋白酶
MSFA	Mixed sourced fatty acids	混合来源脂肪酸
mTOR	Mammalian target of rapamycin	哺乳动物雷帕霉素靶蛋白
MUFA	Monounsaturated fatty acid	单不饱和脂肪酸
NANO-Se	Nanoselenium	纳米硒
NDF	Neutral detergent fibre	中性洗涤纤维
NEFA	Non-esterified fatty acid	非酯化脂肪酸
NH_3-N	Ammonia	氨态氮
OD	Optical delnsity	光密度
OM	Organic matter	有机物
p-Akt	Phosphorylated protein kinase	磷酸化蛋白激酶
PBS	Phosphate buffered saline	磷酸盐缓冲液
PCNA	Proliferating cell nuclear antigen	增殖细胞核抗原
PCR	Polymerase chain reaction	聚合酶链式反应
PFA	Preformed fatty acids	预成型脂肪酸
PI	Proliferation index	增殖指数

（续表）

缩写	英文全称	中文全称
PI3K	Phosphoinositide 3-kinase	磷脂酰肌醇 3 激酶
PMSF	Phenylmethylsulfonyl fluoride	蛋白酶抑制剂
p-mTOR	Phosphorylated mammalian target of rapamycin	磷酸化哺乳动物雷帕霉素靶蛋白
PPARγ	Peroxisome proliferators activated receptors γ	过氧化物酶体增殖物激活受体 γ
PR	Progesterone receptor	孕激素受体
PRL	Prolactin	促乳素
PTHLH	Parathyroid hormone-like hormone	甲状旁腺激素样激素
PUFA	Polyunsaturated fatty acids	多不饱和脂肪酸
Rap	Rapamycin	雷帕霉素
RNA	Ribonucleic acid	核糖核酸
RT-PCR	Real time-polymerase chain reaction	实时荧光定量 PCR
SCD	Stearoyl-CoA desaturase	硬脂酰 CoA 去饱和酶
SDS	Sodium dodecyl sulfate	十二烷基硫酸钠
SFA	Saturated fatty acid	饱和脂肪酸
SOCS3	Suppressor of cytokine signaling-3	细胞因子信号传导抑制因子-3
SREBP	Sterol regulatory element-binding protein	固醇调节元件结合蛋白
SREBPF1	Sterol regulatory element-binding factor 1	甾醇调节元件结合因子 1
STATs	Signal Transducers and Activators of Transcription	信号传导与转录活化因子
SUN	Serum urea nitrogen	血清尿素氮
Tbx	T box	T 盒
TEBs	Terminal end buds	终端端芽
TEMED	N，N，N，N-tetramethylenediamine	N，N，N，N-四甲基氨基甲烷
TIMPs	Tissue inhibitors of metalloproteinases	金属蛋白酶抑制剂
TJs	Tight junctions	紧密连接

（续表）

缩写	英文全称	中文全称
TMR	Total mixed ration	全混合日粮
Tris	Tris（hydroxymethyl）aminomethane	三羟甲基氨基甲烷
VFA	Volatile fatty acids	挥发性脂肪酸
WDNM1	Westmead DMBA8 nonmetastatic cDNA 1	韦斯特米德乳腺癌细胞株非转移性 cDNA 1
WNT	Wingless-related integration site	无翅相关整合位点

附录一　体外细胞试验方法

1　试验材料

乙酸钠、丙酸钠、丁酸钠、月桂酸、油酸、精氨酸、叶酸、钴胺素和亚硒酸钠、胶原酶A、红细胞裂解液和庆大霉素购自美国Sigma公司。胰蛋白酶、青霉素/链霉素（PSN）、新生胎牛血清（FBS）和DMEM/F12购自美国GIBCO公司。Akt阻断剂-1（Akt-IN-1）和雷帕霉素（Rap）购自美国MCE公司。G蛋白偶联受体41（GPR41）小干扰RNA（siRNA）和G蛋白偶联受体84（GPR84）小干扰RNA购自吉玛基因，RNA提取试剂盒购自广州美基生物科技有限公司，cDNA合成购自试剂盒购自是宝日医生物技术（北京）有限公司。细胞计数试剂盒（CCK-8）购自日本Dojindo公司。5-乙炔基-2/脱氧尿嘧啶核苷（EdU）体外试剂盒（Cell-Light™）购于广州瑞博生物科技有限公司。BCA蛋白浓度测定试剂盒购于Thermo Scientific。试验用的细胞培养瓶、培养板和0.22 μm一次性过滤器购自Corning公司，PVDF蛋白转印膜购于德国Merck Millipore公司，70 μm细胞过滤筛购自美国BD公司。增殖细胞核抗原（PCNA）、Akt和β-肌动蛋白（β-actin）抗体购自美国Cell Signaling Technology公司。磷酸化磷脂酰肌醇-3-羟激酶（p-PI3K）抗体购自美国Santa Cruz公司。细胞周期素A1（Cyclin A1）购自美国Novusbio Biologicals。磷脂酰肌醇-3-羟激酶（PI3K）、磷酸化蛋白激酶（p-Akt）、哺乳动物雷帕霉素靶蛋白（p-mTOR）、mTOR、B细胞淋巴瘤2（BCL2）、BCL2相关X蛋白（BAX）、半胱氨酸蛋白酶3（Caspase-3）和半胱氨酸蛋白酶9（Caspase-9）抗体、GPR41、GPR84和分化群抗原36（CD36）购自北京博奥森生物技术有限公司。

2　试验设计

试验采用单因素设计，将 BMECs 于 37℃、5% CO_2条件下在细胞培养箱中培养，当细胞长到 90%时开始传代，传至 4 代，接种至 96 孔板，分别更换为添加了不同水平处理物的 DMEM/F12（含 10%FBS）培养液继续培养 3 d，每次试验平行复孔 8 个，重复 3 次。通过 CCK-8 检测细胞活性，确定处理物最适浓度。然后，以对照和最适浓度培养 BMECs，采用实时荧光定量 PCR（qRT-PCR）法和蛋白质印迹法（Western blotting）检测 BMECs 细胞增殖、凋亡以及受体和 Akt-mTOR 信号通路相关基因和蛋白质表达的变化，确定处理物对 BMECs 细胞增殖、凋亡的影响及是否可能通过受体及 Akt-mTOR 信号通路调控。之后，采用 Akt-IN-1、Rap 和 siRNA 对信号通路进行阻断及受体进行沉默，采用 CCK-8 检测细胞活性、qRT-PCR 和 Western blotting 检测阻断后处理物对 BMECs 细胞增殖、凋亡以及 Akt-mTOR 信号通路相关基因和蛋白质表达的变化，确定处理物是否通过受体调控 Akt-mTOR 信号通路进而调控对 BMECs 细胞增殖和凋亡。

3　试验方法

3.1　BMECs 分离与培养

参考文献的方法（孔庆洋，2012），从奶牛场采集 3 头健康泌乳的奶牛（体重 638 kg±14.3 kg、45 个±4.1 个月，泌乳 28 d±2.4 d，平均数±SD）的乳腺组织，进行 BMECs 的分离培养。简而言之，乳腺先用 75%酒精和 PBS（含 50 μg/mL 庆大霉素和 1×PSN）进行冲洗，然后剥开外层乳腺组织，剪取适当的组织块（避开乳导管和血管等部位），放入 Hank's 液（含 50 μg/mL 庆大霉素和 1×PSN）中，转运至细胞房；组织块用 3×双抗 PBS 清洗 2 次，转至超净台；在培养皿中修剪乳腺组织，然后转至另一培养皿中将组织块剪碎；剪碎的组织碎块置于 25 cm^2 卡氏瓶中，加入 20 mL 消化培养基（DMEM/F12+5% FBS+1 mg/mL 胶原酶 A+50 μg/mL 庆大霉素+1×PSN），在 37 ℃条件下于摇床消化；然后以滴管轻轻吹散悬液，用细胞筛（70 μm）过滤至离心管（15 mL），在 4 ℃条件下 1 000 *g* 离心 10 min，弃上清液，用

PBS（含 50 μg/mL 庆大霉素和 1×PSN）洗 3 次。用完全培养基（DMEM/F12+10% FBS+1×PSN）重悬细胞，按 1.5×10^6/ 25 cm^2 培养瓶进行接种后在 37℃、5% CO_2条件下的培养箱中进行培养传代，本次试验所用细胞为第 4 代细胞。

3.2　不同浓度处理物溶液的配制

称取处理物用超纯水溶解，然后将处理物溶液加到细胞完全培养液中，通过稀释调整处理物浓度，现用现配。

3.3　BMECs 活性测定

根据 Zhang 等（2018）的方法，将 BMECs 接种于 96 孔板中（1×10^3 个/孔），每孔 200 μL，在 37℃、5% CO_2条件下的细胞培养箱中进行培养，细胞贴壁后更换为含不同水平处理物的 DMEM/F-12（含有 10%FBS，1×PSN）培养液，在 37℃、5% CO_2条件下继续培养 3 d。每次平行复孔 8 个，重复 3 次。最后每孔加入 10 μL 不含 FBS 的 DMEM-F12 和 CCK-8 检测液，继续孵育 1 h，最后用酶标仪（Infinite 200 PRO）在 450 nm 处测定吸光度值（$OD_{450\ nm}$）。

细胞相对增殖率（%）= 100×试验组 $OD_{450\ nm}$/对照组 $OD_{450\ nm}$

3.4　EdU 检测细胞增殖

根据 Zhang 等（2018）的方法，将 BMECs 接种于 96 孔板中（1×10^3 个/孔），每孔 200 μL，每组 6 个复孔，在 37℃、5% CO_2条件下，分别培养于不添加处理物和适宜浓度处理物的 DMEM/F-12（含有 10%FBS，1×PSN）培养液中培养 3 d，之后 PBS 洗 2 次。50 μmol/L EdU 培养液培养 3 h，再用 PBS 洗涤 3 次，在 25℃条件下用 4%多聚甲醛固定 30 min，然后在 25℃条件下 Apollo 染色反应液和 Hoechst 33342 反应液避光染色 30 min，倒置显微镜获取细胞图像。以 EdU 阳性核占总核的比例估算 BMECs 的增殖率。

3.5　转染

牛的处理物受体小干扰 RNA（siRNA）序列由吉玛基因公司合成。根据尚智援等方法，在试验前，以处理物受体非特异性 siRNA 作为阴性对照（NC），检测处理物受体特异性 siRNA 的转染效率，发现处理物受体非特异性 siRNA 对处理物受体的表达没有影响，而处理物受体特异性 siRNA 能够显著下调处理物受体的表达，因此，可以采用处理物受体特异性 siRNA 进行后续细胞转染试验。按照 Zhang 等（2018）方法，BMECs 细胞长到 90%时接种于 6 孔板中（1×10^5），当细胞生长至 50%左右时进行转染。按照 4 μL/孔 Lipofectamine 2000 加入 200 μL/孔 Opti-MEM Medium 的体系配制 Lipid 液待用；按照 8 μL/孔 FAM-siRNA 加至 200 μL/孔 Opti-MEM Medium 的体系配制 siRNA 液待用。将 Lipid 液和 siRNA 液混合均匀，室温静置 20 min，制成 FAM-siRNA-转染试剂混合物。将 FAM-siRNA-转染试剂混合液加入含有细胞及培养基的孔中摇晃孔板使混合，转移至培养箱中培养 6 h，更换成完全培养基。隔天再次进行 siRNA 转染，再加处理物培养 2 d。

3.6　BMECs 增殖和凋亡相关基因表达量的测定

将 BMECs 放置于 12 孔板（1×10^4个/孔）中，每组 6 个重复孔，分别培养于不添加处理物和最适浓度处理物中 3 d。之后按照说明书提取细胞总 RNA，再用 cDNA 合成试剂盒反转录为 cDNA，反应条件为：37℃，15 min；85℃，5 s（尚智援等，2021）。内参采用甘油醛-3-磷酸脱氢酶（GAPDH），以实时荧光定量 PCR 法测定 BMECs 增殖（细胞周期蛋白 A2［CCNA2］和细胞周期蛋白 D1［CCND1］和 PCNA）和凋亡（*BCL2*、*BAX4*、*CASP3* 和 *CASP9*）基因的表达。PCR 反应条件为：95℃预变性 20 s，1 个循环；55℃退火 20 s，95℃ 延伸 15 s，40 个循环。PCR 引物见附表 1。采用 $2^{-\Delta\Delta Ct}$法计算目的基因的相对表达量。

附表 1-1　PCR 引物序列

基因	引物序列（5′—3′）	长度（bp）
细胞周期素 A2 *CCNA2*	F：ACCACAGCACGCACAACAGTC R：AGTGTCTCTGGTGGGTTGAGGAG	87
细胞周期素 D1 *CCND1*	F：GCCGAGGAGAACAAGCAGATCATC R：CATGGAGGGCGGGTTGGAAATG	96
增殖细胞核抗原 *PCNA*	F：ACATCAGCTCAAGTGGCGTGAAC R：GCAGCGGTAAGTGTCGAAGCC	101
B 淋巴细胞瘤-2 *BCL2*	F：TGTGGATGACCGAGTACCTGAA R：AGAGACAGCCAGGAGAAATCAAAC	127
B 淋巴细胞瘤-2 相关 X 蛋白 *BAX4*	F：TTTTGCTTCAGGGTTTCATCCAGGA R：CAGCTGCGATCATCCTCTGCAG	174

（续表）

基因	引物序列（5′—3′）	长度（bp）
半胱氨酸天冬氨酸蛋白酶-3 *CASP3*	F：AGAACTGGACTGTGGCATTGAG R：GCACAAAGCGACTGGATGAAC	165
半胱氨酸天冬氨酸蛋白酶-9 *CASP9*	F：CCAGGACACTCTGGCTTCAT R：CGGCTTTGATGGGTCATCCT	70
G 蛋白偶联受体 41 *GPR41*	F：CTGTTGCTCTTCCTGCCGTTCC R：AGGGACGTGAGATAGATGGTGGTG	122
G 蛋白偶联受体 84 *GPR84*	F：GCTCAGCAGTGTCGGTGTCTTC R：ATGGTTGGAACGGATGCTTGCC	109
分化群抗原 36 *CD36*	F：TGCAGGTCAACATGCTGGTCAAG R：TTTCCGCCTTCTCATCACCAATGG	126
αs1-酪蛋白 *CSN1S1*	F：TACCTGTCTTGTGGCTGTTGC R：CCTTTTGAATGTGCTTCTGCTC	161
β-酪蛋白 *CSN2*	F：AGTGAGGAACAGCAGCAAACAG R：AGCAGAGGCAGAGGAAGGTG	106
κ-酪蛋白 *CSN3*	F：CACCCACACCCACATTTATC R：GACCTGCGTTGTCTTCTTTG	109
三磷酸-甘油醛脱氢酶 *GAPDH*	F：CCTGGAGAAACCTGCCAAGT R：AGCCGTATTCATTGTCATACCA	215

3.7 BMECs 增殖和凋亡相关蛋白表达量的测定

将 2×10⁴个/孔 BMECs 放置于 6 孔板中，分别培养于不添加处理物和最适浓度处理物中 3 d，每剂量 3 个重复孔。蛋白质含量分析使用 BCA 蛋白测定试剂盒。以 β-肌动蛋白为上样对照，用 10%或 12% SDS/PAGE 分离等量蛋白（20 μg），将分离的蛋白转移到 PVDF 膜上，在室温下用 6%（*w*/*v*）BSA 在 TBST 中封闭膜 2 h。转移膜与 CyclinA1（1∶2 000）、PCNA（1∶2 000）、Akt（1∶2 000）、p-Akt（1∶2 000）、mTOR（1∶2 000）、p-mTOR（1∶2 000）、BCL2（1∶2 000）、BAX（1∶2 000）、Caspase-3（1∶2 000）、Caspase-9（1∶2 000）、GPR41（1∶2 000）、GPR84（1∶2 000）、CD36（1∶2 000）和 β-actin（1∶10 000）的一抗用 TBST 稀释孵育，在 4℃下孵育过夜。用 TBST 洗涤 5 次，洗涤 5 min，去除多余的抗体，然后与二抗在 25℃下孵育 2 h。TBST 清洗，Champ Chemi 凝胶成像仪扫描分析，蛋白统计软件（Image J）扫描灰度进行统计（张静，2018）。

4　数据统计分析

试验 CCK-8 数据及其他数据均采用 Sigma Plot 12. 5 版统计分析包进行统计分析，对不同水平处理的处理效应进行线性和二次曲线分析，对其他数据以 t 检验进行生物统计。当 $P<0.01$ 时表示差异极显著，当 $P<0.05$ 时表示差异显著。文中所有数据制图均采用 Sigma Plot 12. 5 统计软件完成。

附录二　奶牛饲养试验程序

1　试验材料

试验用乙酸钠（食品级，纯度99%）购自山东某生物科技有限公司；丙酸钠（饲料级，纯度99%）购自合肥某生物制品有限公司；丁酸钠（饲料级，纯度99%）购自武汉某公司；月桂酸（饲料级，纯度99.6%）购自无锡某公司；油酸（食品级，纯度99%）购自上海某有限公司；过瘤胃精氨酸（含量52%，瘤胃和小肠释放率分别为24.6%和80.2%）由课题组购买L-精氨酸盐酸盐（饲料级，纯度98%，山东某生物科技有限公司）自行研制；过瘤胃钴胺素（含量1%，瘤胃和小肠释放率分别为24.8%和70.5%）由课题组购买钴胺素（饲料级，纯度99%，江苏某生物科技有限公司）自行研制；过瘤胃叶酸（含量2%，瘤胃和小肠释放率分别为27.6%和75.2%）由课题组购买叶酸（饲料级，纯度99%，江苏某生物科技有限公司）自行研制；纳米硒（纯度99.5%）购自四川某生物科技集团有限公司。

2　实验动物与设计

2.1　乙酸钠试验

选择60头2.5岁±0.12岁、体重680 kg± 12.6 kg、泌乳天数56.5d ± 1.2 d、日产奶量37.2 kg ± 1.2 kg中国荷斯坦奶牛，随机区组试验设计分为4组，对照组饲喂基础日粮，试验1组、试验2组和试验3组分别在基础日粮中添加乙酸钠150 g/d、300 g/d和450 g/d。预试10 d，然后进入试验正试期，持续 60 d 结束。

2.2　丙酸钠试验

选择 48 头 2.7 岁 ± 0.14 岁、体重 675 kg± 13.6 kg、泌乳天数 70.3d ± 1.4 d、日产奶量 36.8 kg ± 1.2 kg 中国荷斯坦奶牛，随机区组试验设计分为 4 组，对照组饲喂基础日粮，试验 1 组、试验 2 组和试验 3 组分别在基础日粮中添加丙酸钠 100 g/d、200 g/d 和 300 g/d。预试 10 d，然后进入试验正试期，持续 60 d 结束。

2.3　丁酸钠试验

选择 40 头 2.8 岁± 0.19 岁、体重 710 kg ± 18.5 kg、泌乳天数 72.8 d ± 3.6 d、日产奶量 41.4 kg ± 1.4 kg 中国荷斯坦奶牛，随机区组试验设计分为 4 组，对照组饲喂基础日粮，试验 1 组、试验 2 组和试验 3 组分别在基础日粮中添加丁酸钠 100 g/d、200 g/d 和 300 g/d。预试 10 d，然后进入试验正试期，持续 60 d 结束。

2.4　月桂酸试验

选择 40 头 2.6 岁± 0.15 岁、体重 662 kg ± 13.9 kg、平均每天产奶 36.1 kg ± 1.3 kg、泌乳天数 71.3 d ± 6.8 d 中国荷斯坦奶牛，随机区组试验设计分为 4 组，对照组饲喂基础日粮，试验 1 组、试验 2 组和试验 3 组分别在基础日粮中添加月桂酸 100 g/d、200 g/d 和 300 g/d。预试 10 d，然后进入试验正试期，持续 60 d 结束。

2.5　油酸试验

选择 44 头 2.7 岁±0.21 岁、体重 683 kg ± 12.1 kg、泌乳天数 70.1d ± 1.2 d、日产奶量 35.8 kg± 1.2 kg 中国荷斯坦奶牛，随机区组试验设计分为 4 组，对照组饲喂基础日粮，试验 1 组、试验 2 组和试验 3 组分别在基础日粮中添加油酸 50 g/d、100 g/d 和 150 g/d。预试 10 d，然后进入试验正试期，持续 60 d 结束。

2.6　精氨酸试验

选择 48 头 2.7 岁±0.15 岁、体重 658 kg ± 12.7 kg、泌乳天数 16.4 d ± 2.5 d、日产奶量 35.3 kg ± 1.2 kg 中国荷斯坦奶牛，随机区组试验设计分为 4 组，对照组饲喂基础日粮，试验 1 组、试验 2 组和试验 3 组分别在基础日粮中添加过瘤胃精氨酸 20 g/d、40 g/d 和 60 g/d。预试 15 d，然后进入试验正试期，持续 75 d 结束。

2.7 叶酸试验

选择 42 头 3.6 岁 ± 1.4 岁、体重 642 kg± 15.7 kg、泌乳天数 58 d ± 2.7 d、日产奶量 36.7 kg ± 2.4 kg 中国荷斯坦奶牛，随机区组试验设计分为 3 组，对照组饲喂基础日粮，试验 1 组和试验 2 组分别在基础日粮中添加过叶酸 5.2 mg/kg 干物质和过瘤胃叶酸 5.2 mg/kg 干物质。预试 20 d，然后进入试验正试期，持续 90 d 结束。

2.8 钴胺素试验

选择 56 头 2.3 岁± 0.13 岁、体重 650 kg ± 32.2 kg、泌乳天数 75.9 d± 4.3 d、日产奶量 35.6 kg ± 2.6 kg 中国荷斯坦奶牛，随机区组试验设计分为 4 组，对照组饲喂基础日粮，试验 1 组、试验 2 组和试验 3 组分别在基础日粮中添加过瘤胃钴胺素 6 mg/d、12 mg/d 和 18 mg/d。预试 20 d，然后进入试验正试期，持续 60 d 结束。

2.9 纳米硒试验

选择 48 头 2.4 岁± 0.12 岁、体重 720 kg ± 16.8 kg、泌乳天数 66.9 d± 3.8 d、日产奶量 35.2 kg ± 1.6 kg 中国荷斯坦奶牛，随机区组试验设计分为 4 组，对照组饲喂基础日粮，试验 1 组、试验 2 组和试验 3 组分别在基础日粮中添加纳米硒 0.1 mg/kg、0.3 mg/kg 和 0.5 mg/kg 干物质。预试 15 d，然后进入试验正试期，持续 90 d 结束。

3 试验日粮及饲养管理

试验牛日粮依据 NRC（2001）配制，精粗比为 50：50（干物质基础），日粮组成和营养水平见附表 2-1 至附表 2-9。在饲喂过程中，为了让牛完全采食添加剂，每天在饲喂前将添加剂与少量全混合日粮（TMR）混合后投喂，等牛全部采食后再投喂剩余 TMR。试验牛单槽饲养，统一管理，每日于 5：00 和 17：00 饲喂，自由采食与饮水，每天挤 3 次奶。

附表 2-1　乙酸钠试验日粮组成及营养水平（%干物质基础）

原料组成	含量（%）	化学成分	含量（%）
玉米青贮	26.0	有机物	95.63
苜蓿干草	11.6	粗蛋白质	16.01
燕麦草	12.4	粗脂肪	5.73
玉米	25.6	中性洗涤纤维	37.38
麸皮	6.0	酸性洗涤纤维	18.94
豆粕	9.0	非纤维碳水化合物[2]	36.51
菜籽粕	2.6	钙	0.70
棉籽饼	5.0	磷	0.41
碳酸钙	0.5	泌乳净能，MJ/kg	6.55
食盐	0.5		
磷酸氢钙	0.3		
矿物质维生素预混料[1]	0.5		

注：[1] 矿物质添加剂每千克提供：20 000 mg的铁、1 600 mg的铜、8 000 mg的锰、7 500 mg的锌、120 mg 的碘、60 mg 的硒、20 mg 的钴、820 000 IU的维生素 A、300 000 IU的维生素 D 和10 000 IU的维生素 E。

[2]非纤维碳水化合物（NFC），计算公式为 100%-粗蛋白质百分比-中性洗涤纤维百分比-脂肪百分比-灰分百分比。

附表 2-2　丙酸钠试验日粮组成及营养水平（%干物质基础）

原料组成	含量（%）	化学成分	含量（%）
玉米青贮	25.0	有机物	93.92
苜蓿干草	14.5	粗蛋白质	18.22
燕麦草	10.5	粗脂肪	4.62
玉米	21.7	中性洗涤纤维	39.04
麸皮	5.0	酸性洗涤纤维	23.43
豆粕	14.5	非纤维碳水化合物[2]	32.04
菜籽粕	2.5	钙	0.78
棉籽饼	4.5	磷	0.41
碳酸钙	0.5	泌乳净能，MJ/kg	6.65
食盐	0.5		
磷酸氢钙	0.3		

（续表）

原料组成	含量（%）	化学成分	含量（%）
矿物质维生素预混料[1]	0.5		

注：[1] 矿物质添加剂每千克提供：20 000 mg的铁、1 600 mg的铜、8 000 mg的锰、7 500 mg的锌、120 mg 的碘、60 mg 的硒、20 mg 的钴、820 000 IU的维生素 A、300 000 IU的维生素 D 和10 000 IU的维生素 E。

[2]非纤维碳水化合物（NFC），计算公式为100%-粗蛋白质百分比-中性洗涤纤维百分比-脂肪百分比-灰分百分比。

附表 2-3　丁酸钠试验日粮组成及营养水平（%干物质基础）

原料组成	含量（%）	化学成分	含量（%）
玉米青贮	25.0	有机物	94.51
苜蓿干草	12.0	粗蛋白质	16.62
燕麦草	13.0	粗脂肪	3.24
玉米	25.6	中性洗涤纤维	31.21
麸皮	6.00	酸性洗涤纤维	19.32
豆粕	9.10	非纤维碳水化合物[2]	43.44
菜籽粕	2.50	钙	0.71
棉籽饼	5.00	磷	0.44
碳酸钙	0.50	泌乳净能，MJ/kg	6.58
食盐	0.50		
磷酸氢钙	0.30		
矿物质维生素预混料[1]	0.50		

注：[1] 矿物质添加剂每千克提供：20 000 mg的铁、1 600 mg的铜、8 000 mg的锰、7 500 mg的锌、120 mg 的碘、60 mg 的硒、20 mg 的钴、820 000 IU的维生素 A、300 000 IU的维生素 D 和10 000 IU的维生素 E。

[2]非纤维碳水化合物（NFC），计算公式为100%-粗蛋白质百分比-中性洗涤纤维百分比-脂肪百分比-灰分百分比。

附表 2-4　月桂酸试验日粮组成及营养水平（%干物质基础）

原料组成	含量（%）	化学成分	含量（%）
玉米青贮	24.9	有机物	94.40
苜蓿干草	12.1	粗蛋白质	16.70

（续表）

原料组成	含量（%）	化学成分	含量（%）
燕麦草	13.0	粗脂肪	3.23
玉米	25.5	中性洗涤纤维	31.10
麸皮	6.00	酸性洗涤纤维	19.20
豆粕	9.20	非纤维碳水化合物[2]	43.37
菜籽粕	5.00	钙	0.72
棉籽饼	2.50	磷	0.45
碳酸钙	0.50	泌乳净能，MJ/kg	6.57
食盐	0.50		
磷酸氢钙	0.30		
矿物质维生素预混料[1]	0.50		

注：[1] 矿物质添加剂每千克提供：20 000 mg的铁、1 600 mg的铜、8 000 mg的锰、7 500 mg的锌、120 mg 的碘、60 mg 的硒、20 mg 的钴、820 000 IU的维生素 A、300 000 IU的维生素 D 和10 000 IU的维生素 E。

[2]非纤维碳水化合物（NFC），计算公式为 100%-粗蛋白质百分比-中性洗涤纤维百分比-脂肪百分比-灰分百分比。

附表 2-5 月桂酸试验日粮组成及营养水平（%干物质基础）

原料组成	含量（%）	化学成分	含量（%）
玉米青贮	24.5	有机物	94.12
苜蓿干草	12.5	粗蛋白质	16.47
燕麦草	13.0	粗脂肪	3.13
玉米	25.1	中性洗涤纤维	31.05
麸皮	6.2	酸性洗涤纤维	19.04
豆粕	9.3	非纤维碳水化合物[2]	43.12
菜籽粕	2.6	钙	0.70
棉籽饼	5.2	磷	0.44
碳酸钙	0.5	泌乳净能，MJ/kg	6.64
食盐	0.5		
磷酸氢钙	0.3		
矿物质维生素预混料[1]	0.3		

注：[1] 矿物质添加剂每千克提供：20 000 mg的铁、1 600 mg的铜、8 000 mg的锰、7 500 mg的锌、120 mg 的碘、60 mg 的硒、20 mg 的钴、820 000 IU的维生素 A、300 000 IU的维生素 D 和10 000 IU的维生素 E。

[2]非纤维碳水化合物（NFC），计算公式为 100%-粗蛋白质百分比-中性洗涤纤维百分比-脂肪百分比-灰分百分比。

附表 2-6　精氨酸试验日粮组成及营养水平（%干物质基础）

原料组成	含量（%）	化学成分	含量（%）
玉米青贮	26.0	有机物	95.10
苜蓿干草	11.0	粗蛋白质	16.20
燕麦草	13.0	粗脂肪	3.28
玉米	25.7	中性洗涤纤维	31.60
麸皮	6.10	酸性洗涤纤维	19.50
豆粕	9.00	非纤维碳水化合物[2]	44.00
菜籽粕	2.40	钙	0.73
棉籽饼	5.00	磷	0.46
碳酸钙	0.50	泌乳净能，MJ/kg	6.57
食盐	0.50		
磷酸氢钙	0.30		
矿物质维生素预混料[1]	0.50		

注：[1]矿物质添加剂每千克提供：20 000 mg的铁、1 600 mg的铜、8 000 mg的锰、7 500 mg的锌、120 mg 的碘、60 mg 的硒、20 mg 的钴、820 000 IU的维生素 A、300 000 IU的维生素 D 和10 000 IU的维生素 E。

[2]非纤维碳水化合物（NFC），计算公式为100%-粗蛋白质百分比-中性洗涤纤维百分比-脂肪百分比-灰分百分比。

附表 2-7　叶酸试验日粮组成及营养水平（%干物质基础）

原料组成	含量（%）	化学成分	含量（%）
玉米青贮	26.0	有机物	94.23
苜蓿干草	14.0	粗蛋白质	16.64
燕麦草	10.0	粗脂肪	4.56
玉米	24.0	中性洗涤纤维	40.35
麸皮	6.00	酸性洗涤纤维	26.53
豆粕	10.60	非纤维碳水化合物[2]	32.68
菜籽粕	2.50	钙	0.72
棉籽饼	5.00	磷	0.43
碳酸钙	0.50	泌乳净能，MJ/kg	6.75
食盐	0.50		
磷酸氢钙	0.35		

（续表）

原料组成	含量（%）	化学成分	含量（%）
矿物质维生素预混料[1]	0.55		

注：[1] 矿物质添加剂每千克提供：20 000 mg的铁、1 600 mg 的铜、8 000 mg的锰、7 500 mg 的锌、120 mg 的碘、60 mg 的硒、20 mg 的钴、820 000 IU的维生素 A、300 000 IU的维生素 D 和10 000 IU的维生素 E。

[2]非纤维碳水化合物（NFC），计算公式为 100%-粗蛋白质百分比-中性洗涤纤维百分比-脂肪百分比-灰分百分比。

附表 2-8　钴胺素试验日粮组成及营养水平（%干物质基础）

原料组成	含量（%）	化学成分	含量（%）
玉米青贮	25.0	有机物	94.53
苜蓿干草	12.0	粗蛋白质	16.58
燕麦草	13.0	粗脂肪	3.24
玉米	25.6	中性洗涤纤维	31.18
麸皮	6.0	酸性洗涤纤维	19.26
豆粕	9.1	非纤维碳水化合物[2]	43.00
菜籽粕	2.5	钙	0.72
棉籽饼	5.0	磷	0.46
碳酸钙	0.5	泌乳净能，MJ/kg	6.65
食盐	0.5		
磷酸氢钙	0.3		
矿物质维生素预混料[1]	0.5		

注：[1] 矿物质添加剂每千克提供：20 000 mg的铁、1 600 mg的铜、8 000 mg的锰、7 500 mg的锌、120 mg 的碘、60 mg 的硒、20 mg 的钴、820 000 IU的维生素 A、300 000 IU的维生素 D 和10 000 IU的维生素 E。

[2]非纤维碳水化合物（NFC），计算公式为 100%-粗蛋白质百分比-中性洗涤纤维百分比-脂肪百分比-灰分百分比。

附表 2-9　纳米硒试验日粮组成及营养水平（%干物质基础）

原料组成	含量（%）	化学成分	含量（%）
玉米青贮	25.5	有机物	94.6
苜蓿干草	11.8	粗蛋白质	16.6

（续表）

原料组成	含量（%）	化学成分	含量（%）
燕麦草	12.7	粗脂肪	3.27
玉米	25.4	中性洗涤纤维	31.5
麸皮	6.00	酸性洗涤纤维	19.3
豆粕	9.20	非纤维碳水化合物[2]	43.3
菜籽粕	2.50	钙	0.72
棉籽饼	5.10	磷	0.45
碳酸钙	0.50	泌乳净能，MJ/kg	6.56
食盐	0.50		
磷酸氢钙	0.30		
矿物质维生素预混料[1]	0.50		

注：[1]矿物质添加剂每千克提供：20 000 mg的铁、1 600 mg的铜、8 000 mg的锰、7 500 mg的锌、120 mg 的碘、60 mg 的硒、20 mg 的钴、820 000 IU的维生素 A、300 000 IU的维生素 D 和10 000 IU的维生素 E。

[2]非纤维碳水化合物（NFC），计算公式为 100%-粗蛋白质百分比-中性洗涤纤维百分比-脂肪百分比-灰分百分比。

4 测定项目及方法

4.1 采食量的测定

正式试验期间，每天记录每头牛的饲喂量和剩料量，用于计算每头牛的干物质采食量。

4.2 奶样的采集

正式试验期间，每天记录每头奶牛的产奶量。每隔 10 d，采集每头试验牛每天 3 次挤奶时的奶样。依据记录的产奶量将每头牛每天奶样按比例混合均匀，加入重铬酸钾防腐剂，用于测定奶中蛋白质、脂肪和乳糖含量。

4.3 饲料和粪样的采集

正式试验期间，每隔 10 d 采集牛的饲料样，-20℃保存，试验结束后制成混合样。试验结束前 6 d 连续 4 d，采用直肠取粪法，每天 7：00、13：00 和 19：00 收集每头牛粪样约 300 g，加入占粪样鲜重 1/4 的 10%酒石酸，混合均匀后放于-20℃保存，等试验结束后，粪便样品以牛为单位分别按比例混合均匀。饲料样和粪样65℃烘干至恒重，粉碎过1 mm筛，保存在自封袋中备测。

4.4　瘤胃液样品的采集

正式试验期的倒数第2天连续2 d，采用胃管负压法，抽取每头牛瘤胃液样品约200 mL，然后马上用PSH-3C型酸度计（上海雷军实验仪器有限公司，中国上海）测定瘤胃液pH值。瘤胃液样品用四层纱布过滤，过滤完的液体分成四份，其中两份保存到-20℃，用于NH_3-N和VFA浓度测定，剩下的两份保存到-80℃，用于瘤胃酶活和菌群的测定。

4.5　血液样品的采集

正式试验期的最后1 d，早晨饲喂前，通过尾静脉采集每头牛血液样品15 mL，2 000×*g*离心15 min后提取血清，-40℃保存，用于血液指标的测定。

4.6　乳腺组织样品采集

正式试验期的最后1 d的16：00—20：00进行乳腺组织活检。根据Farr等（1996）的方法，通过手术活检从每头奶牛乳区后1/4的中点切片收集约1 g乳腺分泌组织。组织样本快速冷冻于液氮中，-80℃保存，用于提取总RNA和蛋白。

4.7　饲料和粪样品的测定

饲料和粪样品中DM、OM、CP和EE含量依据实验室常规分析方法测定，NDF含量依据Van Soest等（1991）的方法测定，ADF采用AOAC的方法测定。

4.8　乳样的测定

用红外乳品分析仪（Milkoscan Minor FT120，丹麦福斯公司）测定奶样中脂肪、蛋白质和糖含量。将牛奶离心得到乳脂饼，提取乳脂，并根据文献（Chouinard等，1999）对酯化脂肪酸进行甲基化。脂肪酸甲酯（FAME）采用气相色谱法（Agilent 7890a，Agilent Technologies），采用CP SIL 88 100 m×0.25 mm×0.25 μm毛细管柱（Agilent J&W Advanced毛细管气相色谱柱，荷兰），自动进样器，火焰电离检测器，分裂进样，用于牛奶中脂肪酸组成的气相色谱测定。初始烘箱温度为150℃，保温5 min，然后以

2℃/min 的速率升至 200℃，保温 10 min，再以 5℃/min 的速率升至 220℃，保温 35 min。以氦气为载气，流速为 1 mL/min。进样器温度设置为 260℃，检测器温度设置为 280℃。通过与标准品的保留时间进行比较，测定 FAME。标准品为 FAME Mix C4-C24 不饱和（Sigma 18919），Methyl trans-11 C18：1（Sigma 46905）和 Methyl *cis*-9，*trans*-11 CLA（Matreya1255）。根据 Rico 和 Harvatine（2013）的方法，计算每个样品中脂肪酸占总乳脂的平均比例，乘以 0.988 85作为其他乳脂组分的校正。

为了分析总氨基酸含量（游离加蛋白质），将 200 μL 不同类型的原料奶冷冻干燥，然后用 200 μL 含有 0.02%苯酚和非亮氨酸（50 nmol）的盐酸作为内标，在 110℃下水解 20 h（Ozols，1990）。水解后，真空除去盐酸，将样品重新悬浮在 0.5 mL 的 0.2 mol/L 柠檬酸锂缓冲液（pH 值为 2.2）中。在配备柱后 ninhydrin 衍生化系统的 Biochrom30 氨基酸分析仪（Biochrom，Cambridge，UK）上直接分析等量水解和非水解样品（Moore 等，1958）。

4.9　瘤胃液氨态氮和挥发性脂肪酸的测定

采用比色法，用紫外可见分光光度计（UV759，上海精密科学仪器有限公司，中国上海）测定吸光值，并记录下来，然后根据标样的浓度及测定完的吸光值所构建的标准曲线来计算瘤胃液中 NH_3-N 的浓度。以巴豆酸为内标物，用气相色谱仪（GC122，上海精密科学仪器有限公司，中国上海）测定瘤胃液 VFA 含量。

4.10　瘤胃液酶活性的测定

采用比色法，用紫外可见分光光度计（UV759，上海精密科学仪器有限公司，中国上海），测定瘤胃液中纤维素分解酶、淀粉酶和蛋白酶活性（Zhang 等，2023）。

4.11　瘤胃液菌群数量的测定

（1）首先将瘤胃液放入离心机进行离心处理，加镐铢破碎，然后依次添加 CTAB、DNA 提取液和异戊醇进行提纯，最后加超纯水溶解 DNA。通过琼脂糖凝胶电泳测定 DNA 质量，用 NanoDrop ND-1000（Thermo Scientific，USA）测定 DNA 浓度。

（2）用引物分别对 10 种菌 16S/18S rDNA 的目的片段进行普通 PCR 扩

增，每个样本设置 3 个重复。

PCR 反应体系（20 μL）：2×premix ExTaq 预混液 10 μL，10 μmol/L 的正、反引物各 0.8 μL，模板 DNA 5 μL，ddH_2O 3.4 μL。

PCR 反应参数：94℃变性 4 min，95℃ 40 s；60℃ 30 s，72℃ 1 min，共 35 个循环，72℃ 7 min。

PCR 反应结束后，用 1.5%的琼脂糖凝胶电泳检测产物的片段长度和特异性。

利用 TaKaRa 产物回收试剂盒将 10 种菌的 PCR 产物进行纯化回收，纯化步骤按说明书（TaKaRa，RR820A）进行。

（3）质粒的提取。蓝白斑筛选法挑出备用。从测序正确的菌液中取出来 200 μL 后，采用 TaKaRa 质粒提取试剂盒提取含有 10 种菌目的片段的质粒，作为模板。提取的过程要严格按照质粒提取试剂盒进行，提取出的质粒一定要保存在-20℃冰箱，用核酸测定仪测提取质粒 DNA 的浓度和纯度，然后通过浓度计算质粒拷贝数；质粒拷贝数（拷贝数/μL）= 6.02×10^{23}（拷贝数/mol）×质粒浓度（g/μL）/质粒分子量（g/mol）。

（4）试验采用绝对定量 PCR 测定瘤胃菌群数量，依据北京宝日医生物技术有限公司生产的荧光定量试剂盒（TaKaRa，RR820A）说明书，使用 StepOne™ system（ABI StepOnePlus，Thermo Fisher Scientific Co. Ltd）进行 Real-time PCR，每个样做 3 个平行（附表 2-10）。

RT-PCR 反应体系（20 μL）：TB Green Premix Ex Taq II 10 μL，正、反引物各 0.8μL，ROX Reference Dye 0.4 μL，DNA 模板 2μL。

扩增条件：95℃ 60 s；95℃ 15 s，60℃ 30 s，40 个循环；95℃ 15 s，60℃ 1 min，95℃ 15 s。瘤胃液菌群基因引物由北京华大基因科技股份有限公司合成。

附表 2-10 瘤胃菌群 Real-time PCR 检测引物

目的基因	引物序列（5′）	基因库登记号	退火温度（℃）	长度（bp）
总菌 Total bacteria	F：CGGCAACGAGCGCAACCC R：CCATTGTAGCACGTGTGTAGCC	AY548787.1	60	147
总厌氧真菌 Total anaerobic fungi	F：GAGGAAGTAAAAGTCGTAACAAGGTTTC R：CAAATTCACAAAGGGTAGGATGATT	GQ355327.1	57.5	120

（续表）

目的基因	引物序列（5′）	基因库登记号	退火温度（℃）	长度（bp）
总原虫 Total protozoa	F：GCTTTCGWTGGTAGTGTATT R：CTTGCCCTCYAATCGTWCT	HM212038. 1	59	234
总产甲烷菌 Total methanogens	F：TTCGGTGGATCDCARAGRGC R：GBARGTCGWAWCCGTAGAATCC	GQ339873. 1	60	160
白色瘤胃球菌 *R. albus*	F：CCCTAAAAGCAGTCTTAGTTCG R：CCTCCTTGCGGTTAGAACA	CP002403. 1	60	176
黄色瘤胃球菌 *R. flavefaciens*	F：ATTGTCCCAGTTCAGATTGC R：GGCGTCCTCATTGCTGTTAG	AB849343. 1	60	173
溶纤维丁酸弧菌 *B. fibrisolvens*	F：ACCGCATAAGCGCACGGA R：CGGGTCCATCTTGTACCGATAAAT	HQ404372. 1	61	65
产琥珀酸丝状杆菌 *F. succinogenes*	F：GTTCGGAATTACTGGGCGTAAA R：CGCCTGCCCCTGAACTATC	AB275512. 1	61	121
嗜淀粉瘤胃杆菌 *Rb. amylophilus*	F：CTGGGGAGCTGCCTGAATG R：GCATCTGAATGCGACTGGTTG	MH708240. 1	60	102
栖瘤胃普雷沃氏菌 *P. ruminicola*	F：GAAAGTCGGATTAATGCTCTATGTTG R：CATCCTATAGCGGTAAACCTTTGG	LT975683. 1	58. 5	74

建立绝对荧光定量 PCR 标准曲线。将标准品质粒用灭菌以后的超纯水 5 倍梯度稀释，分别稀释成 $2.56\times10^{6}\sim2\times10^{11}$ 拷贝数/μL 共 8 个梯度，作为绝对荧光定量 PCR 反应模板。每个梯度模板用移液枪不停地吹打，振荡，一直到充分混合均匀。每个浓度梯度各取 2 μL 加入反应体系（20 μL），每个梯度设 3 个重复。设置反应条件，系统就会自动输出所需要的标准曲线和溶解曲线。

4. 12　血液指标的测定

依据试剂盒（南京建成生物工程研究所）说明书，用紫外可见分光光度计（UV759，上海精密科学仪器有限公司，中国上海）测定血清中葡萄糖（GlU）、白蛋白（AlB）、总蛋白（TP）、甘油三酯（TG）含量。根据上海笃玛试剂盒说明书，使用全功能微孔板酶标仪（美国伯腾 Synergy H1）测定血清中尿素氮（BUN）、β-羟丁酸（BHB）和胰岛素（INS）等含量。

4. 13　乳腺 RNA 提取及实时 PCR

按照说明，使用总 RNA 提取试剂盒从 100 mg 乳腺组织中分离总 RNA。

采用 NanoDrop ND-1000 分光光度计测定提取 RNA 的浓度和质量。各制剂在 260 nm、280 nm 处吸光度之比均接近 2. 0。用变性琼脂糖凝胶电泳和溴化乙锭染色评价 RNA 的完整性。采用 iScript cDNA 合成试剂盒，按照说明书，每 10 μL 样品反应 500 ng 总 RNA 合成 cDNA。反应在 37℃下进行 15 min，在 85℃下进行 5 min。为了确定可能的基因组或环境 DNA 污染，对每个样本进行了不含逆转录酶的阴性对照反应（Kuzinski 等，2011）。采用 iCycler 和 iQ-SYBR Green Supermix（Bio-Rad）软件，通过定量逆转录-PCR 技术对脂肪酸合成酶（*FASN*）、乙酰辅酶 A 羧化酶-α（*ACACA*）、脂肪酸结合蛋白 3（*FABP3*）、过氧化物酶体增殖物活化受体 γ（*PPARγ*）、硬脂酰辅酶 A 去饱和酶（*SCD*）、甾醇调节元件结合因子 1（*SREBPF1*）、增殖细胞核抗原（*PCNA*）、细胞周期蛋白 A2（*CCNA2*）和细胞周期蛋白 D1（*CCND1*）、B 淋巴细胞瘤/白血病-2（*BCL2*）、B 淋巴细胞瘤/白血病-2 相关 X 蛋白（*BAX4*）、半胱氨酸天冬氨酸蛋白酶-3（*CASP3*）、半胱氨酸天冬氨酸蛋白酶-9（*CASP9*）mRNA 进行定量。使用 GAPDH 作为内参基因。目的基因的 Real-time PCR 引物如附表 2-11 所示。采用 ABI QuantStudio5 仪器进行实时定量 PCR。20 μL 反应混合物由 2 μL cDNA、10 μL SYBR Premix Taq Ⅱ（TaKaRa）、0. 8μL 正向引物（10 μmol/L）、0. 8μL 反向引物（10 μmol/L）、0. 4μL ROX 参考染料Ⅱ（TaKaRa）和 6. 0 μL 无核酸酶水组成。PCR 循环条件为：原变性步骤 95℃ 1 个循环 20 s，95℃ 40 个循环 15 s，在每个靶基因的退火温度下退火 30 s，55℃延长 20 s。

附表 2-11　Real-time PCR 检测引物

目的基因	引物序列（5′）	基因库登记号	退火温度（℃）	长度（bp）
ACACA	F：CATCTTGTCCGAAACGTCGAT R：CCCTTCGAACATACACCTCCA	AJ132890	58. 0	101
FASN	F：AGGACCTCGTGAAGGCTGTGA R：CCAAGGTCTGAAAGCGAGCTG	NM001012669	62. 0	85
SCD	F：TCCTGTTGTTGTGCTTCATCC R：GGCATAACGGAATAAGGTGGC	AY241933	58. 0	101
PPARγ	F：AACTCCCTCATGGCCATTGAATG R：AGGTCAGCAGACTCTGGGTTC	NC_037349. 1	60. 0	323

（续表）

目的基因	引物序列（5′）	基因库登记号	退火温度（℃）	长度（bp）
SREBF1	F：CTGACGACCGTGAAAACAGA R：AGACGGCAGATTTATTCAACTT	NM001113302	60.0	334
FABP3	F：GAACTCGACTCCCAGCTTGAA R：AAGCCTACCACAATCATCGAAG	DN518905	60.0	102
CCNA2	F：ACCACAGCACGCACAACAGTC R：AGTGTCTCTGGTGGGTTGAGGAG	NC_037333.1	64.0	87
CCND1	F：GCCGAGGAGAACAAGCAGATCATC R：CATGGAGGGCGGGTTGGAAATG	NC_037356.1	63.0	96
PCNA	F：ACATCAGCTCAAGTGGCGTGAAC R：GCAGCGGTAAGTGTCGAAGCC	NC_037340.1	64.0	101
BCL2	F：TGTGGATGACCGAGTACCTGAA R：AGAGACAGCCAGGAGAAATCAAAC	NC_037351.1	60.0	127
BAX4	F：TTTTGCTTCAGGGTTTCATCCAGGA R：CAGCTGCGATCATCCTCTGCAG	NC_037345.1	62.0	174
CASP3	F：AGAACTGGACTGTGGCATTGAG R：GCACAAAGCGACTGGATGAAC	NC_037354.1	60.0	165
CASP9	F：CCAGGACACTCTGGCTTCAT R：CGGCTTTGATGGGTCATCCT	NC_037343.1	60.0	70
GAPDH	F：CCTGGAGAAACCTGCCAAGT R：AGCCGTATTCATTGTCATACCA	NC_037332.1	59.0	215

4.14 乳腺组织 Western blotting 分析

蛋白质含量分析使用 BCA 蛋白测定试剂盒。以β-肌动蛋白为上样对照，用 10%或 12% SDS/PAGE 分离等量蛋白（20 μg），将分离的蛋白转移到 PVDF 膜上，在室温下用 6%（*w/v*）BSA 在 TBST 中封闭膜 2 h。转移膜与 PPARγ（1∶2 000）、ACACA（1∶2 000）、p-ACACA（1∶2 000）、FASN（1∶2 000）、SCD1（1∶2 000）、p-AMPK（1∶2 000）、AMPK（1∶2 000）、CyclinA1（1∶2 000）、CyclinD1（1∶2 000）、PCNA（1∶2 000）、Akt（1∶2 000）、p-Akt（1∶2 000）、mTOR（1∶2 000）、p-mTOR（1∶2 000）、BCL2（1∶2 000）、BAX（1∶2 000）、Caspase-3（1∶2 000）、Caspase-9（1∶2 000）、GPR41（1∶2 000）、GPR84（1∶2 000）、GPRC6A（1∶2 000）、αs1-casein（1∶2 000）、β-Casein（1∶2 000）、κ-casein（1∶2 000）、p-JAK2（1∶2 000）、JAK2（1∶2 000）、p-STAT5（1∶2 000）、STAT5（1∶2 000）和β-actin（1∶10 000）的一抗用 TBST 稀释孵育，

在 4℃下孵育过夜。用 TBST 洗涤 5 次，洗涤 5 min，去除多余的抗体，然后与二抗在 25℃下孵育 2 h。TBST 清洗，Champ Chemi 凝胶成像仪扫描分析，蛋白统计软件（Image J）扫描灰度进行统计（Zhang 等，2023）。

5　数据处理及统计分析

饲料效率（FE）为产奶量与干物质采食量的比值。试验数据采用 SAS 9.0 统计软件分析不同水平对奶牛产奶性能、养分率、瘤胃发酵、血液指标以及乳腺组织基因和蛋白表达的影响，$P<0.05$ 时表示差异显著。由于时间对所有变量的影响不显著（$P>0.05$），这些数据不在结果中体现。